Die wichtigsten Krankheiten des Kaninchens

Mit besonderer Berücksichtigung der Infektions- und Invasionskrankheiten

Von

Privatdozent Dr. Oskar Seifried

Abteilungsvorsteher am Veterinärhygienischen- und Tierseuchen-Institut der Universität Giessen

Mit 54 Abbildungen im Text

München · Verlag von J. F. Bergmann · 1927

ISBN 978-3-642-90396-0   ISBN 978-3-642-92253-4 (eBook)
DOI 10. 1007/978-3-642-92253-4

Meinem verehrten Chef

Herrn Universitätsprofessor

Dr. med. vet. et sc. nat. Wilhelm Zwick

in Dankbarkeit zugeeignet.

Vorwort.

Für denjenigen, der sich des Kaninchens als Versuchstier bedient
— auf welchen Gebieten der experimentellen Forschung dies auch immer
sei — ist es ein unbedingtes Erfordernis, sich mit den bei diesem Tiere
natürlich vorkommenden Krankheiten vertraut zu machen, wenn er
nicht unter Umständen folgenschweren Irrtümern in der Bewertung seiner
Versuchsergebnisse zum Opfer fallen will. Die im Zusammenhange mit
der experimentellen Enzephalitis- und Herpesforschung gewonnenen
Erfahrungen über das Vorkommen bisher unbekannter oder unbeach-
teter spontaner Erkrankungen beim Kaninchen, die ihrem Wesen nach
geeignet sind, die klaren Zusammenhänge zwischen Ursache und Wirkung im Versuche völlig zu verschleiern, zeigen — um nur ein Beispiel
anzuführen — welche Fallstricke uns von der Natur in dieser Richtung
gelegt worden sind. Sie rücken erneut die Notwendigkeit der Kenntnis
der Spontankrankheiten unserer Versuchstiere in den Vordergrund.

Es gibt zwar über Kaninchenkrankheiten bereits einige ganz kurze
Schriften; sie sind aber zum Teil veraltet, nach Form und Inhalt für
Laien und Züchter bestimmt und nicht geeignet, dem Wissenschaftler
das für ihn Wissenswerte nach dem Stande unserer heutigen Kenntnisse
zu übermitteln. Sich die gewünschte Auskunft erst durch das Studium
der umfangreichen, sehr zerstreuten und oft nicht zugänglichen Literatur
zu verschaffen, ist viel zu mühsam und zeitraubend. Es mangelt somit
ohne Zweifel an einer zusammenfassenden, hauptsächlich den Zwecken
des Wissenschaftlers und Experimentators Rechnung tragenden Darstellung des Gegenstandes. Ich habe mich deshalb auf Anregung des
leider so früh verstorbenen Mitherausgebers der „Ergebnisse der allgemeinen Pathologie und pathologischen Anatomie", Herrn Obermedi-
zinalrat Professor Dr. Joest der Mühe unterzogen, die Kaninchenkrankheiten für diese Zeitschrift hauptsächlich nach der ätiologischen,
pathologisch-anatomischen und diagnostischen Seite zu bearbeiten.
Soweit es in dem vorgeschriebenen Rahmen zulässig war, hat — um
auch Anhaltspunkte für die klinische Diagnose und die Therapie zu
geben — die Aufnahme der klinischen Symptome sowie etwaiger thera-
peutischer Massnahmen, besonders soweit es sich um Schutz- und Heil-
impfungen handelt, bei den wichtigsten Krankheiten kurz Platz gefunden.

Ich habe mich bemüht, die Literatur — auch die ausländische —
soweit sie mir zugänglich war, weitestgehend zu berücksichtigen und
zu sichten. Gleichwohl erhebt die Arbeit nicht den Anspruch auf unbe-
dingte Vollständigkeit. Dies trifft im besonderen für die sporadischen
Krankheiten zu. Bei ihnen, denen im Verhältnis zu den Infektions-

und Invasionskrankheiten nur eine untergeordnete Bedeutung zukommt, musste die Besprechung auf die allerwichtigsten beschränkt und konnten auch diese nur kurz oder andeutungsweise behandelt werden. Die Missbildungen sind übergangen worden.

Um die Arbeit ausser dem Leserkreis der „Ergebnisse" auch noch weiteren interessierten Kreisen zugänglich zu machen, hat sich die Verlagsbuchhandlung von J. F. Bergmann, München in dankenswerter Weise bereit erklärt, gleichzeitig eine Sonderausgabe im Buchhandel erscheinen zu lassen. Möge sie den beabsichtigten Zweck, ein Nachschlagebuch auf dem Gebiete der Kaninchenkrankheiten zu sein, erfüllen und vor allem auch zu deren weiterem Studium anregen.

Giessen, im Sommer 1927.

Oskar Seifried.

Inhaltsverzeichnis.

Die wichtigsten Krankheiten des Kaninchens.

Mit besonderer Berücksichtigung der Infektions- und Invasionskrankheiten.

Von

Privatdozent Dr. **Oskar Seifried,**
Abteilungsvorsteher am Veterinärhygienischen- und
Tierseuchen-Institut der Landes-Universität Giessen.

Mit 54 Abbildungen im Text.

I. Infektionskrankheiten.

A. Seuchen bakteriellen Ursprungs.

Pseudotuberkulose.

Syn. Pseudotuberculosis rodentium. Nagertuberkulose.
Bacillus pseudotuberculosis rodentium Pfeiffer, Streptobacillus pseudotuberculosis rodentium Dor.

Unter der Pseudotuberkulose der Nagetiere ist eine weitverbreitete,
bei Kaninchen ·(zahmen und wilden), Hasen und anderen Nagetieren
vorkommende Infektionskrankheit zu verstehen, die durch den Bacillus
pseudotuberculosis rodentium Pfeiffer (Streptobacillus pseudotuberculosis rodentium Dor) hervorgerufen wird. Dieser unterscheidet sich in
einer Reihe von Eigenschaften von dem Tuberkelbazillus. Auch die durch
ihn bedingten pathologisch-anatomischen Veränderungen besitzen nur
makroskopisch eine gewisse Ähnlichkeit mit der Tuberkulose. Histologisch sind sie jedoch von dieser verschieden. Die in der Literatur
unter der Bezeichnung „Pseudotuberkulose" beschriebenen Fälle sind
nicht einheitlicher Natur, denn es sind diesem Begriff fälschlicherweise
auch andere, mit Knötchenbildung einhergehende Krankheiten bakterieller, ja selbst zooparasitärer Natur zugezählt worden (Vincenzi,
Galli-Valerio u. a.). Da dadurch zu Verwechslungen Anlass gegeben

1

ist, wäre es zweckmässig, diese Bezeichnung entweder ganz fallen zu lassen oder sie lediglich für die durch den oben genannten Bazillus hervorgerufene Krankheit zu gebrauchen.

Geschichtliches. Die ersten Aufzeichnungen über die Pseudotuberkulose stammen von Malassez und Vignal (1883), die unter der Bezeichnung „Tuberculose zoogléique" einen durch Mikrokokken erzeugten Krankheitsprozess beschrieben, der durch Verimpfung eines käsigen Knotens aus der Subkutis eines an tuberkulöser Meningitis gestorbenen Kindes bei Meerschweinchen tuberkuloseähnliche Knötchen (Tuberculose zoogléique) erzeugte. 1885 fand Eberth bei der Untersuchung eines abgemagerten Kaninchens in den Knötchen der inneren Organe ein Stäbchen, das er als Bazillus der Pseudotuberkulose des Kaninchens bezeichnete. Eberth erbrachte weiterhin den Nachweis, dass der Erreger der „Tuberculose zoogléique" mit dem der bazillären Pseudotuberkulose des Kaninchens und Meerschweinchens übereinstimmt. Er nahm an, dass Malassez und Vignal einer Täuschung unterlegen sind, indem sie die ungleich gefärbten Bazillenmassen für Kokkenhaufen betrachtet haben. Dor (1888) sowie Charrin und Roger (1888) beobachteten ebenfalls Pseudotuberkulose bei Kaninchen und Meerschweinchen. Pfeiffer (1889) züchtete den Bacillus pseudotuberculosis rodentium aus Meerschweinchen, die mit Material von einem rotzverdächtigen Pferde geimpft worden waren. Die Verimpfung von Reinkulturen dieses Bazillus an Nagetiere vermochte wiederum Pseudotuberkulose hervorzurufen. Die Arbeit von Pfeiffer enthält eine erschöpfende Darstellung der morphologischen und biologischen Eigenschaften des Pseudotuberkulosebazillus und muss als grundlegend angesehen werden. Nocard (1889) gewann den Erreger der „Tuberculose zoogléique" aus dem Auswurf einer tuberkuloseverdächtigen Kuh und stellte bereits durch vergleichende Untersuchungen fest, dass die von Charrin und Roger sowie von Dor erhobenen Befunde den seinigen und denjenigen von Malassez und Vignal glichen. Weitere Beobachtungen über das spontane oder epidemische Auftreten der Pseudotuberkulose bei Kaninchen und Meerschweinchen sowie Untersuchungen über die Morphologie und Biologie des Erregers und die durch ihn hervorgerufenen Veränderungen stammen von Zagari (1889), Nocard (1889), Grancher und Ledoux-Lebard (1889/90). Parietti (1890). Preisz (1894), Tartakowsky (1896) Delbanco (1896), Apostolopoulos (1896), Bonome (1897), Ledoux-Lebard (1897), Lucet (1898), Cipollina (1900), Oppermann (1905), Ströse (1905) (wilde Kaninchen), De Blasi (1908), Noon (1909), Albrecht (1911). Beiträge zur Kenntnis der Pseudotuberkulose und ihren Beziehungen zu verwandten Krankheiten (Tuberkulose, Rotz, Pest, Paratyphus) lieferten fernerhin, zum Teil unter Heranziehung der serologischen Methoden, Saisawa (1913), Twort und Craig (1913), Messerschmidt und Keller (1914), Weltmann und Fischer (1914), Zlatogoroff (1914), Galli-Valerio (1915), Roemisch (1919), Hempel (1919), Klein (1921), Bachmann (1922), Galli-Valerio (1925) u. a.

Wie bereits von Poppe erwähnt wird, sind in der Literatur einige weitere Fälle angeführt, bei denen der Nachweis des Pseudotuberkulosebazillus durch Impfung erbracht wurde und bei denen nicht zu entscheiden ist, ob die Pseudotuberkulosebazillen im Ausgangsmaterial enthalten, oder ob die betreffenden Versuchstiere an spontaner Pseudotuberkulose erkrankt waren (Courmont [1897], Bettencourt [1898], Courment und Nicolas [1898], Gallavieille [1898]). Bei diesen Fällen handelte es sich um vom Menschen, vom Rind und von der Katze stammendes Ausgangsmaterial, das an Meerschweinchen verimpft wurde.

Ausser beim Kaninchen und Meerschweinchen wurde die Pseudotuberculosis rodentium in zahlreichen Fällen bei Hasen (Mégnin und Mosny, Olt-Ströse, Basset, Oppermann, Galli-Valerio und vielen anderen) beobachtet. Auch über das spontane Auftreten der Pseudotuberkulose bei anderen Tieren liegen Mitteilungen vor, so von Nocard und Masselin, die im Sputum einer tuberkuloseverdächtigen Kuh nicht säurefeste, bei Meerschweinchen Pseudotuberkulose hervorrufende Stäbchen feststellen konnten. Ein weiterer Fall vom Rinde ist von Mazzini beschrieben. Bei der Ziege wurde der Pseudotuberkulosebazillus von Czaplewski, bei der Katze von Cagnetto sowie von Chierici, beim Wasserschwein von Oppermann, beim Geflügel von Nocard, Woronoff und Sineff sowie von Muir nachgewiesen.

Auch beim Menschen sind einige Erkrankungsfälle bekannt geworden, ohne dass jedoch in allen Fällen ihre Zugehörigkeit zur Pseudotuberculosis rodentium einwandfrei als erwiesen gelten dürfte.

Ätiologie. Der Bacillus pseudotuberculosis rodentium ist in so verschiedenartigem Material nachgewiesen worden, dass mit seiner ausserordentlich starken Verbreitung zu rechnen ist. Mit grosser Wahrscheinlichkeit stellt er einen weit verbreiteten Saprophyten dar, der nur unter bestimmten, nicht näher bekannten Bedingungen, pathogene Eigenschaften annimmt. Für das saprophytische Vorkommen spricht nicht nur sein Nachweis in der Erde (Grancher und Ledoux-Lebard), in Wasser und Staub (Chantemesse), in Futtermitteln (Lignières), in der Kanaljauche (Klein), sowie in der Milch (Parietti, Klein), sondern auch die wiederholt ermittelte Tatsache, dass man Versuchstiere (Kaninchen und Meerschweinchen) an Pseudotuberkulose erkranken sah nach Einverleibung von Material, das gar nicht aus Produkten dieser Krankheit stammte. Auch die Erfahrungstatsache, dass der Pseudotuberkulosebazillus ausserhalb des Tierkörpers sehr lange lebensfähig bleiben kann, ist mit der Annahme seines saprophytischen Vorkommens durchaus vereinbar.

Was die **Morphologie** des Bacillus pseudotuberculosis rodentium im einzelnen betrifft, so stellt er ein kurzes, plumpes, an den Ecken abgerundetes und daher kokkenähnliches Stäbchen von 1—2 μ Länge dar, über dessen Eigenbewegung widersprechende Ansichten bestehen. Während der Bazillus von der Mehrzahl der Autoren für unbeweglich gehalten wird, wollen Nocard und Parietti Beweglichkeit festgestellt haben. Dementsprechend müsste er mit Geisseln ausgestattet sein. Solche sind auch von Klein nachgewiesen worden, der sie bei Anwendung von van Ermengems Silbermethode in Form von zwei endständigen Spiralen gesehen haben will. Von Byloff wurde nur eine polständige Geissel festgestellt und Plasaj und Pribram fanden Geisseln ebenfalls nur in der Einzahl, die aber nicht polare, sondern extrapolare Lage hatten. Nach diesen Angaben scheint es demnach ausser Zweifel zu stehen, dass es unter den Repräsentanten des Bacillus pseudotuberculosis rodentium Stämme gibt, denen Begeisselung und Eigenbewegung zukommt. Sporenbildung wird nicht beobachtet. Dagegen besitzt der Bazillus, besonders in Bouillonkulturen, die ausgesprochene Neigung, in Ketten und Gruppen sich anzuordnen. Diese Eigenschaft veranlasste Dor, die Bezeichnung „Streptobacillus pseudotuberculosis" vorzuschlagen.

Färbung. Der Bazillus färbt sich leicht mit den gewöhnlichen wässerigen Anilinfarbstoffen, besonders mit alkalischem Methylenblau und Gentianaviolett; der Gramfärbung gegenüber verhält er sich negativ. Eine besondere Eigentümlichkeit in seinem färberischen Verhalten (Anilinfarbstoffen gegenüber) besteht darin, dass die Bazillenleiber häufig eine ungleichmässige Färbung annehmen und dadurch unter Umständen zu Verwechslungen mit bipolar gefärbten ovoiden Stäbchen Anlass geben können. Diese Eigentümlichkeit sowie die Fähigkeit, Farbstoffe leicht wieder abzugeben, tritt besonders deutlich in Gewebsschnitten hervor. Es gelingt deshalb sehr schwer und nur in ganz jungen Herden, ihn im Schnittpräparat zu veranschaulichen. Darauf hat bereits Nocard, Preisz sowie Bonome hingewiesen, der eine auffallende Veränderung des Pseudotuberkulosebazillus nicht nur in seiner Form, sondern auch in seinem Verhalten zu Farbstoffen festgestellt hat, sobald die Bazillen mit tierischen Geweben in Berührung treten.

Die Züchtung des Pseudotuberkulosebacillus rodentium gelingt leicht auf fast allen gebräuchlichen Nährböden unter aeroben und anaeroben Verhältnissen, sowohl bei Zimmertemperatur (von + 5° C. an) als auch bei Brutwärme. Auf Agar bildet der Bazillus bereits nach 24 Stunden üppige, an Bacterium coli erinnernde Kolonien von grauweisser, etwas irisierender Farbe, die bei Weiterzüchtung auf Agar einen dicken, saftigen Rasen mit teils schleimiger Konsistenz und einem grauweissen, ins gelbliche spielenden Farbenton darstellen. Die Kultur ist durch ihren unangenehmen Geruch besonders gekennzeichnet (Parietti, Preisz). Auf Zucker und glyzerinhaltigen Nährmedien findet ein besonders üppiges Wachstum statt. Zusatz von Kochsalz zum Agar führt zur Bildung von verzweigten und geschlängelten Involutionsformen (Rosenfeld, Skschivan).

In Bouillon geht das Wachstum im allgemeinen etwas langsamer vor sich, so dass eine gleichmässige Trübung meistens nicht eintritt. Bei Brutschranktemperatur bilden sich nach zwei Tagen an der Wand und am Boden des Röhrchens haftende Schlieren, die sich bei längerem Stehen unter zunehmender Klärung der Flüssigkeit zu Boden setzen. Wie auf Gelatineplatten, so beobachtet man auch in Bouillonkulturen Kristallbildung, die beim Aufschütteln leicht zu erkennen ist. Den Angaben über die Kristallbildung stehen auch widersprechende Ansichten entgegen. In älteren Bouillonkulturen wird eine dünne, faltige und bröckelige Oberflächenhaut beobachtet, die aber bald zu Boden sinkt.

Im Gelatinestich ist deutliches Wachstum in Form eines grauweissen Schleiers zu erkennen, der sich allmählich verdickt, am Rande aber regelmässige Einzelkolonien hervortreten lässt. Oberflächenwachstum wird erst sehr spät in Gestalt einer dicken Scheibe beobachtet. Auf Gelatineplatten entstehen wasserhelle, scharf abgegrenzte Tiefenkolonien, die später grauweisse bis dunkle Farbe annehmen und um das dunkle Zentrum mit einem konzentrischen Ring versehen sind. Die auf Gelatineplatten entstehenden Oberflächenkolonien zeigen rascheres Wachstum, nach kurzer Zeit eine unregelmässige Form und im Zentrum eine eigentümlich marmorierte „Wachstumscheibe", die von feinen Kristallausscheidungen aus der Gelatine umgeben ist.

Auf erstarrtem Serum wächst der Pseudotuberkulosebazillus in Form isolierter, fast wasserheller Kolonien von leicht opaleszierender Farbe. Erstarrtes Rinderblutserum sowie menschliches Serum aus Aszitesflüssigkeit bilden weniger günstige Nährmedien als Hammelserum. Rübenbrei, Kleister, neutraler Brotbrei sind nach Pfeiffer zur Züchtung ungeeignet. Dagegen findet nach Nocard, Pfeiffer, Zagari auf Kartoffeln nach einigen Tagen, nach Preisz schon nach 24 Stunden, Wachstum in Form eines gelblich-gelbbraunen Belages statt, der eine gewisse Ähnlichkeit mit Rotzbazillenkulturen erkennen lässt. Auch in Milch gedeiht der Bazillus, ohne sie in ihrer Farbe, ihrer Reaktion oder ihren sonstigen Eigenschaften zu verändern.

Indol wird nicht gebildet, Vergärung zuckerhaltiger Nährböden nicht beobachtet.

Bemerkenswert ist, dass Roemisch bei der Pseudotuberkulose des Kaninchens sowohl aus dem Ausgangsmaterial als auch aus solchem von künstlich infizierten Tieren zwei Arten von Pseudotuberkelbazillen mit morphologischen und biologischen Unterschieden ermitteln konnte, die erst auf Grund der vergleichenden serologischen Differenzierung als Variationen ein und desselben Ausgangsstammes festgestellt werden konnten. Auch innerhalb ein und derselben Spezies soll es nach Roemisch Stämme geben, die zwar biologisch völlig übereinstimmende Merkmale, serologisch jedoch Verschiedenheiten aufweisen. Auch Kakehi hat drei verschiedene Wachstumstypen auf Agar festgestellt, die jedoch ebenfalls als Varietäten eines und desselben Stammes zu betrachten sind. Als Spielarten des Pfeifferschen Pseudotuberkelbazillus müssen ferner die von Don Zello aus verkästen Lungenherden eines wilden Kaninchens und die von Diena aus einem Falle von spontaner Pseudotuberkulose beim Kaninchen gezüchteten Bazillen angesehen werden.

In diesem Zusammenhange verdient noch besonders hervorgehoben zu werden, dass der Pseudotuberkulosebazillus einerseits dem Rotzbazillus (Pseudorotzbazillus Pfeiffer), andererseits morphologisch und kulturell dem Pestbazillus nahesteht (Galli-Valerio, Zlatogoroff, Saisawa, Messerschmidt und Keller). Saisawa und Rowland gehen sogar so weit, für die Nagerpseudotuberkulosebazillen die Bezeichnung „Pseudopestbazillen" vorzuschlagen (s. später). Andererseits hat Klein bei einer Meerschweinchenpseudotuberkuloseenzootie ein Stäbchen ermittelt (Bact. pseudotuberc. var. coloniensis), das serologisch dem Paratyphus-B-Bakterium sehr nahe steht, morpho-

logisch und kulturell aber ein Zwischenglied zwischen diesem und dem
Bact. pseudotuberculosis rodentium darstellt. Er glaubt daraus schliessen
zu können, dass das Bact. pseudotuberculosis rod. der Paratyphusgruppe
zuzuzählen ist. Dies ist von Hempel nicht bestätigt worden. (Dass durch
Paratyphusbakterien bei Meerschweinchen pseudotuberkuloseähnliche
Erkrankungen hervorgerufen werden können, ist von zahlreichen Untersuchern beschrieben (Klein, Th. Smith, van Ermengem, Durham,
O'Brien, Petrie, Dieterlen, Eckersdorff, Böhme, Uhlenhuth und
Hübener, Kirch). Nachdem Glässer die Anschauung vertritt, es gäbe
nur einen Bacillus pseudotuberculosis, der in mehreren Spielarten auftritt,
müssen schliesslich noch die Untersuchungsergebnisse von Dunkel angeführt werden, dem es durch eingehende morphologische, biologische und
serologische Studien gelungen ist, eine nahe Verwandtschaft des Bacillus
pseudotuberculosis ovis mit dem Bacillus pyogenes bovis nachzuweisen.

Die Widerstandsfähigkeit des Bacillus pseudotuberculosis rodentium gegen höhere
Wärmegrade ist gering. Einstündiges Erhitzen auf 60° C. beraubt ihn seiner Virulenz;
nach zwei- und mehrstündiger Einwirkung einer solchen Temperatur ist auch seine Entwicklungsfähigkeit völlig gehemmt. Nach den Untersuchungen von Messerschmidt
und Keller wird der Bacillus pseudotuberculosis rodentium Pfeiffer sowohl durch Anti-
formin als auch durch Hitze von 66° C. früher abgetötet als Tuberkelbazillen. Beide Ver-
fahren sind deshalb geeignet, die letzteren aus Bakteriengemischen lebensfähig zu isolieren. Niedere Temperaturen beeinträchtigen weder die Virulenz noch die Entwicklungsfähigkeit des Pseudotuberkulosebazillus. So kann er ausserhalb des Tierkörpers bei
niederen Temperaturen in Knötchen und anderen Krankheitsprodukten ohne Zugabe
von Nährstoffen ausserordentlich lange lebensfähig bleiben. Auf künstlichen Nährmedien (Gelatinekulturen), die 7 Stunden bei einer Temperatur von —9° C. gehalten wurden,
konnte Pfeiffer weder eine Beeinflussung der Virulenz noch der Entwicklungsfähigkeit
beobachten. Der Eintrocknung gegenüber besitzt der Bacillus pseudotuberculosis rodentium
eine weit geringere Widerstandsfähigkeit. Nach 48stündigem Aufenthalt im Exsikkator
haben die an Seidenfäden angetrockneten Keime ihre Entwicklungsfähigkeit vollkommen
eingebüsst. Auch gegenüber der Einwirkung des Sonnenlichtes ist das Bakterium wenig
widerstandsfähig.

Die natürliche Ansteckung erfolgt mit grosser Wahrscheinlichkeit
auf dem Wege des Verdauungsschlauchs. Diese Annahme erhält durch
die Beobachtung, dass bei der spontanen Pseudotuberkulose die Veränderungen häufig auf die Bauchhöhlenorgane beschränkt bleiben,
und dass die durch künstliche Fütterung infizierten Versuchstiere viel
schneller und unter weit schwereren Darmveränderungen eingehen
als die auf anderem Wege infizierten, eine wesentliche Stütze. Ströse
nimmt nach den von ihm erhobenen Ermittelungen bei der Pseudotuberkulose der Hasen auch eine gelegentliche Übertragung auf dem
Atmungswege an. Mit Rücksicht auf das äusserst seltene Betroffensein
der Lungen bei den der spontanen Krankheit erlegenen Tieren (Delbanco
u. a.) besitzt aber dieser Infektionsweg nur eine geringe Wahrscheinlichkeit. Oppermann zieht schliesslich bei weiblichen Feldhasen
auch eine Infektion auf dem Begattungswege in den Bereich der Möglichkeit. Als Hauptinfektionsquelle dürfte jedenfalls die Aufnahme des
Erregers vom Boden aus oder mit dem Futter zu gelten haben (Ramon
u. a.). Auch die Untersuchungen von Delbanco sprechen in diesem
Sinne. Nach neueren Untersuchungen von Olt[1]) können auch die Ton-

---

[1] Nach einer von Herrn Geheimrat Olt mir freundlichst zur Verfügung gestellten
Notiz sind beim Hasen (Lepus europaeus) die Tonsillen sehr oft Eintrittspforten für
Infektionen. Die Tonsillen liegen basal in einem Abstande von 14 mm im Rachengrunde

sillen Eintrittspforten für die Erreger abgeben. Da die erkrankten Tiere Bazillenausscheider darstellen (mit dem Kote), so ist für die Stallinsassen durch Aufnahme von beschmutztem Futter und beschmutzter Streu leicht Gelegenheit zu Infektionen und damit zur Weiterverbreitung der Krankheit gegeben. Es ist anzunehmen, dass für die Übertragung der Krankheit in Kaninchenstallungen auch Zwischenträger eine Rolle spielen. Wie leicht eine Ansteckung empfänglicher Tiere erfolgen kann, beweist die Beobachtung Oppermanns, der, nachdem ein Wasserschwein an Pseudotuberkulose verendet war, kurz darauf in dem benachbarten Käfige ein Meerschweinchen an derselben Krankheit eingehen sah.

Über Spontanübertragungen der Pseudotuberkulose auf andere Tierarten als auf Nager liegen in der Literatur beweiskräftige Angaben nicht vor. Was die Übertragbarkeit auf den Menschen anbetrifft, so zeigt der u. a. von Albrecht beschriebene, zweifellos einwandfreie Fall von menschlicher Pseudotuberkulose, dass eine Infektion unter Umständen durch pseudotuberkulosekranke Katzen vermittelt werden kann.

Künstliche Infektion. Die Pseudotuberkulose des Kaninchens lässt sich auf dem Wege der subkutanen, intraperitonealen, intramuskulären, intravenösen (Ramon)

---

in der Höhe des Vorderrandes der Epiglottis und begrenzen eine halbkreisförmige, nahezu 3 mm tiefe enge Tasche, in die sich das geschichtete Plattenepithel des Rachens auf einem Papillarkörper fortsetzt. Im Grunde der Tasche schiebt sich noch eine grössere Papille gegen den Spalt so vor, dass dieser wieder halbkreisförmige Ausbreitung gewinnt. Das Epithelpflaster der Tonsillartasche ist von geringer Mächtigkeit und von engstehenden abgerundeten Papillen bis fast zur Oberfläche ausgestattet. Diese bauen sich aus Kapillarranken, Bindegewebsspindeln und Lymphozyten auf. Das fibrilläre Bindegewebe des Rachenraumes fehlt hier vollständig; die Grenze dieser Einrichtung ist am Rande des halbkreisförmigen Spaltes auf der Aussenseite scharf ausgeprägt. Innerhalb des Bogens setzt sich der lediglich aus Kapillaren, lymphatischem Gewebe und spärlichen Bindegewebszellen bestehende Papillarkörper auf die Oberfläche einer kegelförmigen, 2 mm breiten Erhebung fort. In der Tiefe geht der Papillarkörper unmittelbar in eine Schicht kapillarreichen lymphatischen Gewebes über, das keinerlei follikelartige Anordnung und keine Keimzentren aufweist. Die Dicke der mit lymphatischem Gewebe ausgestatteten Schicht beträgt durchschnittlich 1 mm; im Grunde der Tasche ist sie dünn. Die äussere Begrenzung ist durch die alveolären Tonsillardrüsenpakete gegeben; an einigen Stellen liegen Züge fibrillären Bindegewebes. Im Grunde der Tasche befinden sich meist Spuren der pflanzlichen Nahrung frei oder auch eingespiesst. Von zelligen Elementen liegen hier abgestossene Epithelien und ausgewanderte meist einkernige Leukozyten neben Lymphozyten. Bei der Infektion an Nagertuberkulose — Pseudotuberculosis rodentium — dringen die Keime in die oberflächlichen Kapillaren der Tonsillarpapillen ein und vermehren sich hier derart, dass die erweiterten Kapillarlumina durch Bakterien vollständig verlegt werden. Hieran schliesst sich Gewebsmortifikation ohne nennenswerte Emigration von Leukozyten. Manchmal verkäst eine Tonsille in ganzer Ausdehnung, indes die andere sich noch im Anfangsstadium der Infektion befinden kann. Aus dem Tonsillargrübchen gelangen die Keime ständig in die Rachenhöhle, und zwar in Unsummen, sofern bereits käsige Massen losgestossen werden. In solchen Fällen ist eine regelmässige Aussaat der Krankheitserreger für den übrigen Digestionsapparat gegeben. Die Folgen pflegen sich unter solchen Umständen in starker Duodenitis catarrhalis mit Epithelverlusten und Schleimansammlung zu zeigen, wobei manchmal kleine Blutungen in der Darmschleimhaut ablaufen. Der Prozess kann sich bis hinunter in das Kolon ausbreiten und die Serosa in Mitleidenschaft ziehen. Anschliessend stellen sich dann Hyperplasie der Lymphknoten mit Nekrosen ein. An verendeten Hasen findet man dann noch Verklebung des Kolons mit der Serosa der Bauchdecke durch einen tauähnlich feinen Fibrinbelag. Durch die Ansiedelung der Keime in den Kapillaren der Tonsillen gelangen die Pilze schon frühzeitig in die Blutbahn; bei tödlichem Ausgang sind sie am Schlusse hier immer zugegen. Die Aussaaten des Herzblutes bei eingegangenen Tieren sind daher für die Diagnose von Wichtigkeit.

Impfung, sowie durch Verfütterung von Kulturen und Organmaterial auf Kaninchen, Hasen, Meerschweinchen, weisse und graue Mäuse (Feldmäuse sind weniger empfänglich), weisse Ratten und Hamster übertragen.

Subkutan geimpfte Kaninchen erliegen der Infektion erst nach etwa 20—25 Tagen, auch nach intraperitonealer Impfung sowie nach intramuskulärer Infektion erkranken und verenden die Versuchstiere erst nach verhältnismässig langer Zeit. Die Fütterungsinfektion bei Kaninchen nimmt bereits schon nach 7—10 Tagen einen tödlichen Verlauf. Am sichersten und zuverlässigsten führt die intravenöse Impfung zum Ziele, nach der die Tiere schon in wenigen Tagen, spätestens aber am 7. Tage nach der Impfung eingehen. Beim Kaninchen gelingt die Infektion weiterhin auch durch Einverleibung infektiösen Materials in die vordere Augenkammer. Deyl sah im Anschluss daran akute Iritis mit Exsudat- und Pseudomembranbildung, Panophthalmie, sowie allgemeine Metastasenbildung mit den üblichen Veränderungen der inneren Organe eintreten. Auch Apostolopoulos vermochte durch Injektion von Pseudotuberkulosebazillen in die vordere Augenkammer bei Kaninchen pseudotuberkulöse Veränderungen in den inneren Organen hervorzurufen. Bei Meerschweinchen tritt der Tod bei subkutaner Impfung nach 5—6—14 Tagen, nach Infektion durch Fütterung bereits nach 7—8 Tagen ein. Bei intraperitoneal geimpften männlichen Meerschweinchen sieht man eine Periorchitis zur Entstehung kommen (Strauss'sches Phänomen). Graue Hausmäuse verenden nach subkutaner Impfung innerhalb 15—20 Tagen. Ausser entzündlicher Schwellung, Eiterbildung und Phlegmone an der Impfstelle werden Verkäsung der regionären Lymphknoten sowie in den inneren Organen, besonders in Leber und Milz, metastatische Granulationsgeschwülste beobachtet, die als griesskorngrosse, gelbliche Herde mit käsigem Zerfall in die Erscheinung treten. Fütterungsinfektion ruft bei Mäusen den Tod in kürzerer Zeit, meist schon innerhalb von 3—4 Tagen herbei. Weisse Mäuse zeigen eine noch grössere Empfänglichkeit als graue, sie erkranken bei allen Einverleibungsarten bereits nach wesentlich kürzerer Zeit. Auch Ratten lassen sich auf den angegebenen Wegen infizieren. Sie verenden innerhalb der für Mäuse angegebenen Zeiten. Die bei den genannten Tieren erzeugte Impfkrankheit stimmt klinisch und pathologisch-anatomisch völlig mit der natürlichen Krankheit überein.

Die Besonderheit des Pseudotuberkulosebazillus in **pathogenetischer Hinsicht** besteht darin, dass er im allgemeinen nur für die Nagetiere eine krankmachende Wirkung besitzt. In dieser Eigenschaft unterscheidet er sich zwar wesentlich vom Tuberkelbazillus. Er lässt aber darin eine gewisse Übereinstimmung mit dem Rotzbazillus erkennen, worauf bereits Pfeiffer hingewiesen hat.

Andere Tierarten, so Pferd, Esel, Ziege, Hund, Igel, Fledermaus, Feldmäuse und Geflügel sind in der Regel nicht empfänglich, sie zeigen höchstens vorübergehende, örtliche Erscheinungen, die in kurzer Zeit zu verschwinden pflegen. Es scheint indessen auch Ausnahmen hiervon zu geben, denn nach den Angaben in der Literatur sind verschiedentlich Stämme des Bac. pseudotuberculosis rod. ermittelt worden, die für Tauben (De Blasi), für Singvögel (Muir), für Hunde (Parietti), ja sogar für Affen (Klein) eine ausgesprochene Pathogenität besassen.

Krankheitserscheinungen. Beim Kaninchen treten diese nach den ziemlich übereinstimmenden Beobachtungen der Autoren sowohl bei der spontanen als auch bei der experimentell hervorgerufenen Krankheit wenig hervor. Delbanco weist sogar auf eine auffallende „Symptomenarmut" bei geimpften Tieren hin. Nur Ramon hat bei einer Meerschweinchenepizootie wahrnehmbare Krankheitserscheinungen beobachtet, die er in mehrere klinische Formen einteilt. Wie fast sämtliche ältere Beobachtungen, so stehen auch neuere Beobachtungen von Roemisch mit denjenigen von Ramon in Widerspruch. Auffallende Krankheitserscheinungen werden jedenfalls in der Mehrzahl der Fälle vermisst.

Die Tiere zeigen höchstens herabgesetzte Fresslust, magern bei längerer Krankheitsdauer nicht selten bis zum Skelett ab und gehen an allgemeiner Kachexie zugrunde. Nach den Angaben von Ledoux-Lebard, Saisawa, Weltmann und Fischer, Messerschmidt und Keller trifft dies sowohl für Kaninchen als auch für Meerschweinchen zu.

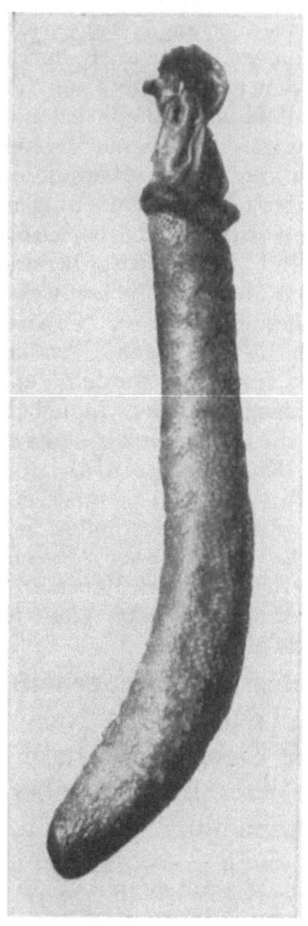

Abb. 1. Pseudotuberkulose. Blinddarm (umgestülpt). Die stark verdickte Schleimhaut ist mit dicht aneinander liegenden, senfkorngrossen, verkästen Knötchen bedeckt. (Nach einem Präparat aus der Sammlung Olt, Giessen.)

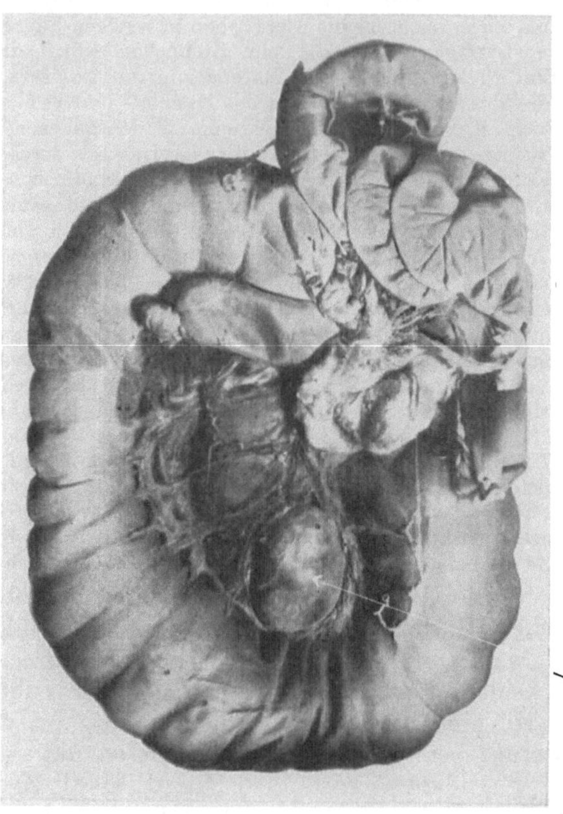

Abb. 2. Pseudotuberkulose. Dickdarmabschnitt mit stark vergrössertem und mit Knötchen besetztem mesenterialem Lymphknoten (a). (Nach einem Präparat aus der Sammlung Olt, Giessen.)

Pathologische Anatomie. Bei den an Pseudotuberkulose verendeten Kaninchen kann ein Sektionsbefund erhoben werden, der ausserordentlich stark an Tuberkulose erinnert. Wie bei dieser, so ist auch bei der Pseudotuberkulose das Auftreten von zahlreichen Knötchen in den inneren Organen charakteristisch. Die Knötchen besitzen die Grösse eines Hirsekornes bis zu der einer Erbse, trübe, hellgraue bis gelbliche Farbe und eine dünne, durchscheinende Randzone. Bisweilen kommt es auch zur Konfluenz nebeneinanderliegender Knötchen, so dass eigentümliche traubenförmige Herde entstehen. Es werden auch solche beobachtet, die von einer Kapsel umgeben sind. Diese enthalten im Zentrum meist eine flüssige, rahmige oder eiterige Masse, um die herum trockener Käsebrei und nekrotisches Gewebe ringförmig sich anlegt.

Entsprechend der vorwiegend intestinalen Infektion treten die Knötchen hauptsächlich am Darmkanal hervor. Sie finden sich unter der stark blutgefüllten Serosa, durch die sie deutlich hindurchschimmern, fast in allen Darmabschnitten in grosser Zahl. In der Darmschleimhaut sieht man sie hauptsächlich in die Lymphknötchen eingelagert. Bei einer Nagertuberkuloseepizootie in der Umgebung von Giessen, von der sowohl Hauskaninchen als auch Hasen betroffen waren, hat Olt (s. Olt-Ströse) besonders schwere Veränderungen am Blinddarme feststellen können. Er fand ihn häufig in ein daumendickes, starres Rohr umgewandelt und seine verdickte Schleimhaut bedeckt mit dicht aneinanderliegenden senfkorngrossen, verkästen Knötchen, die am Übergange in den Grimmdarm gegen die unversehrte Schleimhaut scharf abgegrenzt waren (s. Abb. 1). Olt ist der Ansicht, dass die Infektionspforte in fast allen Fällen an der Hüftblinddarmöffnung gelegen ist, wo durch das Vorhandensein dicht nebeneinander gelegener kegelförmiger Lymphfollikel, über denen die Drüsenschläuche sinuös ausgebreitet sind, ein günstiger Ort für die Ansiedlung der Bazillen gegeben ist. Knötchenbildung im Fundus der Magenschleimhaut, wie sie bei der Pseudotuberkulose des Hasen bisweilen beobachtet wird, ist beim Kaninchen nicht beschrieben.

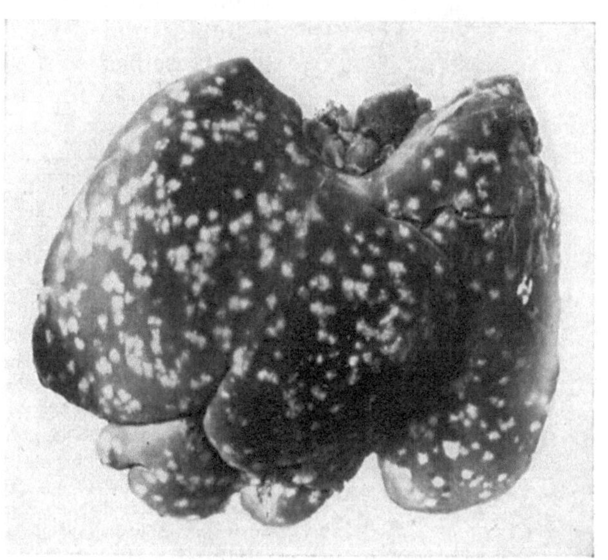

Abb. 3. Pseudotuberkulose. Zahlreiche pseudotuberkulöse Knötchen in der Leber. (Nach einem Präparat aus der Sammlung Olt, Giessen.)

Von der Darmschleimhaut aus gelangen die Erreger auf dem Wege der oft strangartig verdickten Lymphgefässe nicht nur in die mesenterialen Lymphknoten (besonders des Dickdarms), die stark vergrössert und mit Knötchen und verkästen Herden durchsetzt sind (s. Abb. 2), sondern auch in die übrigen Organe, so besonders in Leber und Milz. Diese Organe sind oft Sitz von Hunderten von Knötchen, die sich hauptsächlich in der mehrfach vergrösserten Milz von dem noch erhaltenen, höher geröteten Parenchym scharf abheben (s. Abb. 3 u. 4). Nach den übereinstimmenden Angaben der Verfasser sind bei der spontanen Pseudotuberkulose des Kaninchens die Nieren und die Brustorgane in der Mehrzahl der Fälle frei von Veränderungen. Wenn solche vorhanden sind, dann enthalten die Lungen meistens miliare bis steck nadelkopfgrosse Knötchen in spärlicher Zahl; bisweilen bestehen auch kleine lobuläre Pneumonien und Pleuritis. Auch auf den Pleurablättern können sich Knötchen befinden (Delbanco). Beim Hasen wurden von Ströse auch Knötchen in der Luftröhre und daran anschliessende Ausbreitung des Prozesses in die Lungen beobachtet (Möglichkeit einer aërogenen Infektion). Nach den Beobachtungen von Oppermann ist bisweilen auch die Schleimhaut der Vagina und des Uterus von Knötchen besetzt. Möglicherweise handelt es sich hierbei um primäre, durch den Begattungsakt übertragene Infektionen (Oppermann), unter Umständen aber auch um sekundär entstandene metastatische Prozesse in diesen Organen. Endlich können mitunter auch die Lymphknoten des Rumpfes und der Extremitäten befallen sein und dieselben Veränderungen zeigen wie die Lymphknoten im Mesenterium.

Histologisch bestehen die Knötchen vorwiegend aus einer Anhäufung von lymphoiden, weniger aus polynukleären Gebilden. Am Anfang der Knötchenbildung will Delbanco auch epithelioide Zellen gesehen haben. Diese treten jedoch keineswegs in den Vordergrund, sondern beschränken sich in ihrem Auftreten auf die zentrale Zone. An der Peripherie der Knötchen herrscht Granulationsgewebe und Bindegewebe, diese zum Teil ringförmig umgebend, vor. Dazwischen finden sich bisweilen Rundzellen eingestreut. Das Zentrum der Knötchen ist frei von Gefässen und neigt noch weit rascher zum Zerfall als bei der Tuberkulose. Dieser Zerfall geht in Form der Koagulationsnekrose vor sich, wobei die Zellen vom Zentrum aus peripher fortschreitend, wohl infolge einer gesteigerten proteolytischen Tätigkeit der Zellen sehr rasch der Zerstörung anheimfallen. Beim Kernzerfall ist als besonders auffallend hervorzuheben, dass die chromatische Substanz noch lange ihre Färbbarkeit beibehält und in feinen Tröpfchen und Stäubchen sowie vielgestaltigen Kerntrümmerformen hervortritt (Olt). In dieser Richtung besitzt das pseudotuberkulöse Knötchen weitestgehende Ähnlichkeit mit dem Rotzknötchen. Verkalkung wird nach den übereinstimmenden Angaben der Autoren in den pseudotuberkulösen Knötchen — im Gegensatz zur Tuberkulose — nicht beobachtet; nur nach Delbanco soll solche schon in 14 Tage alten Knötchen vorkommen. Die Angaben über das Auftreten von Riesenzellen widersprechen sich. Im allgemeinen sind sie im pseudotuberkulösen Knötchen nicht nachweisbar (Preisz,

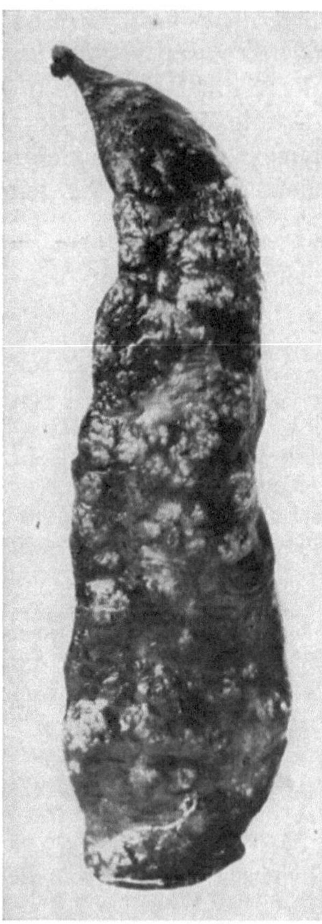

Abb. 4.   Pseudotuberkulose. Zahlreiche zum Teil verkäste Knötchen in der stark vergrösserten Milz. (Nach einem Präparat aus der Sammlung Olt, Giessen.)

Pfeiffer, Delbanco u. a.). Immerhin ist es mit Rücksicht auf die Unterscheidung von der Tuberkulose beachtenswert, dass von Apostolopoulos sowie von Malassez und Vignal in der Leber und Milz von an Pseudotuberkulose verendeten Meerschweinchen sowie von Woronoff und Sineff in den Leberknötchen eines spontan verendeten Huhnes und in den Organen von künstlich damit infizierten Kaninchen, Meerschweinchen und Mäusen Riesenzellen vom Langhans-Typus in grosser Zahl festgestellt wurden.

In der Umgebung der Knötchen lässt sich je nach der Grösse eine mehr oder weniger ausgeprägte Druckatrophie der Parenchymzellen, in der Milz bisweilen eine auffallende Hyperplasie der Pulpa und der Follikel nachweisen (Olt, Roemisch). Die histologische Untersuchung der Skelettmuskulatur ergibt nach Messerschmidt und **Keller** eine ausgesprochene Myositis mit herdförmigen, aus lymphozytären und leukozytären Elementen bestehenden Infiltrationen, Wucherung des interstitiellen Bindegewebes, Kernzerfall und Koagulationsnekrose.

Der Nachweis der Pseudotuberkelbazillen in Schnittpräparaten gelingt bei akut verendeten Tieren, bei denen die makroskopischen Veränderungen oft nicht so typisch ausgeprägt sind, verhältnismässig leicht. Auch in dem flüssigen Inhalt der Knötchen lassen sich die Bazillen, meist haufenförmig angeordnet, in der Regel nachweisen. In chronischen Fällen dagegen, hauptsächlich in den käsig-nekrotischen Bezirken (in der Leber und Milz) sind die Erreger meistens nicht oder nur ganz vereinzelt auffindbar, obwohl das Material noch seine volle Virulenz besitzt (**Pfeiffer, Nocard, Preisz, Delbanco; Bonome, Roemisch**). Dies ist auf die bereits erwähnte Tatsache zurückzuführen, dass der Pseudotuberkulosebazillus besonders bei langsamem Verlauf der Erkrankung seines Aufnahmevermögens für Anilinfarbstoffe — ähnlich wie der Rotzbazillus — völlig verlustig gehen kann. Unter Umständen können in chronischen Fällen auch Kulturversuche negativ verlaufen.

Diagnose und Differentialdiagnose. Die Diagnose der Kaninchenpseudotuberkulose begegnet im allgemeinen keinen Schwierigkeiten, weil ihr Erreger auf Grund seiner wohl charakterisierten morphologischen und kulturellen Eigenschaften leicht vom Tuberkelbazillus und dem ihm naheverwandten Rotzbazillus unterschieden werden kann. Nach **Saisawa** ist ausserdem die Prüfung des durch aktive Immunisierung zu erzielenden Impfschutzes gegenüber einer vollvirulenten, einwandfreien Pseudotuberkulosekultur heranzuziehen.

Bei negativem Bakterienbefund (eingebüsste Färbbarkeit) führt der Tierversuch (Impfung eines Kaninchens oder eines Meerschweinchens) zum Ziele. Wesentlich schwieriger gestaltet sich die Unterscheidung der pseudotuberkulösen Knötchen von der Tuberkulose (spontane Tuberkulose spielt zwar eine untergeordnete Rolle beim Kaninchen), von denen sie makroskopisch nicht zu unterscheiden sind, zumal sie die Verkäsung als gemeinsames Merkmal besitzen. Als unterschiedlich von dem tuberkulösen Granulom müssen aber bei dem pseudotuberkulösen die rasche Entwicklung, die sofortige Verkäsung und die fehlende Verkalkung hervorgehoben werden. Ausserdem tritt bei der Pseudotuberkulose der exsudative Charakter des Prozesses weit mehr hervor als der proliferative, was sich dadurch zu erkennen gibt, dass frühzeitig nekrobiotische Vorgänge eingeleitet werden. Weiterhin sind im Pseudotuberkel im Gegensatz zum echten tuberkulösen Knötchen die Epithelioidzellen entweder spärlich oder werden völlig vermisst und endlich sind Langhanssche Riesenzellen im Pseudotuberkel im allgemeinen nicht nachweisbar. Wenn auch nicht immer, so wird doch in der Mehrzahl der Fälle durch die histologische Untersuchung eine Unterscheidung zwischen pseudotuberkulösen und tuberkulösen Knötchen möglich sein (**Messerschmidt** und **Keller** u. a.). Weit grössere differentialdiagnostische Schwierigkeiten als die Tuberkulose bereitet der **Pestbazillus** und die durch ihn beim Kaninchen erzeugten Veränderungen. Für die diagnostischen Tierversuche bei der Pest werden zwar in der Regel hauptsächlich Meerschweinchen und Ratten verwendet, die eine grössere Empfänglichkeit für die Pestbazillen besitzen als das Kaninchen. Immerhin stellen aber auch Kaninchen (nach **Kolle** besonders junge) für die Pestinfektion empfängliche Versuchstiere dar, die sowohl nach subkutaner als auch nach kutaner Infektion einer Pestseptikämie mit der Bildung von Bubonen und daran anschliessender Entstehung von Knötchen in den inneren Organen (ähnlich denjenigen bei der Pseudotuberkulose) erliegen. Auch mit Rücksicht darauf, dass **Pest** — wenn zwar auch selten — beim Kaninchen und Hasen als spontane Krankheit zur Beobachtung kommt (England und Indien), ist bei der experimentellen Pestdiagnose Vorsicht am Platze, weil immerhin Verwechslungen vorkommen können. Dies umsomehr als nach **Zlatogoroff** sowie nach **Messerschmidt** und **Keller** der Bacillus pseudotuberculosis rodentium und der Pestbazillus so weitgehende Ähnlichkeit besitzen, dass sie morphologisch und kulturell mit Sicherheit kaum voneinander zu unterscheiden sind. Zur Identifizierung von aus fraglichem Material herausgezüchteten Bakterienstämmen hat deshalb Zlatogoroff die Agglutinationsprobe herangezogen. Nach seinen Untersuchungen sollen jedoch auch die Nagerpseudotuberkulosebazillen von Pestserum beeinflusst werden. Auch Mc Coy gibt an, dass Pseudotuberkulosebazillen durch Pestserum agglutiniert werden. Diese Beobachtungen sind von Swellengrebel und Hoesen sowie von Messerschmidt und Keller nicht bestätigt worden. Die Differenzierung der beiden Bakterienarten soll dagegen nach Zlatogoroff mit Hilfe der Präzipitinreaktion, der Immunisierung mit Pestserum und der kreuzweisen Immunisierung sicher möglich sein. Nach den Untersuchungen von Mc Conkey sind aber auch diese Angaben nicht durchaus zutreffend, denn nach seinen Untersuchungen gibt Pestserum sowohl mit Filtraten von Pestkulturen als auch mit solchen von Pseudotuberkulosebazillen Präzipitate, wie auch umgekehrt Pseudotuberkulose-Immunserum auf die Filtrate beider Bazillenarten eine präzipitierende Wirkung ausübt. Dagegen gelang es Mc Conkey bei Meerschweinchen und Ratten durch Vorbehandlung mit Pseudotuberkulosebazillen und deren Filtraten eine Immunität gegen Pest zu erzeugen, die sich in einigen Fällen nach 6 Monaten noch wirksam erwies. Mc Conkey hat weiterhin vergleichende Untersuchungen an 11 Peststämmen und 7 Stämmen des Bacillus pseudotuberculosis rodentium angestellt. Kulturell unterschieden sich die beiden Arten durch das mehr schleimige Wachstum der Pestbazillen auf Agar und durch die Blaufärbung der Lackmusmolke durch den Bacillus pseudotuberculosis rodentium. Nach Vourloud können Pseudotuberkulosebazillen und Pestbazillen durch ihr verschiedenes Wachstum auf Drigalski-Platten unterschieden werden. Während der Pseudotuberkulosebazillus darauf in farblosen Kolonien wächst und den Nährboden allmählich bläulich verfärbt, bildet der Pestbazillus rote Kolonien mit einer allmählichen Rotfärbung des Nährbodens. Neuerdings sind von Colas-Belcour weitere Versuche zur Differenzierung der beiden Bakterienarten angestellt worden, indem er ihr Wachstum und Säuerungsvermögen auf Glyzerin-Lackmusagar vergleichend untersuchte. Er fand dabei, dass Pseudotuberkulosestämme, die auf Glyzerinnährböden ein üppiges Wachstum zeigten, eine Rotfärbung des Nährbodens hervorriefen, während die Peststämme eine derartige Wirkung nicht auszuüben vermochten. Weitere Differenzierungsversuche auf Zuckernährböden sind von Petrie und Macalister, von Swellengrebel und Hoesen, sowie von Otten ausgeführt worden. Nach den Erfahrungen der indischen Kommission (s. Dieudonné und Otto) lässt sich der Pseudotuberkulosebazillus am besten durch den Tierversuch an weissen Ratten differenzieren.

Um noch kurz die histologischen Unterschiede zwischen den durch den Pseudotuberkulosebazillus und den durch den Pestbazillus in den inneren Organen erzeugten Veränderungen zu erwähnen, so ist hervorzuheben, dass die letzteren im wesentlichen aus einer Anhäufung polymorphkerniger Leukozyten bestehen, die zentral am dichtesten liegen und im Gegensatz zur Pseudotuberkulose nur geringgradigen Kernzerfall aufweisen (Messerschmidt und Keller).

Eine geringere Bedeutung in differentialdiagnostischer Hinsicht kommt der von Vincenzi beschriebenen, durch einen von dem Pseudotuberkulosebazillus in einigen Punkten abweichenden Bazillus hervorgerufenen **pseudotuberkuloseähnlichen Erkrankung** beim Kaninchen zu (s. dort), weiterhin der von Francis u. a. beschriebenen pestähnlichen **Tularämie** des Kaninchens (Kaninchenfieber, Zeckenfieber) (s. dort), und dem **Paratyphus,** der nach den spärlichen Angaben in der Literatur zu schliessen, als spontane Krankheit bei den Leporiden (besonders bei zahmen Kaninchen) selten auftritt.

Endlich kommen differentialdiagnostisch noch in Betracht: pyämische Zustände sowie die hauptsächlich in der Leber lokalisierten Produkte abgestorbener Cysticercus pisiformis-Finnen und anderer Parasiten. In beiden Fällen stösst bei näherer Untersuchung die Erkennung und Abtrennung von der Pseudotuberkulose auf keinerlei Schwierigkeiten.

Immunitätsverhältnisse. Von einer Reihe von Forschern ist die Feststellung gemacht worden, dass das Serum von an spontaner Pseudotuberkulose erkrankten oder auf künstlichem Wege immunisierten Tieren agglutinierende Eigenschaften besitzt. Gleichwohl haben diese Feststellungen für die praktische Diagnose Verwendung nicht gefunden, weil die agglutinierenden Eigenschaften nicht spezifisch sind, und weil die Krankheit infolge ihrer „Symptomenarmut" klinisch sehr schwer festzustellen ist.

Dass dem Serum pseudotuberkulöser Kaninchen agglutinierende Eigenschaften zukommen, hat zuerst Ledoux-Lebard nachgewiesen. Später hat de Blasi durch vergleichende Untersuchungen den Nachweis erbracht, dass das Pseudotuberkuloseserum eine beschränkte Anzahl agglutinierender Rezeptoren auch mit dem Pseudopestbazillus Galli-Valerios und dem Bacillus opale agliaceus Vincenzis (s. S. 13) gemeinsam hat. Noon konnte durch Einverleibung lebender oder durch Hitze abgetöteter Pseudotuberkulosebazillen sowie mit Vakzine eine aktive Immunität gegen Pseudotuberkulose erzeugen, die er auf den Gehalt des Blutes an Opsoninen zurückführte. Auch Saisawa vermochte eine aktive Immunität gegen eine nachfolgende Infektion mit lebender Bakterienkultur zu erzeugen. (Dessy verneint eine solche Möglichkeit.) Dagegen hatte — entgegen den Versuchen von Roemisch (Agglutination und Castellanischer Versuch) — die Anwendung der Agglutination, Präzipitation, Komplementbindung sowie des Pfeifferschen Versuchs unsichere Ergebnise, so dass diese Reaktionen zur Identifizierung einzelner Stämme nicht geeignet erscheinen. Die Versuche von Mc Conkey mit der Präzipitation und diejenigen von Weltmann und Fischer mit der Agglutination und Komplementbindung sprechen in demselben Sinne. Dagegen sollen nach Zlatogoroff die Präzipitation sowie die Immunisierung spezifische Ergebnisse haben. Der letzteren Angabe steht aber diejenige von Mc Conkey gegenüber, dem es gelang, mit Pseudotuberkulosebazillen bei Meerschweinchen und Ratten eine aktive Immunität auch gegen Pest zu erzeugen.

Während nach den Untersuchungen von Zlatogoroff und Mc Coy auch das Pestserum auf die Pseudotuberkulosebazillen eine agglutinierende Wirkung ausübt, fanden Swellengrebel und Hoesen, Messerschmidt und Keller sowie Weltmann und Fischer, dass Immunsera von Pest, Ruhr, Typhus und Paratyphus spezifische Agglutinine für den Pseudotuberkulosebazillus nicht enthielten. Zur Feststellung der Pseudotuberkulose wurde von Bachmann auch die Intrakutanmethode verwendet.

Der Pseudotuberkulose ähnliche und verwandte Krankheiten.

a) Pseudotuberkuloseähnliche Krankheit Vincenzis.

Im Jahre 1890 hat Vincenzi eine pathologisch-anatomisch mit der Pseudotuberkulose vollkommen übereinstimmende Krankheit beschrieben, die aber auf Grund einer Reihe vom Bacillus pseudotuberculosis rodentium abweichenden Eigenschaften ihres Erregers von dieser abgetrennt werden muss.

Der von Vincenzi (1890 und 1909) als Erreger dieser Krankheit nachgewiesene Bacillus opale agliaceus besitzt morphologisch zahlreiche Ähnlichkeiten mit dem Pfeifferschen Pseudotuberkulosebazillus. Er stellt ebenfalls ein Kurzstäbchen mit abgerundeten Ecken und Neigung zur Verbandbildung dar, dem eine Eigenbewegung nicht zukommt. Plasaj und Pribram gelang es jedoch in gleicher Weise wie beim Bacillus pseudotuberculosis rodentium das Vorhandensein einer extrapolarständigen Geissel nachzuweisen. Das Stäbchen bildet keine Sporen. Seine **Züchtung** gelingt leicht auf allen gebräuchlichen Nährmedien. Vom Pseudotuberkulosebazillus unterscheidet er sich jedoch vor allem dadurch, dass er schon bei 0°C. gedeiht, während die niedrigste Wachstumstemperatur für den Pfeifferschen Bazillus bei 5° C. liegt. Im besonderen weicht der Bacillus opale agliaceus noch durch den ausgesprochen bläulichen, glänzenden Farbenton seiner Kolonien auf Gelatineplatten, sein feuchtes Wachstum, weiterhin durch den knoblauchartigen Geruch der Agar- und Gelatinekulturen und seine für Kaninchen und Meerschweinchen im Vergleich zum Pseudotuberkulosebazillus bedeutend höhere Virulenz, erheblich von diesem ab.

Die Krankheit lässt sich durch Verfütterung des Erregers in typischer Weise (pseudotuberkuloseähnliche Veränderungen) erzeugen. (Er soll ausserdem die Fähigkeit besitzen, bei Fröschen nach intraperitonealer Einverleibung multiple Knötchenbildung in Leber und Milz hervorzurufen.) Die intestinale Infektion wird von Vincenzi als der natürliche Ansteckungsweg angesehen.

Auf Grund der angegebenen Merkmale gelingt es leicht, den Bacillus opale agliaceus vom Bacillus pseudotuberculosis rodentium und die durch die beiden Bazillen hervorgerufenen Krankheiten voneinander abzutrennen.

b) Pest.

Als weitere mit der Pseudotuberkulose nahe verwandte Krankheit ist die durch den menschlichen Pestbazillus hervorgerufene Pest anzuführen, die hinsichtlich der morphologischen und biologischen Eigenschaften ihres Erregers und unter Umständen auch der pathologisch-anatomischen Veränderungen weitestgehende Ähnlichkeit mit der Pseudotuberkulose besitzt (Zlatogoroff, Messerschmidt und Keller). Spontane Pestinfektionen kommen zwar bekanntlich hauptsächlich bei Ratten vor, immerhin liegen aber auch über ihr spontanes Auftreten bei in Gefangenschaft gehaltenen Leporiden (in Indien und England) vereinzelte Mitteilungen in der Literatur vor. Über die Differentialdiagnose zwischen Pseudotuberkulose und Pest siehe bei Pseudotuberkulose.

c) Tularämie.

Endlich ist in diesem Zusammenhange noch eine pestähnliche Krankheit, die

Tularämie (Kaninchenfieber, Zeckenfieber) zu erwähnen. Mit dieser Krankheit, die von Mc Coy und Chapin 1912 unter Nagern (Erdhörnchen) in Kalifornien (Tulare) festgestellt wurde, fand Francis wilde, auf den Märkten in Washington feilgehaltene Kaninchen behaftet. Der Erreger der Krankheit, das nach der Landschaft Tulare benannte Bacterium tularense ist ein kleines, kurzes, gramnegatives Stäbchen, das lediglich auf Eidotternährboden gedeiht.

Nach Francis erfolgt die natürliche Infektion durch Vermittelung der Kaninchenlaus (Haemodipsus ventricosus) und einer Zecke (Dermacentor andersoni, Stiles). In solchen, im Freien gesammelten Zecken ist Parker der Nachweis des Bakteriums gelungen. Nach Massgabe von Laboratoriumsversuchen sind die Bakterien in den Zecken bis zu 200 Tagen, in der freien Natur mindestens bis zu 8 Monaten lebens- und infektionsfähig. Infizierte unreife Zecken übertragen die Infektion auch auf die nächstfolgende Generation.

Ausser Nagetieren sind noch Affen für die Infektion empfänglich. Wiederholt wurden auch Übertragungen auf den Menschen beobachtet (Laboratoriumsinfektionen). Sie kommen entweder durch Wunden an den Fingern beim Hantieren mit kranken und verendeten Tieren oder durch Vermittlung von Stechfliegen (Chrysops discalis, Stomoxys calcitrans) zustande.

Im Serum von tularämiekranken Tieren und Menschen treten nach Francis spezifische Agglutinine auf. Auch die Komplementbindung soll für die Erkennung der Krankheit günstige Ergebnisse liefern. Das Überstehen der Krankheit verleiht gegen eine Pestinfektion keinen Schutz.

Schrifttum.

Albrecht, Wien. klin. Wochenschr. 1910. S. 991. Zentralbl. f. Bakteriol., Parasitenkunde u. Infektionskrankh., Abt. I. Ref. Bd. 48. S. 201. 1911. — *Apostolopoulos*, Baumgartens Arb. a. d. Geb. d. pathol. Anat. u. Bakteriol. Bd. 2. S. 198. 1896. — *Basset*, Bull. de la soc. centr. de méd. vét. Tome 84. p. 334. 1907. — *Bettencourt*, Zentralbl. f. Bakteriol., Parasitenk. u. Infektionskrankh., Abt. I. Ref. Bd. 24. S. 84. 1898. — *Bonome*, Ergebn. d. allg. Pathol. u. pathol. Anat. Bd. 5. S. 819. 1897. — *Byloff*, zit. nach *Plasaj* und *Pribram*, Zentralbl. f. Bakteriol., Parasitenk. u. Infektionskrankheiten, Abt. I, Orig. Bd. 85. Beiheft S. 116 u. 117. — *Cagnetto*, Sperimentale. 1905. Ann. de l'inst. Pasteur. Jg. 19. p. 449. 1905. — *Chantemesse*, Ann. de l'inst. Pasteur. Jg. 1. p. 97. 1887. — *Charrin* et *Roger*, Cpt. rend. hebdom. des séances de l'acad. des sciences. Tome 106. 1888. Cpt. rend. des séances de la soc. de biol. 1888. — *Cipollina*, Ann. d'ig. speriment. Vol. 10. p. 1. 1900. — *Chierici*, Jahresber. d. Vet.-Med. v. Ellenberger-Schütz. Jg. 27. S. 78. — *Chrétien*, Hyg. de la viande et du lait. Tome 6. p. 432. 1912. — *Colas-Bélcour*, Cpt. rend. des séances de la soc. de biol. Tome 94. p. 238. 1926. — *Courmont*, Cpt. rend. des séances de la soc. de biol. 1897. p. 970. — *Courmont* et *Nicolas*, Arch. d. parasitol. Tome 1. p. 122. 1898. — *Czaplewski*, zit. nach *Poppe*, in Handbuch der pathogenen Mikroorganismen von Kolle-Wassermann. Bd. 5. 1913. — *De Blasi*, Ann. d'ig. speriment. Vol. 18. p. 611. 1908. — *Delbanco*, Beitr. z. pathol. Anat. u. z. allg. Pathol. Bd. 20. S. 477. 1896. — *Deyl*, Ergebn. d. allg. Pathol. u. pathol. Anat. Bd. 3. S. 732. 1896. — *Diena*, Zentralbl. f. Bakteriol., Parasitenk. u. Infektionskrankheiten, Abt. I. Bd. 43. S. 60. 1909. — *Dieudonné* und *Otto*, in Handbuch der pathogenen Mikroorganismen von Kolle, Kraus u. Uhlenhuth. Bd. 4. 1927. 3. Aufl. — *Donzello*, Baumgartens Jahresber. Bd. 21. S. 570. 1905. — *Dunkel*, Inaug.-Diss. Giessen 1908. — *Dor*, Cpt. rend. hebdom. des séances de l'acad. des sciences. Tome 106. p. 1027. 1888. — *Eberth*, Virchows Arch. f. pathol. Anat. u. Physiol. Bd. 100. 1885. Bd. 103. 1886. Fortschr. d. Med. Bd. 3. 1885. — *Francis*, Journ. of the Americ. med. assoc. Vol. 48. p. 1243. 1925. Vol. 78. p. 1015. 1922. — *Derselbe*, Public. health reports. Vol. 36. p. 1431. 1921. — *Francis* and *Lake*, Public health reports. Vol. 36. p. 1747. 1921. Vol. 37. p. 96, 83. 1922. — *Francis* and *Mayne*, Public health reports. Vol. 36. p. 1738. 1921. — *Gallavieille*, Cpt. rend. des séances de la soc. de biol. 1898. p. 492 et 1005. — *Galli-Valerio*, Zentralbl. f. Bakteriol., Parasitenk. u. Infektionskrankh., Abt. I, Orig. Bd. 33. 1903. Bd. 75. S. 47. Bd. 94. S. 62. 1925. — *Glässer*, Arch. f. Tierheilk. Bd. 35. S. 471 u. 582. 1909. — *Grancher* et *Ledoux-Lebard* (1889/90), Arch. de méd. expérim. 1889. Nr. 2. 1890. Nr. 5. — *Klein*, Zentralbl. f. Bakteriol., Parasitenk. u. Infektionskrankh. Abt. I, Orig. Bd. 86. S. 564. — *Ledoux-Lebard*, Ann. de l'inst. Pasteur. Tome 11. p. 909. 1897. — *Lignières*, Bull. de la soc. centr. de méd. vét. 1898. p. 193. — *Lucet*, Arch. de parasitol. Tome 1. p. 100. 1898. — *Malassez* et *Vignal*, Arch. de physiol. norm. et pathol. 1883 et 1884. Ref. Fortschr. d. Med. Bd. 2. 1884. — *Mazzini*, Dtsch. tierärztl. Wochenschr. 1898. S. 104 (Ref.). — *Mc Conkey*, Journ. of hyg. 1913. Plague-Supp. 2. p. 387. — *Mc Coy*, Journ. of the Americ. med. assoc. Vol. 57. p. 1268. 1911. — *Mc Coy* and *Chapin*, Journ. of infect. dis. Vol. 10. p. 61. 1912. — *Dieselben*, Public health and Marine-hosp. Service of the U.-S. Public health bull. 1912. Nr. 53. — *Mégnin* et *Mosny*, Semaine méd. 1891. Zentralbl. f. Bakteriol., Parasitenk. u. Infektionskrankh., Abt. I. Bd. 10. S. 775. 1891. — *Messerschmidt* und *Keller*, Zeitschr. f. Hyg. u. Infektionskrankh. Bd. 77. S. 289. 1914. — *Muir*, Baumgartens Jahresber. Bd. 14. S. 544. 1898. — *Nocard*, Bull. de la soc. centr. de méd. vét. 1885. p. 207. Cpt. rend. des séances de la soc. de biol. 1889. p. 608. Bull. de la soc. centr. de méd. vét. 1893. p. 116. Ann. de l'inst. Pasteur. Tome 10. p. 609. 1896. — *Nocard* et *Masselin*, Cpt. rend. des séances de la soc. de biol. 1889. p. 177.

— *Noon*, Journ. of hyg. Vol. 9. p. 181. 1909. — *Olt-Ströse*, Die Wildkrankheiten und ihre Bekämpfung. Neudamm 1914. — *Oppermann*, Dtsch. tierärztl. Wochenschr. 1905. S. 45. — *Parietti*, Zentralbl. f. Bakteriol., Parasitenk. u. Infektionskrankh., Abt. I. Ref. Bd. 8. S. 577. 1890. — *Parker*, Public health reports. Vol. 39. p. 1057. 1924. — *Petrie* and *Macalister*, Reports to the Local Gouvernement Bord. 1911. Zit. nach *Dieudonné* und *Otto*. — *Pfeiffer*, Über die bazilläre Pseudotuberkulose bei Nagetieren. Leipzig 1889. — *Plasaj* und *Pribram*, Zentralbl. f. Bakteriol., Parasitenkunde u. Infektionskrankh., Abt. I, Orig. Bd. 85. Beiheft S. 116/117. — *Poppe*, in Kolle-Wassermanns Handbuch d. pathogenen Mikroorganismen. 2. Aufl. Bd. 5. 1913. — *Preisz*, Ann. de l'inst. Pasteur. 1894. Nr. 4. — *Ramon*, Ann. de l'inst. Pasteur. Tome 28. 1914. — *Roemisch*, Inaug.-Diss. Berlin 1919. — *Rosenfeld*, Zit. nach *Poppe* in Kolle-Wassermanns Handbuch der pathogenen Mikroorganismen. Bd. 5. 1913. — *Saisawa*, Zeitschr. f. Hyg. u. Infektionskrankh. Bd. 73. S. 401. 1913. — *Skschivan*, Zit. nach *Poppe* in Kolle-Wassermanns Handbuch der pathogenen Mikroorganismen. Bd. 5. 1913. — *Ströse*, Dtsch. Jägerzeitung. Neudamm 1905. Nr. 26 u. 27. — *Swellengrebel* und *Hoesen*, Zentralbl. f. Bakteriol., Parasitenk. u. Infektionskrankh, Abt. I., Orig., Bd. 75. S. 456. 1915. — *Tartakowsky*, Ergebn. d. allg. Pathol. u. pathol. Anat. Bd. 5. S. 685. 1898. — *Twort* und *Craig*, Zentralbl. f. Bakteriol., Parasitenk. u. Infektionskrankh., Abt. I, Orig., Bd. 68. — *Weltmann* und *Fischer*, Zeitschr. f. Hyg. u. Infektionskrankh. Bd. 78. S. 447. 1914. — *Woronoff* und *Sineff*, Zentralbl. f. allg. Pathol. u. pathol. Anat. Bd. 8. S. 622. 1897. — *Vincenzi*, Zentralbl. f. Bakteriol., Parasitenk. u. Infektionskrankheiten, Abt. I, Orig., Bd. 44. S. 391. 1907. Bd. 50. S. 2. 1909. Giorn. dell' acad. di med. Torino. 1890. Nr. 6. — *Vourloud*, Zit. nach *Dieudonné* und *Otto*, Handbuch der pathogenen Mikroorganismen von Kolle, Kraus u. Uhlenhuth. Bd. 4. 1913. — *Zagari*, Zentralbl. f. Bakteriol., Parasitenk. u. Infektionskrankh., Abt. I. Ref. Bd. 8. S. 208. 1890. — *Zlatogoroff*, Zentralbl. f. Bakteriol., Parasitenk. u. Infektionskrankh., Abt. I, Orig., Bd. 37. S. 345. 1904.

Tuberkulose.

Gegenüber der Pseudotuberkulose tritt die echte Tuberkulose beim Kaninchen an Bedeutung weit zurück, weil sie ein verhältnismässig seltenes Vorkommnis darstellt. Immerhin sind in der Literatur mehrere Fälle von spontaner Kaninchentuberkulose bekannt geworden, deren wesentliche Kenntnis für denjenigen, der sich dieses Versuchstieres für diagnostische Tuberkuloseimpfungen oder für experimentelle Tuberkuloseuntersuchungen bedient, von Wichtigkeit ist, weil er sonst unter Umständen folgenschweren Irrtümern in der Bewertung von Versuchsergebnissen zum Opfer fallen kann. Da das Kaninchen für experimentelle Infektionen mit Tuberkelbazillen, im besonderen mit dem Typus bovinus und gallinaceus ein sehr empfängliches Versuchstier darstellt, so steht zu erwarten, dass auch unter natürlichen Verhältnissen eine Ansteckung leicht erfolgen kann, wenn nur immer Gelegenheit dazu gegeben ist.

So berichtet beispielsweise bereits König im Jahre 1895 über die Übertragung der Tuberkulose von einer Kuh auf ein in demselben Stall untergebrachtes Kaninchen.

Besondere Beachtung verdient die Mitteilung von Rothe, der unter dem zu Versuchszwecken gehaltenen Kaninchenbestande einer Lungenheilstätte zahlreiche Erkrankungs- und Todesfälle auftreten sah, die — wie eingehende Untersuchungen im Institut für Infektionskrankheiten in Berlin ergeben haben — auf eine Infektion mit Tuberkelbazillen boviner Herkunft zurückzuführen waren. Die Quelle der Infektion konnte nicht ermittelt werden.

Ein weiterer Fall von durch den Typus bovinus hervorgerufener Tuberkulose beim Kaninchen ist von Raymond mitgeteilt worden.

Dass Infektionen unter natürlichen Verhältnissen auch durch Geflügeltuberkelbazillen zustande kommen können, beweisen die von Cobbett beschriebenen Erkrankungsfälle bei zwei Kaninchen, die in einem mit tuberkulösen Hühnern besetzten Stall untergebracht waren und gemeinsam mit diesen frassen. Die Zugehörigkeit der in den tuberkulösen Veränderungen der inneren Organe und der Gelenke nachgewiesenen Tuberkelbazillen zum Typus gallinaceus konnte auch hier einwandfrei durch die Kultur und den Tierversuch erbracht werden.

Weitere Mitteilungen über spontane Kaninchentuberkulose liegen vor von Quérin sowie von Chrétien in Frankreich, von Bang in Dänemark sowie vom pathologischen Institut der Tierärztlichen Hochschule zu Dresden. In diesem wurden in den Jahren 1896—1913 von 129 sezierten Kaninchen 4 = 3,1% mit Tuberkulose behaftet gefunden.

Auch Sustmann berichtet über nicht allzu seltenes Auftreten spontaner Tuberkulose bei Kaninchen, ohne jedoch — ebenso wie die vorher genannten — nähere Angaben über die Infektionsquelle und die dabei beteiligte Standortsspielart des Tuberkelbazillus zu machen. Es erscheint fraglich, ob Sustmann in allen Fällen echte Tuberkulose vorgelegen hat.

Endlich sind noch die Beobachtungen von Coulaud und in deren Bestätigung diejenigen von Valtis zu nennen, die darauf hinweisen, dass von mit Tuberkulose infizierten Elterntieren eine Übertragung auf ihre mit ihnen zusammenlebenden Jungen stattfinden kann (s. später).

Ätiologie. Die spontane Tuberkulose des Kaninchens wird nach den angeführten Mitteilungen wohl hauptsächlich durch den Typus bovinus hervorgerufen. Infektionen mit dem Typus gallinaceus scheinen eine geringere Rolle zu spielen. Wenn schliesslich Infektionen mit dem Typus humanus nicht oder nur ganz selten sich ereignen, so ist dies einerseits in der geringeren Empfänglichkeit des Kaninchens für menschliche Tuberkelbazillen überhaupt, andererseits wahrscheinlich in einer mangelnden Gelegenheit zur Ansteckung durch den Menschen begründet.

Über die Art und Weise der **natürlichen Ansteckung** gehen die Ansichten auseinander. Rothe nimmt an, dass sie in der Mehrzahl der Fälle auf dem Inhalationsweg erfolgt. Dafür spricht die Tatsache, dass es ihm fast ausnahmslos gelang, durch Zusammensetzen von gesunden mit kranken Tieren in engen Käfigen eine Infektion zu erzielen, während dagegen das blosse Verbringen von gesunden Tieren in vorher mit kranken besetzte Käfige in der Regel erfolglos blieb. Für die mehrmals beobachtete Übertragung der Tuberkulose von infizierten Elterntieren auf ihre Jungen vermuten Coulaud sowie Valtis eine Ansteckung auf intestinalem Wege. Während jener annimmt, dass eine solche durch die Muttermilch zustande kommt, stützt sich dieser auf den gelungenen Nachweis von Tuberkelbazillen in den mesenterialen Lymphknoten von jungen Kaninchen, die mehrere Wochen mit ihrer (mit bovinen Tuberkelbazillen) infizierten Mutter zusammen gewesen waren. Auf Grund des Ausfalles experimenteller Untersuchungen darf im allgemeinen angenommen werden, dass das Kaninchen für eine Infektion auf dem Inhalationswege empfänglicher ist, als für eine solche auf intestinalem Wege.

Künstlich lässt sich die spontane Kaninchentuberkulose auf den verschiedenen Infektionswegen auf Kaninchen und Meerschweinchen, beim Vorliegen des Typus gallinaceus auch auf Geflügel, unter Entstehung der typischen Veränderungen übertragen. Die Impftiere erliegen der Infektion, je nach Impfmodus und Impfmaterial in der Regel nach 14—30, seltener nach mehr Tagen.

Die bei spontan oder künstlich mit Tuberkulose infizierten Kaninchen auftretenden **Krankheitserscheinungen** sind wenig charakteristisch. Je nach dem Vorherrschen von Lungen- oder Darmerkrankungen tritt entweder eine mehr und mehr zunehmende, mit Husten verbundene Dyspnoë oder ein mehr oder minder heftiger Durchfall in den Vordergrund des Krankheitsbildes. Bei Gelenkerkrankungen (Cobbett) wird auch Lahmgehen beobachtet. Im übrigen sind die Tiere apathisch, zeigen geringe Fresslust, magern bei langsamem Verlaufe mehr und mehr ab und gehen zugrunde.

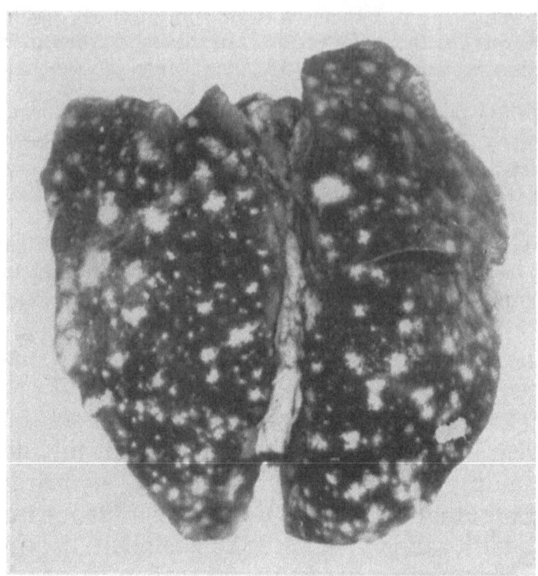

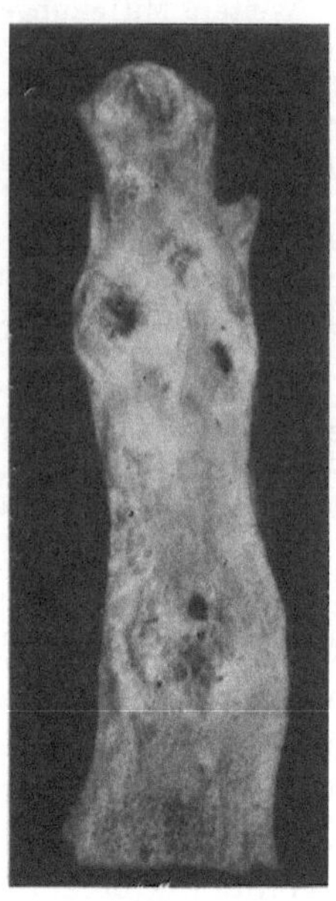

Abb. 5. Tuberkulose der Lungen beim Kaninchen. (Infektion mit bovinen Tuberkelbazillen.)

Abb. 6. Tuberkulose des Darmes. Knötchen und Geschwüre in der Schleimhaut.

Pathologische Anatomie. In der Mehrzahl der in der Literatur beschriebenen Fälle sind die schweren Veränderungen in der Brusthöhle und besonders in den Lungen hervorgehoben. Ihrem Grade nach zeigen sie sich in wechselnden Bildern, bald in Form von miliaren Herden und grösseren Nekrosen, bald in Form von käsiger Pneumonie, von der weite Teile des Lungengewebes in Mitleidenschaft gezogen werden. Die mediastinalen und bronchialen Lymphknoten sind in der Regel vergrössert und meistens verkäst. Auch auf den serösen Häuten, besonders auf der Pleura und dem Perikard befinden sich zum Teil verkäste Knöt-

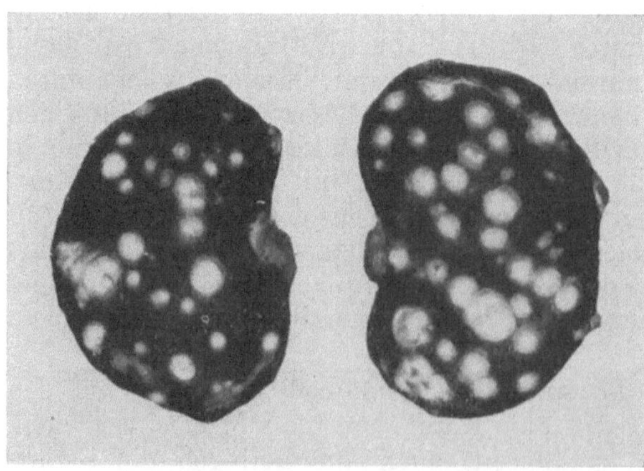

Abb. 7. Tuberkulose der Nieren. (Infektion mit bovinen Tuberkelbazillen.)

chen in verschiedener Grösse. In der Wand des Darmes (sowohl des Dünn- als auch des Dickdarmes) sind in den meisten Fällen ebenfalls Knötchen festzustellen, besonders häufig in der Ileozökalgegend und im Blinddarm. Sie besitzen Linsen-, Erbsen- und selbst Walnussgrösse.

Auf der Schleimhautseite des Darmes entsprechen ihnen häufig Ulzerationen. Entsprechend diesen Darmveränderungen sind auch die mesenterialen Lymphknoten vergrössert und mit Käseherden versehen. In der Mehrzahl der Fälle enthalten auch Leber, Milz und Nieren Knötchen von verschiedener Grösse, teils auf der Oberfläche, teils im Parenchym. Tuberkulose des Peritoneums wird seltener beobachtet. In einem Falle von durch Geflügeltuberkelbazillen verursachter Tuberkulose beim Kaninchen hat Cobbett eine ausgesprochene Gelenktuberkulose mit Schwellung der zugehörigen Lymphknoten, aber ohne Ergriffensein der inneren Organe beobachtet (s. Abb. 5, 6, 7).

Diagnose. Wie in Ausstrichen und Schnitten aus den pathologisch-anatomischen Veränderungen der inneren Organe und der Gelenke, so lassen sich auch in den Ausscheidungen (Nasensekret, Urin, Kot) Tuberkelbazillen nachweisen. Welche Art von Standortsspielart des Tuberkelbazillus im Einzelfalle vorliegt, muss durch den Kulturversuch und den Tierversuch entschieden werden.

Das gelegentliche spontane Vorkommen der Tuberkulose beim Kaninchen mahnt jedenfalls bei der Beurteilung von Versuchsergebnissen zu grosser Vorsicht, umsomehr als die pathologisch-anatomischen Veränderungen bei spontaner und experimenteller Tuberkulose weitestgehende Ähnlichkeit besitzen, im besonderen wenn Infektionen auf dem Fütterungs- oder Atmungswege vorliegen. Bei den übrigen Einverleibungsarten lassen die Veränderungen an der Impfstelle (knotige Verdickung, Geschwürs- und Abszessbildung mit Absonderung käsiger und eiteriger Massen, Anschwellung, Verkäsung und Vereiterung der benachbarten Lymphknoten) noch am ehesten eine Unterscheidung zwischen experimentell und spontan entstandener Tuberkulose zu.

Schrifttum.

Alexander, Zeitschr. f. Hyg. u. Infektionskrankh. Bd. 60. S. 467. 1908. — *Bang*, Dtsch. Zeitschr. f. Tiermed. u. vergl. Pathol. 1890. S. 353. — *Chrétien*, L'hyg. de la viande et du lait. Tome 6. p. 432. 1912. — *Cobbett*, Journ. of comp. pathol. a. therapeut. Vol. 26. p. 33. 1913. — *Coulaud*, Ann. de l'inst. Pasteur. Tome 38. p. 581. 1924. — *Klimmer*, In Handbuch der Tuberkulose. Leipzig: A. Barth 1923. — *König*, Sächsicher Jahresber. 1895. S. 109. — *Quérin*, L'hyg. de la viande et du lait. Tome 2. p. 7. 1908. — *Raymond*, L'hyg. de la viande et du lait. Tome 6. p. 432. 1912. — *Rothe*, Dtsch. med. Wochenschr. 1912. S. 642. — *Derselbe*, Veröffentlich. der Robert-Koch-Stiftung zur Bekämpfung der Tuberkulose. Bd. 1. H. 4. S. 1. 1913. — *Valtis*, Cpt. rend. des séances de la soc. de biol. Tome 91. p. 853. 1924.

Ansteckende Nasenentzündung der Kaninchen.   Rhinitis contagiosa cuniculorum.

Syn. Influenzaartige Kaninchenseuche; Infektiöser oder bösartiger Schnupfen; bösartiges Schnupfenfieber; bösartiges Katarrhalfieber der Kaninchen; Kaninchen-Septikämie; Brustseuche; Kaninchenstaupe; Rhinitis purulenta; Snuffles (engl.).

Diese unter den genannten Bezeichnungen laufende Krankheitsform ist eine weit verbreitete, gewöhnlich enzootisch auftretende, ihrem

Wesen nach polybakterielle Erkrankung der Luftwege und der sonstigen Atmungsorgane, die neben der Kokzidiose als eine der gefürchtetsten Kaninchenseuchen angesehen werden muss.

Geschichtliches. Die Krankheit ist schon seit langer Zeit unter dem Namen des „bösartigen Schnupfens" bekannt und zum Teil der Kokzidienrhinitis zugerechnet worden. Die Untersuchungen von Beck, Kraus, Eberth und Mandry, Roger und Weil, Volk, Kasparek, Selter, Davis, Miller, Webster, Smith, Tanaka, Jacobsohn und Koref u. a. haben aber dargetan, dass der grösste Teil der mit diesem oder ähnlichen Namen bezeichneten Krankheiten bakterieller Natur ist. Klinisch und anatomisch durchaus ähnliche Leiden wurden von Südmersen, Laven, Raebiger, Grosso, Sustmann u. a. beschrieben, als deren Erreger aber besondere Bakterien nachgewiesen. Trotzdem scheint es aber einem Zweifel nicht zu unterliegen, dass alle diese Krankheiten keine selbständigen Leiden darstellen, sondern dass sie dem Krankheitsbild des ansteckenden bakteriellen Schnupfens zuzuzählen sind. Die im Verlaufe der Krankheit sich einstellenden Lungenentzündungen und andere Leiden müssen nach Ansicht der Untersucher als Verwicklungen der Krankheit angesehen werden. Zum Unterschiede von einem nicht ansteckenden Erkältungsschnupfen, von der Kokzidienrhinitis sowie mit Rücksicht auf das häufige Ergriffensein der Lungen schlägt Raebiger vor, die durch Bakterien hervorgerufene Krankheit als „Brustseuche der Kaninchen" zu bezeichnen.

Nach den **epidemiologischen Beobachtungen** von Webster an dem Kaninchenvorrat des Rockefellerinstituts ist die Häufigkeit desKaninchenschnupfens von Monat zu Monat grossen Schwankungen unterworfen. Sie beträgt im Sommer nur 20%, steigt dann im September und Oktober schnell auf 50—60%, sinkt langsam und steigt dann im März und April wieder auf 50% an, um daraufhin auf 20% abzusinken. Das ganze Jahr über werden zahlreiche Verwicklungen der Krankheit beobachtet, auf die später näher eingegangen werden soll. Beachtenswert ist weiterhin, dass nach den Untersuchungen von Webster Bacterium lepisepticum und Bacillus bronchosepticus nicht nur im Nasensekret von mit Schnupfen behafteten Kaninchen, sondern auch in demjenigen von ganz gesunden Tieren angetroffen wird. Daneben finden sich in einem kleineren Prozentsatz in der Nasenflora des Kaninchens auch noch Micrococcus catarrhalis, Staphylokokken, Streptokokken und verschiedene andere Bakterien, die später das Krankheitsbild komplizieren können. Dem Auftreten des Schnupfens pflegt nach Websters Beobachtungen das vorwiegende Erscheinen des Bacterium lepisepticum im Nasenschleim voraufzugehen. Je nach der Empfänglichkeit kommt es nun entweder zum Ausbruch der Krankheit, oder die Tiere werden zu Bazillenträgern und Bazillenausscheidern, ohne selbst zu erkranken. Die Untersuchungen von Miller und Noble zeigen, dass Temperaturwechsel sowohl aus der Kälte in die Wärme als auch umgekehrt, das Angehen einer künstlichen nasalen Infektion mit dem Erreger des Kaninchenschnupfens begünstigen. Es ist sehr wahrscheinlich — und diese Beobachtung spricht dafür — dass solche Temperatureinflüsse auch für das Zustandekommen der natürlichen Infektion eine nicht zu unterschätzende Rolle spielen.

Ätiologie. Als Erreger des ansteckenden Schnupfens kommt für einen Teil der Fälle ein sehr kleines, schlankes, unbewegliches Stäbchen in Betracht. Es ist gramnegativ, bildet keine Sporen und besitzt nach den übereinstimmenden Angaben der Untersucher grosse Ähnlichkeit mit dem Influenzabazillus.

Auf Gelatineplatten entstehen nach 48 Stunden kleine feingekörnte Kolonien, mit scharfem, nach Kraus gezähneltem Rande. Auf Agar entwickelt sich ein üppiger, grauweisslicher Belag. Milch wird nicht zur Gerinnung gebracht, Indolbildung findet nicht oder nur schwach statt. Die von Beck, Kraus, Volk, Kasparek, Kurita u. a. beschriebenen Bakterien lassen zwar alle gewisse Unterschiede erkennen; sie sind jedoch keineswegs so weitgehend, dass sie dazu berechtigen, den durch sie hervorgerufenen Krankheiten eine Sonderstellung einzuräumen. Es ist vielmehr mit grösserer Wahrscheinlichkeit anzunehmen, dass die gefundenen Bakterien verschiedene Abarten einer und derselben Bakterienart darstellen.

Hierher gehört wahrscheinlich auch der von Davis bei einer Kaninchenseuche als Erreger subkutaner Abszesse (Komplikation, s. später) gefundene Bazillus, der ebenfalls grosse Ähnlichkeit mit dem Influenzabazillus besitzt, von diesem aber doch in wesentlichen Merkmalen sich unterscheidet. Auch Manninger gelang es, aus dem Eiter im subkutanen Bindegewebe von Kaninchen einen den Erregern des ansteckenden Nasenkatarrhs sowie der Lungenbrustfellentzündung des Kaninchens ähnlichen Bazillus zu züchten, der dem von Schimmelbusch und Mühsam beschriebenen sog. Kanincheneiterbazillus am nächsten steht.

Ausser diesen, dem Influenzabazillus ähnlichen Bakterien, fand Südmersen bei der als Brustseuche der Kaninchen bezeichneten Krankheit einen der Koligruppe angehörigen Bazillus, der mit dem von Kraus gefundenen wenigstens in den Haupteigenschaften übereinstimmt.

Der von Koppányi gefundene Pyobacillus capsulatus cuniculi sowie das von Laven beschriebene Bakterium unterscheiden sich in einigen Punkten von den bisher genannten. Grosso glaubt jedoch, dass auch der Lavensche Bazillus mit dem Beckschen Bacillus pneumonicus übereinstimmt. Dieselbe Ansicht auch hinsichtlich des Pyobacillus capsulatus vertreten Jacobsohn und Koref.

Den bisher genannten Befunden stehen diejenigen von Raebiger, Grosso, Behrens, Selter, Bull, Sustmann, de Kruif, Webster, Ferry, Tanaka u. a. gegenüber. Nach deren Untersuchungen ist als Erreger der Krankheit ein feines, ovoides Bakterium (Bac. cuniculisepticus, s. cuniculicida, Bact. lepisepticum u. a.) anzusehen, das nach seinem morphologischen und biologischen Verhalten in die Gruppe der hämorrhagischen Septikämie einzureihen ist.

· Die Rhinitis und die Lungenveränderungen stellen demnach häufig nur eine bestimmte Form von bakteriellen Septikämien (besonders der sog. hämorrhagischen Septikämie) dar. Nach Ansicht Liegnières ist auch die durch den Bacillus pneumonicus Beck hervorgerufene Krankheit als die Lungenform einer Pasteurellose anzusehen.

Mc Cartney fand im Nasensekret von mit Schnupfen behafteten Kaninchen Staphylococcus albus, B. bronchosepticus, B. lepisepticum, Micrococcus catarrhalis u. a. Von Webster sowie von Tanaka wurde bei Kaninchen mit Schnupfen als vorwiegender Mikroorganismus, B. lepisepticum, bisweilen vergesellschaftet mit B. bronchosepticus angetroffen. Im Gegensatze dazu fanden Bull und Mc Kee fast immer den Bacillus bronchosepticus und nur in wenigen Fällen gleichzeitig Bacterium lepisepticum. Wie von de Kruif, so will auch Webster bei vielen Stämmen des Bact. lepisepticum Mutationen beobachtet haben. Er unterscheidet einen Typus D und einen Typus G. Beide Typen unterscheiden sich durch eine ungleiche Virulenz und eine Reihe sonstiger Eigenschaften.

Hierher gehört weiterhin die von Ferry, Hoskins und Detroit und von Mc Gowan in Kaninchenzuchten beobachtete Schnüffelkrankheit, die durch Nasenausfluss, Niesen, Reiben der Schnauze gekennzeichnet und bald durch den Bac. bronchisepticus, bald durch das Bact. leporisepticum verursacht wird. Auch die von Lucet beschriebene septische Krankheit (Kaninchendruse) muss dem Krankheitsbild des ansteckenden bakteriellen Schnupfens zugerechnet werden. Aus den fibrinösen Belägen auf der Pleura und dem Perikard hat endlich Baudet einen Bakterienstamm ermittelt, der bei intrathorakaler Verimpfung das Krankheitsbild des ansteckenden Schnupfens (Lungen-Brustfellentzündung) hervorrief.

Die **natürliche Ansteckung** kommt wohl in der Mehrzahl der Fälle durch Einatmung von Nasensekretteilchen zustande, die von kranken Tieren beim Ausprusten verstäubt und von gesunden Kaninchen entweder unmittelbar oder mit dem Staub eingeatmet werden. Besonders bei der chronischen Form bleibt oft eine langdauernde Rhinitis mit beständigem Niesen zurück. Solche Tiere bilden einen ständigen Ansteckungsherd (Baudet, 1923) für ihre Umgebung. Weiterhin spielen eine wichtige Rolle für die Verbreitung der Seuche das mit Nasensekret von kranken Tieren beschmutzte Futter sowie die damit verunreinigte Streu. Auch durch die Hände des Wärters und durch Gegenstände wie Futternäpfe, Tränkgeschirre und dergleichen kann eine Infektion vermittelt werden. Ausserdem wird man nach den Feststellungen von Webster sowie von Miller und Noble für die Entstehung der Krankheit auch Erkältungsursachen beschuldigen müssen, durch die für die schon normalerweise in der Nasenschleimhaut vorhandenen Bakterien (B. lepisepticum, B. bronchosepticus) ein Locus minoris resistentiae geschaffen wird. Auch eine Infektion vom Darme aus muss in Betracht gezogen werden. Veranlagend für eine solche wirken nach den von Olt bei der hämorrhagischen Septikämie der Hasen gemachten Erfahrungen zufälliges Befallensein mit Trichozephalen.

Die **künstliche Übertragung** der Krankheit gelingt nach den übereinstimmenden Mitteilungen der Untersucher leicht mit Material, das von erkrankten oder verendeten Tieren gewonnen wird. Die Krankheit durch Einverleibung von Reinkulturen der verschiedenen Krankheitserreger in typischer Weise zu erzeugen, gelingt dagegen schwer oder überhaupt nicht (Raebiger, Grosso, Mc Cartney u. a.). Demgegenüber wollen Kurita, Kraus u. a. mit Reinkulturen des von ihnen festgestellten Bakteriums bei intraperitonealer, intravenöser, intratrachealer und selbst bei nasaler Einverleibung ein Krankheitsbild erzeugt haben, das dem bei der natürlichen Krankheit beobachteten völlig gleicht. Auch Webster hat nach intranasaler, intravenöser, intratestikulärer und subkutaner Infektion von Kulturen des B. lepisepticum Schnupfen mit Pneumonie und allgemeiner Infektion hervorrufen können. (Laven konnte sogar bei einem Kaninchen eine Fütterungsinfektion mit Reinkulturen des von ihm ermittelten Bazillus erzielen.)

Klinische Symptome. Nach einer Inkubation, die sich nach Baudet auf 3—5 Tage, nach anderen Forschern auf 8—14 Tage, ja sogar auf 4 und 6 Wochen belaufen kann, beobachtet man an den Tieren neben Mattigkeit und Fressunlust starkes Nässen um die Nasenlöcher und häufiges Niesen. Anfangs ist der Nasenausfluss spärlich, wässerig oder dickschleimig, später wird er reichlicher und nimmt eiterige Beschaffenheit an. Die Tiere reiben die Nase wiederholt heftig mit den Vorderläufen und niesen häufig, wobei eiterige Massen aus den Nasenhöhlen ausgeschleudert werden. Auch Lidbindehautkatarrh ist vorhanden. In der Folgezeit werden Atemnot und Husten und im weiteren Verlauf Kräfteverfall und Abmagerung, bisweilen auch Abszessbildung in der Subkutis beobachtet. Der Verlauf der Krankheit kann ein akuter, subakuter oder chronischer sein. Fast alle akuten Fälle führen zum Tode; aber auch bei der subakuten und chronischen Form werden vollständige Heilungen selten beobachtet. Häufig werden Krankheitserscheinungen völlig vermisst.

Entstehungsweise. Die Krankheitserreger erzeugen zunächst eine heftige Entzündung der Schleimhaut der Nase und ihrer Nebenhöhlen sowie der tieferen Luftwege und der Lungen. Da die anatomischen Verhältnisse beim Kaninchen einem Eindringen von Krankheitserregern von der Nasenhöhle aus in das Mittelohr besonders günstig scheinen, so kommt es ausserdem zur Entstehung von Mittelohreiterungen und Gehirnabszessen (Smith und Webster, Grosso u. a.). (Nach Smith und Webster gelingt es auch künstlich durch Einführen des Bacterium lepisepticum in die Nasenhöhle bei Kaninchen eiterige Otitis media zu erzeugen.) Der Erreger gelangt aber auch in den Blutstrom (Webster u. a.) und führt so zur Septikämie, zur Entzündung der serösen Aus-

 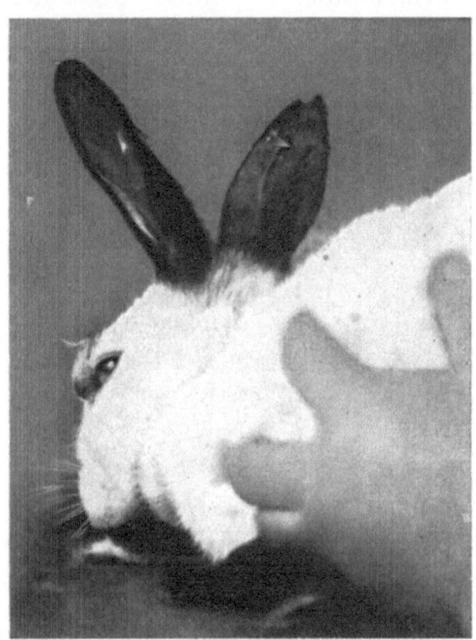

Abb. 8. Rhinitis contagiosa. Lidabszess.   Abb. 9. Rhinitis contagiosa. Lidabszess.

kleidung der Körperhöhlen und zur Entstehung von Abszessen in den verschiedensten Körpergegenden.

Pathologische Anatomie. In allen Fällen findet man bei den der Krankheit erlegenen Tieren eine mehr oder weniger hochgradige Entzündung der Nasen- und Rachenschleimhaut. Diese ist stark gerötet, geschwollen und in der Mehrzahl der Fälle mit Eitermassen bedeckt. Bei der subakuten und chronischen Form werden stets die Schleimhäute der Nebenhöhlen in den entzündlichen Prozess mit einbezogen (Beck, Kraus, Raebiger, Mc Cartney und Olitzky, Baudet u. a.). Sie zeigen dieselben Veränderungen wie diejenigen in der Rachen- und Nasenschleimhaut. Nicht selten enthalten auch die Bronchien eiteriges Exsudat. Je nach dem Verlauf der Krankheit treten auch in der Brusthöhle entzündliche Veränderungen in die Erscheinung. Sie bestehen in einer fibrinösen Pleuritis und Perikarditis mit reichlicher Ansammlung von seröser Flüssigkeit in den Pleurahöhlen. Mitunter wird auch eiteriges Exsudat in der Brusthöhle, seltener sogar Pyothorax (Grosso u. a.) angetroffen. Die Lungen befinden sich im Zustande hochgradiger Hyperämie. Neben bronchopneumonischen Herden und Abszessen verschiedenen Umfangs lassen sich nicht selten als Folgen der Flüssigkeits- und Eiteransammlung (in vereinzelten Fällen auch infolge umfangreicher Brustwandabszesse (Kurita, eigene Beobachtungen) Kompressionsatelektasen erkennen. Auch in der Bauchhöhle sind in seltenen Fällen Veränderungen in Form von serösen, serofibrinösen und eiterigen Peritonitiden nachweisbar. Leber und Nieren zeigen oft parenchymatöse Trübung. Die Milz ist selten vergrössert; nur in ganz stürmischen, septikämisch verlaufenden Fällen ist sie vergrössert und geschwollen und auf den serösen Häuten finden sich Petechien. Nicht selten sind auch Darmentzündung sowie Petechien auf der Darmserosa nachweisbar.

Abb. 10. Rhinitis contagiosa. Im Verlaufe der Krankheit entstandener, faustgrosser subkutaner Abszess am Halse und an der Vorderbrust.

Abb. 11. Rhinitis contagiosa. Borkenartige Auflagerungen und brombeerartige Wucherungsprozesse am Eingang und in der Umgebung der Nasenöffnungen.

Neben den genannten zum reinen Bilde des ansteckenden bakteriellen Schnupfens gehörigen Veränderungen kommen noch andere zur Beobachtung, die im Verlaufe der Krankheit als **Komplikationen** sich einstellen können. Hier sind vor allem eiterige Mittelohrentzündungen (Grosso, Smith und Webster u. a.) und im Anschluss daran, durch unmittelbare Fortleitung des Prozesses auf die Felsenbeine, die Hirnhaut und das Gehirn, Hirnhautentzündungen (Webster), Subdural- und Hirnabszesse (Barrat, Grosso) zu nennen (s. auch Ohrräude).

Weiterhin finden sich nach den Angaben der meisten Untersucher hauptsächlich in chronischen Fällen subkutane, abgekapselte Abszesse in verschiedener Grösse und an den verschiedensten Körperabschnitten (Kurita, Grosso, Raebiger, Baudet, Webster, Tanaka u. a., eigene Beobachtungen). Diese Abszesse besitzen oft eine erhebliche Grösse. Häufig haben sie ihren Sitz im Bereiche des Kopfes (an der Nase, den Augenlidern, am Halse) und an anderen Körperstellen (s. Abb. 8, 9, 10). Auch Brustwandabszesse, die sich sowohl in die Pleurahöhlen als auch in die Subkutis hinein erstrecken können, werden angetroffen (Kurita u. a., eigene Beobachtung). In chronischen Fällen endlich, bei denen nur die Erscheinungen des Schnupfens bestehen, kann es infolge des ständigen entzündlichen Reizes am Eingang der Nasenöffnungen und an den Unterlippen zu Schleimhautdefekten, borkenartigen Auflagerungen und bei längerem Bestehen zu polypösen, brombeerartigen Wucherungsprozessen kommen (eigene Beobachtung, s. Abb. 11).

In den genannten pathologisch-anatomischen Veränderungen sowie im Blute der verendeten Tiere lassen sich die Erreger in grosser Zahl nachweisen.

Diagnose. Der in mannigfachen Krankheitsbildern auftretende ansteckende Schnupfen ist durch die angeführten pathologisch-anatomischen Veränderungen in der Regel hinreichend gekennzeichnet. Fälle, die lediglich in einer Rhinitis bestehen, können zu Verwechslungen mit der Kokzidienrhinitis (s. S. 85) sowie mit dem Speichelfluss der Kaninchen (s. S. 145) Veranlassung geben. Die Kokzidienrhinitis lässt sich aber durch den Nachweis von Kokzidien im Nasenausfluss ohne weiteres von der ansteckenden Nasenentzündung abtrennen. Der Speichelfluss, eine vesikuläre Mundentzündung unterscheidet sich von der Rhinitis contagiosa durch das Fehlen des Nasenausflusses, von pathologisch-anatomischen Veränderungen in der Brusthöhle und durch das Auftreten von Knötchen und Bläschen an den Lippen.

Schutzimpfung. Nach den Untersuchungen von Raebiger und Grosso ist es gelungen, durch intravenöse Impfung von Ziegen mit mässigen Kulturmengen des Bacillus pneumonicus, ein Serum mit schützenden Eigenschaften zu gewinnen. Über seine Brauchbarkeit in der Praxis gehen die Meinungen auseinander. Nach den Mitteilungen von Grosso u. a. hat es die daran geknüpften Hoffnungen nicht erfüllt. Von Tanaka angestellte Versuche, ein aktives Immunisierungsverfahren auszuarbeiten, sind negativ ausgefallen. Dagegen scheint das Überstehen der Krankheit eine wenn auch geringe Immunität zu hinterlassen. Bazillenträger und -Ausscheider sind mit Hilfe der Agglutination zu erfassen.

Schrifttum.

Baudet, Tijdschr. v. diergeneesk. Vol. 50. p. 769. Ref. Berl. tierärztl. Wochenschr. Bd. 40. 1924. S. 456. — *Bull* and *Mc Kee,* Americ. journ. of hyg. Vol. 5. p. 530. 1925. — *Cameron* and *Eleanor Williams,* Journ. of pathol. a. bacteriol. Vol. 29. p. 185. 1926. — *Beck,* Zeitschr. f. Hyg. u. Infektionskrankh. Bd. 15. S. 363. 1893. — *Behrens,* Vet.-med. Inaug.-Diss. Hannover 1913. — *Mc Cartney,* Journ. of exp. Med. Vol. 38. p. 591. 1923. — *Davis,* Journ. of infect. dis. Vol. 12. p. 42. 1913. — *Eberth* u. *Mandry,* Fortschr. d. Med. Bd. 8. S. 14. — *Ferry,* Zentralbl. f. Bakteriol., Parasitenk. u. Infektionskrankheiten, Abt. I. Ref. Bd. 59. S. 368. 1914. — *Ferry, Hoskins, Détroit, Gowan,* Zit. nach Hutyra-Marek. 6. Aufl. Bd. 1. 1922. — *Grosso, G.,* Zeitschr. f. Infektionskrankheiten, parasitäre Krankh. u. Hyg. d. Haustiere. Bd. 8. S. 438. 1910. — *Hardenbergh,* Journ. of the Americ. vet.med. assoc. Vol. 64. p. 193. 1923. — *Jacobsohn* und *Koref,* Zentralbl. f. Bakteriol., Parasitenk. u. Infektionskrankh., Abt I, Orig., Bd. 100, S. 353. 1926. — *Kasparek,* Österr. Monatsschr. f. Tierheilk. 1902. S. 333. — *Kirstein,* Mitt. d. Dtsch. landwirtsch. Ges. 1911. S. 5. — *Koppányi,* Zeitschr. f. Tiermed. Bd. 11. S. 429. 1907. — *Kraus, R.,* Zeitschr. f. Hyg. u. Infektionskrankh. Bd. 24. S. 396. 1897. — *De Kruif,* Journ. of exp. med. Vol. 33. p. 773. 1921; Vol. 35. p. 561, 621. 1922. — *Kurita, Sh.,* Zentralbl. f. Bakteriol., Parasitenk. u. Infektionskrankh., Abt. I, Orig., Bd. 49. S. 508. 1909. — *Laven, A.,* Zentralbl. f. Bakteriol., Parasitenk. u. Infektionskrankh., Abt. I, Orig., Bd. 54. S. 97. 1910. — *Lignières,* Bull. de méd. vét. 1900. Bull. de la soc. vét. 1898, 1900. — *Lucet,* Ann. de l'inst. Pasteur. 1892. — *Manninger,* Dtsch. tierärztl. Wochenschr. Bd. 32.

1924. Ref. S. 289. — *Miller* and *Noble*, Journ. of exp. med. Vol. 24. p. 223.
1916. — *Olt-Ströse*, Wildkrankheiten und ihre Bekämpfung. Neudamm 1914. —
Raebiger, Tierärztl. Rundschau. Jg. 18. S. 503. 1912. — *Derselbe*, Bericht des bak-
teriologischen Institutes Halle 1907—1910. — *Derselbe*, Der Kaninchenzüchter. Jg. 14.
1908. S. 946. — *Schimmelbusch* und *Mühsam*, Arch. f. klin. Chirurg. Bd. 52. S. 576.
— *Schwer*, Zentralbl. f. Bakteriol., Parasitenk. u. Infektionskrankh., Abt. I, Orig.,
Bd. 33. S. 41. 1903. — *Selter*, Zentralbl. f. Bakteriol., Parasitenk. u. Infektionskrankh.,
Abt. I, Orig., Bd. 41. S. 432. 1906. — *Smith* and *Webster*, Journ. of exp. med. Vol. 41.
p. 275. 1925. — *Südmersen*, Zentralbl. f. Bakteriol., Parasitenk. u. Infektionskrankh.,
Abt. I, Orig., Bd. 38. S. 343. 1905. — *Sustmann*, Münch. tierärztl. Wochenschr. Jg. 66.
S. 41. 1905. — *Derselbe*, Kaninchenseuchen. Leipzig: Michaelis 1919. Tierärztl.
Rundschau. 1912. S. 432. — *Tanaka*, Journ. of infect. dis. Vol. 38. p. 421, 389, 409.
1926. Vol. 39. S. 337. — *Tartakowsky, M. G.*, Zentralbl. f. Bakteriol., Parasitenk. u.
Infektionskrankh., Abt. I, Orig., Bd. 25. S. 81. 1899. — *Volk*, Zentralbl. f. Bakteriol.,
Parasitenk. u. Infektionskrankh., Abt. I, Orig., Bd. 31. S. 177. 1902. — *Webster*, Proc.
of the soc. f. exp. biol. a. med. Vol. 22. p. 139. 1924. Journ. of exp. med. Vol. 39. p. 837,
843, 857. 1924. Vol. 40. p. 109, 117. 1925. Vol. 41. p. 245. Vol. 42. p. 571. Vol. 43. p. 555.
1926. Vol. 43. p. 573. Vol. 44. p. 343. 359. 1926. Journ. of gen. physiol. Vol. 7.
p. 513. 1925.

Anhang.

Infektiöse Pleuropneumonie.

Über eine mit dem ansteckenden Schnupfen ätiologisch und pathologisch-anatomisch viele Ähnlichkeiten aufweisende Pleuropneumonie
berichtet Glaue. Sie wurde von ihm als eine verheerende Laboratoriums-
seuche beobachtet, der zuweilen bis zu 75% der erkrankten Tiere zum
Opfer fielen.

Ätiologie. In den pathologisch-anatomischen Veränderungen im Bereiche der
Brust- und Bauchhöhle findet sich nach Glaue regelmässig ein charakteristisches Stäbchen
von 0,2—0,6 μ Länge und 0,15—0,25 μ Breite. Die kleinsten Formen lassen sich von
Kokken nicht unterscheiden. Häufig hängen zwei Stäbchen zusammen; längere Faden-
verbände werden nicht gebildet. Das Bakterium ist im Gegensatz zu dem von Gowan
bei der Staupe („Distemper") beschriebenen unbegeisselt und bildet keine Sporen.

Mit den gewöhnlichen basischen Anilinfarbstoffen ist es leicht färbbar. Die Farb-
stoffaufnahme ist indessen bisweilen ungleichmässig; es bleiben häufig verschiedene Stellen
des Stäbchens ungefärbt. Nicht selten wird Polfärbung beobachtet, so dass eine ausserordentliche Ähnlichkeit mit den Bakterien der hämorrhagischen Septikämie zustande
kommt. Der Gramfärbung gegenüber verhält sich das Bakterium negativ.

Seine **künstliche Züchtung** gelingt besonders leicht auf gewöhnlichem, schwach
alkalischem Fleischagar, aber auch auf anderen Nährmedien. Schon nach 6stündiger
Bebrütung bei 37° C. erscheinen auf ersterem nadelspitzgrosse Kolonien von bläulicher,
opaleszierender Farbe, die eine Grösse bis zu 2 mm Durchmesser erreichen können. Die
Kulturen besitzen die Eigentümlichkeit, schon nach 24 Stunden ein eigentümliches Austrocknen zu zeigen, das von Glaue geradezu als differentialdiagnostisches Merkmal
herangezogen wird. Diese Eigentümlichkeit wurde von Jacobsohn und Koref
bestätigt.

Pathogenität. Selbst bei einer Verdünnung bis zu einer Million
ist das Bakterium bei intravenöser, subkutaner oder intraperitonealer
Einverleibung bei Kaninchen, Meerschweinchen und Mäusen pathogen.
Der Sektionsbefund bei den so verendeten Tieren deckt sich im allgemeinen völlig mit demjenigen, wie er bei den der spontanen Krankheit
erlegenen Tieren erhoben wird. Auch Ratten, Tauben und Hühnern
gegenüber besitzt das Bakterium eine pathogene Wirkung, die auf stark
toxische Eigenschaften zurückzuführen ist.

Pathologisch-anatomisch findet sich bei den der Seuche erlegenen
Tieren auf der Lunge und dem Perikard ein dicker, grauer bis gelblich-

weisser, schaumiger Belag, der sich in grossen Fetzen abziehen lässt. In den Lungen lassen sich häufig pneumonische Veränderungen nachweisen. An den übrigen Organen sind auffallende Veränderungen nicht feststellbar, abgesehen von grösseren oder geringeren Mengen von Exsudat in Brust- und Bauchhöhle. Ausfluss aus der Nase ist im Gegensatz zu der Rhinitis contagiosa nicht nachweisbar.

Nach den **Immunisierungsversuchen** von Glaue enthält das Serum immunisierter Tiere Schutzstoffe gegen eine nachfolgende Infektion mit dem als Erreger angesprochenen Stäbchen. Auf Grund dieser Beobachtung hält Glaue eine Bekämpfung der Pleuropneumonie durch eine prophylaktische Impfung für aussichtsreich.

Das von Glaue als Erreger der genannten Pleuropneumonie beschuldigte Bakterium zeigt eine Reihe von Berührungspunkten mit dem von Laven beschriebenen Bazillus (s. unter Pyämien). Einige Abweichungen von diesem, so das üppige Wachstum auf Agar, die starke Bildung von Indol und von Säure aus Zucker, ferner die hohe Widerstandsfähigkeit gegen höhere Wärmegrade, endlich die verschiedene pathogene Wirkung (Hühner, Tauben), die Bildung von Toxinen, einige Verschiedenheiten im morphologischen Verhalten (ungleichmässige Färbung) rechtfertigen nach Glaue die Annahme, dass hier eine besondere Mikroorganismenart vorliegt. Ob diese Anschauung zutrifft und ob die Berechtigung besteht, die von Glaue beschriebene Pleuropneumonie von der Rhinitis contagiosa abzutrennen, müssen weitere Erfahrungen lehren.

Schrifttum.

Glaue, Zentralbl. f. Bakteriol., Parasitenk. u. Infektionskrankh., Abt. I, Orig., Bd. 60. S. 176. 1911.

Staupe (Distemper).

Unter der Bezeichnung Staupe („Distemper") beschreibt Gowan (Edinburgh) eine seuchenhaft auftretende Erkrankung der oberen Luftwege und der Lungen bei Kaninchen, die eine gewisse Ähnlichkeit mit dem ansteckenden Schnupfen besitzt. Es wurden indessen von ihr ausser Kaninchen auch Affen, Frettchen, Ziegen, Meerschweinchen und besonders Katzen und Hunde heimgesucht.

Ätiologisch wird für diese Krankheit ein im Nasenschleim nachweisbarer Mikroorganismus beschuldigt. Dieser stellt ein kurzes, gramnegatives, nicht sporenbildendes Stäbchen dar, das in Bouillon zu Ketten auswächst, während es im Gewebe mehr den Charakter von Kokken annimmt. Im hängenden Tropfen zeigt es geringe Eigenbeweglichkeit; bei Anwendung geeigneter Färbemethoden gelingt es ausserdem, Geisseln zur Darstellung zu bringen.

Durch Verimpfung von Reinkulturen des Erregers auf die Nasenschleimhaut von Kaninchen und anderen Tieren lässt sich die Krankheit unter Entstehung der typischen, entzündlichen Veränderungen im Bereiche der oberen Luftwege und der Lungen in charakteristischer Weise erzeugen.

Schrifttum.

Mc Gowan, Journ. of pathol. a. bacteriol. Vol. 15. p. 372. 1911. Ref. Zentralbl. f. Bakteriol., Parasitenk. u. Infektionskrankh., Abt. I. Ref. Bd. 51. S. 427. 1912.

Septikämische Erkrankungen.

a) Hämorrhagische Septikämie.

Bei den in der Literatur mehrfach und unter den verschiedensten Namen beschriebenen septikämischen Erkrankungen des Kaninchens handelt es sich bei einem grossen Teil der Fälle um solche, die klinisch und pathologisch-anatomisch weitestgehende Ähnlichkeit mit der septikämischen Form des ansteckenden Schnupfens (Brustseuche) besitzen. Sofern bipolare Bakterien ursächlich in Betracht kommen, müssen die beiden Krankheiten mit grosser Wahrscheinlichkeit als gleich angesehen werden. Eine Berechtigung, sie voneinander abzutrennen und als selbständige Krankheiten zu betrachten, liegt in diesem Falle nicht vor. Ein Teil der von Smith, Thoinot und Masselin, Lucet, Lignières, Selter, Raebiger, Grosso, Behrens, Sustmann, de Kruif, Ferry und Mitarbeiter, Webster, Mc Cartney, Tanaka u. a. beobachteten, durch Bazillen aus der Gruppe der hämorrhagischen Septikämie hervorgerufenen Septikämien unterscheidet sich sowohl klinisch als auch pathologisch-anatomisch in keiner Weise von dem ansteckenden bakteriellen Schnupfen, so dass sie zum Teil von den Autoren selbst diesem Krankheitskomplex zugezählt werden. Eine Berechtigung dafür liegt insofern vor, als bei jenen Septikämien die Miterkrankung der oberen Luftwege (Nasenausfluss, Niesen) sowie der Lungen und der Pleura (Pleuro-Pneumonie) bisweilen im Vordergrunde des Krankheitsbildes stehen kann (Lignières und zahlreiche andere). Lignières ist sogar der Meinung, dass Beck in dem von ihm als Erreger der Rhinitis contagiosa beschriebenen Bacillus cuniculi pneumonicus einen Septikämieerreger und in der Krankheit die Lungenform einer Pasteurellose vor sich gehabt hat. Wahrscheinlich muss auch die von Sachetto und Savini beschriebene Kaninchenseuche der hämorrhagischen Septikämie zugerechnet werden.

Sie ist in den Kaninchenbeständen sehr stark verbreitet. Klee fand $^2/_3$—$^3/_4$ aller von ihm sezierten Kaninchen, Sustmann $10^0/_0$ seines Untersuchungsmaterials mit der hämorrhagischen Septikämie behaftet.

Geschichtliches. Die Kaninchenseptikämie ist schon seit langer Zeit bekannt. Ihr Studium wurde eingeleitet durch Versuche von Cozo und Feltz (1886), die mit fauligem organischem Material bei Kaninchen eine perakute Erkrankung erzeugen konnten, die sich mit dem Blut der erkrankten Tiere auf weitere übertragen liess. In Anlehnung an diese Versuche ist es dann auch Davaine und später Koch und Gaffky gelungen, die Krankheit durch subkutane Einspritzungen von faulenden Flüssigkeiten, faulender Pökellage, unreinem Flusswasser bei Kaninchen zu erzeugen. Nach solcher Einverleibung verenden die Tiere in 16—20 Stunden unter raschem Abfall der Körpertemperatur, Durchfall und Konvulsionen. Der Obduktionsbefund entspricht völlig demjenigen bei der spontanen Krankheit.

Nachdem in der Folgezeit bei anderen Tieren die Beobachtungen über ähnliche Krankheiten (Geflügelcholera, Wild- und Rinderseuche, Schweineseuche), bei denen im Blute oder in den Krankheitsprodukten den Erregern der Kaninchenseptikämie ähnliche ovoide, bipolare Bakterien gefunden wurden, sich mehrten, ist wiederholt die Frage aufgeworfen worden, ob es sich hierbei möglicherweise um dieselben Krankheiten handele. Obwohl in der pathogenen Wirkung der einzelnen Krankheitserreger sich Verschiedenheiten ergaben, so ist bereits damals von verschiedenen Untersuchern eine solche Gleichheit vermutet und von Hueppe (1886) überzeugt ausgesprochen worden. Nach den Arbeiten von Smith, Thoinot und Masselin, Lucet, Lignières und nach den zahlreichen neueren Beobachtungen über das spontane Vorkommen der durch bipolare Bakterien verursachten Kaninchenseptikämie, scheint es einem Zweifel nicht zu unterliegen, dass wir es hier mit einer Krankheit zu tun haben, die den genannten Krankheiten bei den anderen Tierarten durchaus an die Seite zu stellen ist. Alle diese Krankheiten sind bekanntlich unter dem Sammelnamen der „Septicaemia haemorrhagica" zusammengefasst worden. Mit Rücksicht darauf, dass es beim Kaninchen auch Septikämien mit hämorrhagischem Charakter gibt, die sich auf anderer ätiologischer Grundlage entwickelt haben, erscheint es — worauf Hutyra hinweist — fraglich, ob die Bezeichnung glücklich gewählt ist. Jedenfalls müssen diese auf anderer Ätiologie beruhenden Septikämien streng von der in Rede stehenden Gruppe abgetrennt werden. Die hämorrhagische Septikämie wird ausser beim Kaninchen auch beim Hasen beobachtet (Olt-Stroese).

Ätiologie. Der Erreger der Kaninchenseptikämie, der unter den verschiedensten Bezeichnungen (Bacillus cuniculisepticus, s. cuniculicida, Bac. leporisepticus, Bac. lepisept. u. a.) beschrieben ist, stellt ein kleines unbewegliches, ovoides Stäbchen dar, das in der Mitte etwas eingeschnürt ist und daher achterförmige Gestalt aufweist.

Mit den Anilinfarbstoffen färbt es sich bipolar; der Gramfärbung gegenüber verhält es sich negativ. Wachstum erfolgt auf Gelatine ohne Verflüssigung, Agar und Blutserum, wo es feine, dichte, mattweise oder durchsichtige Rasen bildet. Auch in Bouillon wird lebhaftes Wachstum unter gleichmässiger Trübung beobachtet. Milch wird nicht zur Gerinnung gebracht; Indolbildung findet nicht statt. Von De Kruif und Webster konnten in Kulturen des Septikämiebazillus 2 Typen nachgewiesen werden. Der eine wuchs diffus auf Serum und in gewöhnlicher Bouillon, bildete auf Serumagar ziemlich undurchsichtige, fluoreszierende Kolonien und war hochvirulent für Kaninchen (Typ D). Der andere wuchs in flüssigen Nährböden flockig, bildete durchscheinende, wenig fluoreszierende Kolonien und besass für Kaninchen eine sehr geringe Pathogenität (Typ G). Morphologisch und im chemischen Verhalten waren Unterschiede nicht nachweisbar. Bei der Weiterimpfung auf künstlichen Nährböden behielten die Typen dauernd ihre Eigentümlichkeiten bei. Agglutinatorisch verhielten sie sich identisch mit dem geringen Unterschied, dass der diffus wachsende Typus schwerer agglutinierbar war. Mit dem avirulenten Typus liessen sich Kaninchen leicht gegen den virulenten immunisieren. De Kruif konnte weiterhin feststellen, dass bei fortgesetzter Überimpfung von Typus D die Mutante G auftritt. Gleichzeitig wird eine Abnahme der Virulenz beobachtet. Eine Steigerung der Virulenz wird durch die Tierpassage erreicht (was ja bereits den früheren Untersuchern bekannt war), ohne dass jedoch dieser Typus sein bröckeliges Wachstum einbüsst. Um die weitere Erforschung der Biologie des Bacterium lepisepticum hat sich in neuerer Zeit besonders Webster verdient gemacht. Auf Einzelheiten kann hier nicht näher eingegangen werden. Die Erreger der hämorrhagischen Septikämie bilden sowohl in der Kultur als auch im Organismus ein ausserordentlich heftig wirkendes Toxin.

Resistenz. Nach den Untersuchungen von Behrens wird der Infektionserreger durch eine $^1/_2 \%$ige Lysollösung nach 15 Minuten dauernder Einwirkung nicht, durch eine 1%ige 10 Minuten lang einwirkende Lysollösung nicht völlig abgetötet. Dagegen kann er durch eine 3%ige Lösung bei 5 Minuten dauernder Einwirkung völlig unschädlich gemacht werden. Durch 1%ige Sublimatlösung wird er innerhalb von 3 Minuten zerstört.

Die natürliche Ansteckung kommt nach der übereinstimmenden Ansicht der Untersucher sowohl auf dem Atmungswege als auch auf dem Wege des Verdauungskanals zustande. Die letztere Annahme, die durch eine Reihe von praktischen Erfahrungen gestützt wird, steht zwar in scharfem Widerspruch mit den fast regelmässig erfolglos verlaufenden Versuchen, die Krankheit künstlich auf dem Fütterungswege zu erzeugen. In der Regel scheint die Infektion vom Boden oder von infizierter Streu aus sowie durch infiziertes Futter zu erfolgen und so auf den genannten Wegen von Tier zu Tier übertragen zu werden. Diese Art der Infektion ist umso wahrscheinlicher, als ja bereits frühere und auch neuere Untersuchungen über die Kaninchenseptikämie darauf hindeuten, dass die ovoiden Septikämiebakterien in der freien Natur weit verbreitet sind, sich in organischen Substanzen ansiedeln und auch ausserhalb des Tierkörpers virulent erhalten können.

Nachdem jedoch von Fiocca, Webster, Mc Cartney u. a. der Nachweis erbracht worden ist, dass ovoide Gürtelbakterien in den Atmungs- und Verdauungswegen von ganz gesunden Kaninchen und anderen Tieren saprophytisch vorkommen und nachdem weiterhin bekannt ist, dass solch saprophytische Arten durch geeignete Tierpassagen in ihrer Virulenz eine ganz erhebliche Steigerung erleiden können, lässt sich wohl die Möglichkeit nicht von der Hand weisen, dass die Entstehung der Seuche nicht selten auf ovoide Bakterien zurückzuführen ist, die vorher im Körper gesunder Tiere ein saprophytisches Dasein gefristet haben. Entsprechend den bei den Bakterien aus der Gruppe der hämorrhagischen Septikämie sowohl in Kulturen als auch bei künstlichen Passageimpfungen häufig beobachteten Virulenzschwankungen, ist es durchaus denkbar, dass solche Virulenzunterschiede auch bei zeitweise saprophytisch vegetierenden Septikämiebakterien vorkommen. Unter dieser Annahme, die in dem wiederholt gelungenen Nachweis stark virulenter Stämme im Körper von ganz gesunden Tieren eine wesentliche Stütze erhält, muss damit gerechnet werden, dass solch saprophytische Bakterien unter bestimmten Umständen plötzlich pathogene Eigenschaften erlangen und auch den gesunden Organismus angreifen können. Viel häufiger werden aber die saprophytischen Bakterien dadurch zu Krankheitserregern, dass der Organismus der Wirtstiere durch äussere oder innere Einflüsse in seiner natürlichen Widerstandskraft geschwächt wird, oder dass durch bestimmte Schädigungen der Haut und der Schleimhäute die Vorbedingungen für das Zustandekommen einer Infektion geschaffen werden. In dieser Richtung scheinen nach den Angaben verschiedener Verfasser physikalische Einflüsse, wie Erkältung durch plötzlichen Temperaturwechsel, Erhitzung und Durchnässung, Eisenbahntransporte in engen Käfigen, Hungern, schlechter Ernährungszustand, ferner Erkältungsschnupfen, Katarrhe der Luftwege und des Darmes und andere Ursachen mehr veranlagende Einflüsse abzugeben. Nach den Beobachtungen von Olt bei der Septikämie der Hasen werden durch das Befallensein mit Trichozephalen besonders häufig Eintrittspforten für die Erreger der hämorrhagischen Septikämie vom Darme aus geschaffen. Diese Verhältnisse können ohne weiteres auch auf das Kaninchen übertragen werden. Für die Verbreitung der Krankheit spielen auch Zwischenträger (Personen und Gegenstände) sowie Dauerausscheider eine Rolle. Da die Erreger der hämorrhagischen Septikämie bei den verschiedenen Haustieren lediglich Standortsspielarten einer und derselben Bakterienart darstellen, so können unter Umständen Seuchenausbrüche bei anderen Tiergattungen eine Infektionsquelle auch für Kaninchen darstellen. So berichtet beispielsweise Lignières von Spontanübertragungen der Schafseptikämie auf Kaninchen, die mit kranken Schafen im Stalle zusammen gehalten wurden. Nach Massgabe von praktischen Erfahrungen und besonders von künstlichen Übertragungsversuchen, können Kaninchen unter Umständen auch durch die Erreger der Geflügelcholera, der Wild- und Rinderseuche sowie der Schweineseuche angesteckt werden. Das plötzliche Verschwinden der Seuche lässt sich dadurch erklären, dass die Bakterien der hämorrhagischen Septikämie aus unbekannten Ursachen ihrer Virulenz verlustig gehen und dass sie durch die Einwirkung von Sonnenlicht, Hitze und Austrocknung rasch abgetötet werden.

Die **künstliche Infektion** bei Kaninchen gelingt am sichersten und schnellsten durch intravenöse Einverleibung des Ansteckungsstoffes.

Aber auch die kutane und subkutane Infektion führt in gleicher Weise zum Ziele. Bei diesen Arten der künstlichen Infektion treten die ersten Krankheitserscheinungen oft schon nach wenigen Stunden in die Erscheinung. Sie bestehen in fieberhafter Erhöhung der Körpertemperatur, Mattigkeit und Abgeschlagenheit, herabgesetzter Fresslust, anfangs verringerter, später beschleunigter Atemfrequenz, unwillkürlichem Harnabgang und krampfhaften Zuckungen. Pathologisch-anatomisch werden bei diesen Einverleibungsarten die reinsten Formen der hämorrhagischen Septikämie beobachtet. [Akute Schwellung der Lymphknoten und der Milz, Hyperämie und Ödem der Lungen, hämorrhagische Tracheitis, häufig Darmkatarrh, Petechien auf den serösen Häuten, auf der Schleimhaut der Luftwege und des Verdauungskanals. Nicht selten werden ferner fibrinöse, serofibrinöse, ja selbst eiterige Entzündung der serösen Häute (Pleura, Brustfell, Perikard) sowie Pneumonien beobachtet].

Nach subkutaner und kutaner Impfung entsteht häufig an der Impfstelle und in deren unmittelbarer Umgebung eine schmerzhafte, warm sich anfühlende ödematöse Schwellung, in deren Bereiche bei der Sektion Blutungen festgestellt werden können.

Auch nach intrapleuraler und intraperitonealer Infektion bei Verwendung sehr virulenten Materials kann der Tod schon nach wenigen Stunden erfolgen. Neben allgemeinen hämorrhagisch-septischen Erscheinungen treten hierbei blutig-seröse, fibrinöse und fibrinös-eiterige Exsudate in den betreffenden Körperhöhlen, zum Teil mit fadenziehender Beschaffenheit in den Vordergrund. Versuche von Raccuglia, die Krankheit auf dem Inhalationswege zu erzeugen, führten zu einer perakuten Allgemeininfektion. Dieser Infektionsmodus ist jedoch ebenso wie die intratracheale Infektion nicht regelmässig erfolgreich. Webster ist auch die intranasale Infektion (mit B. lepisepticum) gelungen (Schnupfen, Pneumonie, Allgemeininfektion). Fütterungsversuche verlaufen häufig negativ. Diese eigentümliche Tatsache steht im Gegensatz zu den praktischen Erfahrungen, die dafür sprechen, dass die Spontaninfektion häufig auf intestinalem Wege erfolgt.

Nicht nur die Erreger der Kaninchenseptikämie, sondern auch die hämorrhagischen Septikämieerreger der übrigen Haustiere besitzen für das Kaninchen (aber auch für Meerschweinchen und Mäuse) eine stark pathogene Wirkung. Dagegen sind andere Tiere für den Erreger der Kaninchenseptikämie wenig empfänglich. Immerhin ist es unter anderem beispielsweise bereits Gaffky, Kitt sowie Behrens gelungen, Tauben und Hühner mit dem Infektionserreger der Kaninchenseptikämie tödlich zu infizieren. Bei angemessener Versuchsanordnung, im besonderen bei intravenöser Einverleibung von Kulturen, gelingt dies unter Umständen auch bei Säugetieren.

Bei der künstlichen Einverleibung von Bakterien aus der Gruppe der hämorrhagischen Septikämie hat sich ganz allgemein gezeigt, dass ihre pathogene Wirkung nicht konstant, sondern dass ihre Virulenz bei allen Varietäten, ja sogar bei einzelnen Stämmen recht bedeutenden Schwankungen unterworfen ist. Besonders hervorgehoben zu werden verdient die wiederholt nachgewiesene Tatsache, dass sich die Virulenz durch Passageimpfungen (bei Kaninchen und noch mehr bei Meerschweinchen) ganz erheblich steigern lässt. Darauf haben bereits Coze und Feltz sowie Davaine aufmerksam gemacht. Sie stellten fest, dass das Blut septisch infizierter Tiere bei der Weiterimpfung durch eine Reihe von Tieren an Infektiosität zunimmt. Auch Lignières, der sich eingehend mit der künstlichen Virulenzsteigerung befasst hat, gelangte zu ähnlichen Ergebnissen. Er konnte durch Meerschweinchen-passagen die Virulenz sämtlicher Vertreter aus der Gruppe der hämorrhagischen Septikämie derart steigern, dass sie auch sonst unempfängliche Tiere krank zu machen vermögen. Immerhin bewahren sie ihre ursprünglichen Rasseeigentümlichkeiten insofern bei, als sie ihre grösste pathogene Wirkung immer bei denjenigen Tieren entfalten, die sie auch unter natürlichen Verhältnissen krank zu machen pflegen.

Klinische Symptome. Sie gestalten sich verschiedenartig, je nachdem die Seuche einen akuten oder chronischen Verlauf nimmt. Die **akute Form** ist besonders gekennzeichnet durch ihr plötzliches, unvermitteltes Auftreten und ihren überaus raschen Verlauf. Neben den Erscheinungen allgemeiner Schwäche und Mattigkeit machen sich solche sowohl im Bereiche des Atmungs- als auch des Verdauungsapparates bemerkbar. Sie bestehen nicht selten in einem mehr oder weniger ausgesprochenen Katarrh der oberen Luftwege (Schnupfen, Niesen, feuchte Nase), erschwertem Atmen, vermindertem Appetit und Durchfall. Die Temperatur ist meistens fieberhaft erhöht und beträgt 39,2° C. und darüber. Der Tod erfolgt häufig schon nach 24 Stunden oder wenigen Tagen unter Krämpfen.

Bei der **chronischen Form** sind die Krankheitserscheinungen oft weniger ausgesprochen. Sie äussern sich in einem matten, unlustigen Wesen, einem glanzlosen, struppigen Fell und mehr und mehr zunehmender Abmagerung und Anämie. Gleichzeitig können auch hier die oben beschriebenen Erscheinungen im Bereiche der Luftwege, des Atmungsapparates und des Verdauungsschlauchs beobachtet werden. Die Temperatur ist in solchen Fällen selten erhöht. Je nach dem Grade der auftretenden Veränderungen zeigen sich eiterig-seröser Nasenausfluss, Konjunktivitis, Atembeschwerden infolge schwerer Lungenveränderungen und ein intermittierender Durchfall. Gelenkanschwellungen und damit verbundene Bewegungsstörungen kommen beim Kaninchen seltener zur Beobachtung. Die Tiere gehen oft erst nach mehreren Monaten an den Folgen der Anämie und allgemeiner Abmagerung zugrunde.

Pathologische Anatomie. Bei Tieren, die der akuten Form der Seuche erliegen, lässt sich bei der Obduktion das Bild der Septikämie am reinsten nachweisen. Wie bei den verschiedenen Arten der künstlichen Ansteckung, so bekunden die Bakterien der hämorrhagischen Septikämie auch unter natürlichen Verhältnissen eine besondere Affinität, einerseits für die Serosen und Schleimhäute, andererseits für das Lungengewebe. Dementsprechend kann fast ausnahmslos eine mehr oder weniger heftige, meist hämorrhagische Entzündung der Schleimhäute der oberen Luftwege, besonders des Larynx und der Trachea beobachtet werden. Hin und wieder sind die genannten Schleimhäute ausserdem mit zahlreichen flohstichartigen Blutungen, seltener mit grösseren Blutflecken, besetzt. Solche punktförmigen Blutungen werden auch in der Lungenserosa sowie den übrigen serösen Häuten der Brust- und Bauchhöhle (Epikard, Darm, Peritoneum) angetroffen.

Die Lungen befinden sich im Zustande hochgradiger Hyperämie mit mehr oder weniger ausgeprägtem Ödem. In nicht allzu stürmisch verlaufenden Fällen findet man ziemlich häufig eine fibrinöse, sero-fibrinöse, seltener eiterige Pleuritis mit gleichzeitigem Ergriffensein des Perikards und des Brustfells. Die Pleuritis kann entweder für sich allein bestehen oder mit dem Auftreten von kleineren oder grösseren, dunkelbraunroten Verdichtungsherden in den Lungen, ja selbst kruppösen oder hämorrhagisch-kruppösen Pneumonien vergesellschaftet sein. Bei ausgesprochen chronischem Verlauf kommt es in den Lungen infolge der toxischen Wirkung des Erregers nicht selten zur Bildung von kleinen nekrotischen Herden, die zu grösseren, trockenen, käsigen Massen konfluieren können.

Bei einem grossen Teil der Fälle wird ferner eine katarrhalische oder hämorrhagische Gastroenteritis beobachtet. Bisweilen können im Darme unter der Serosa und auf der Schleimhaut punktförmige Blutungen nachgewiesen werden. Die Gastroenteritis führt nicht selten zu einer Peritonitis, die unter Umständen leicht der Beobachtung entgehen kann. Sie äussert sich in leichter Verklebung der Darmschlingen untereinander und mit dem Peritoneum, und in einem feinen tauähnlichen oder hauchartigen Fibrinbelag an den genannten Stellen. Von den übrigen Organen lassen Milz und Lymphknoten häufig entzündliche Schwellung und Hyperämie erkennen. Leber und Nieren zeigen in der Regel normales Aussehen. Mitunter sollen an ihnen degenerative Veränderungen in die Erscheinung treten. Ausserdem kann es in der Leber bei ausgesprochen chronischem Verlaufe, ähnlich wie bei der Geflügelcholera, auch zur Entstehung kleiner miliarer Nekroseherde kommen (Bakterienanhäufungen in den Leberkapillaren mit anschliessender Nekrose der benachbarten Leberzellen). Ödeme an den verschiedensten Körpergegenden kommen bei der spontanen Krankheit seltener vor als bei der künstlich erzeugten. Dagegen sieht man bei wenig empfänglichen Tieren mitunter an den verschiedensten Körperstellen, ja sogar in den inneren Organen eiterige Abszesse zur Entstehung kommen. Es verdient noch besondere Beachtung, dass bei der hämorrhagischen Septikämie des Kaninchens entzündliche Prozesse (Abszesse, entzündliche Granulome) auch im Mittelohr und Zentralnervensystem sich lokalisieren können (Grosso, Bull, Webster, Tiefenbach).

Diagnose. Da es auch Septikämien anderen Ursprungs sowie polybakterielle Erkrankungen der oberen Luftwege und der Atmungsorgane gibt, die klinisch und pathologisch-anatomisch weitgehende Ähnlichkeit mit der hämorrhagischen Septikämie besitzen, so muss die Diagnose dieser Seuche durch den Nachweis der bipolaren Bakterien gestützt werden. Die ovoiden Septikämiebakterien lassen sich in den perakuten und akuten Krankheitsfällen in der Regel in grossen Mengen sowohl im Blute als auch in den kranken Organen sowie in den Exsudaten der serösen Höhlen nachweisen. Immerhin gibt es auch Fälle, besonders solche mit chronischem Verlauf, bei denen ihr Nachweis in den kranken Geweben (Nekroseherden) und Exsudaten nicht oder nur schwer gelingt. Andererseits muss für die Diagnose der Umstand in Betracht gezogen werden, dass bipolare Septikämiebakterien auch im gesunden Kaninchenkörper vorkommen, und dass sie sich im Verlaufe von anderen Krankheiten oder nachträglich im Organismus ansiedeln können. Durch diese Tatsache erfährt die diagnostische Bedeutung des Nachweises bipolarer, ovoider Bakterien eine ganz wesentliche Einschränkung. Wenn sie in Verbindung mit den geschilderten pathologisch-anatomischen Veränderungen im Blute, in den inneren Organen und in den entzündlichen Krankheitsprodukten zahlreich angetroffen werden, so können Zweifel über ihre ursächliche Bedeutung nicht bestehen. Bei wenig charakteristischen Veränderungen, spärlichem Nachweis von bipolaren Bakterien und gleichzeitiger Anwesenheit von anderen Bakterien dagegen (Streptokokken, Kolibakterien u. a.) ist Vorsicht am Platze und es darf die Möglichkeit nicht ausser acht gelassen werden, dass primär andere Ursachen vorliegen und die bipolaren Bakterien nur eine sekundäre, untergeordnete Rolle spielen.

In ganz zweifelhaften Fällen führt unter Umständen die Impfung eines Kaninchens oder eines Meerschweinchens mit Blut oder Organemulsion rasch zum Ziele.

Immunität und Immunisierung. Die Versuche von Behrens, mit thermisch abgetöteten oder abgeschwächten Bakterienkulturen des Erregers eine aktive Immunität zu erzeugen, haben zu einem Erfolge nicht geführt. Dagegen will es Kirstein gelungen sein, einen auf nicht näher bezeichnete Weise hergestellten Bakterienimpfstoff zu gewinnen („Kunikulin"), der nach einmaliger subkutaner Einverleibung (2—3 ccm) eine 3—6 Monate dauernde Immunität erzeugen soll!! Weitere Erfahrungen oder Bestätigungen dieser Angaben liegen bis jetzt nicht vor. Auch Jármai berichtet über eine Schutzimpfung gegen Kaninchenseptikämie. Durch Vorbehandlung von Kaninchen mit künstlichen Agressinen sowie durch intravenöse Impfung von Ziegen mit mässigen Kulturmengen des Erregers haben Behrens und Raebiger Sera mit gewissen schützenden Eigenschaften hergestellt. Selter berichtet über zufriedenstellende Erfolge bei Anwendung von Schweineseucheserum. Die Werturteile über solche Schutzimpfungen gehen noch sehr auseinander. Nach den Erfahrungen von Grosso u. a. hat sich das von Raebiger hergestellte Serum in der Praxis nicht bewährt.

Aus diesem Grunde kommt **prophylaktischen Massnahmen** für die Bekämpfung der Kaninchenseptikämie nach wie vor eine Hauptrolle zu.

Schrifttum.

Beck, Zeitschr. f. Hyg. u. Infektionskrankh. Bd. 15. S. 363. 1893. — *Behrens,* Vet.-med. Inaug.-Diss. Hannover 1913. — *Bull,* Journ. of exp. med. Vol. 25. — *Mc Cartney,* Journ. of exp. med. Vol. 38. p. 591. 1923. — *Coze* et *Feltz,* Recherches sur la présence des infusoires dans les malad. inf. Strassbourg 1875. — *Davaine,* Bull. de l'acad. de méd. 1872 et 1873. — *Eberth* und *Mandry,* Fortschr. d. Med. Bd. 8. 1890. — *Eberth* und *Schimmelbusch,* Fortschr. d. Med. 1888. Virchows Arch. f. pathol. Anat. u. Physiol. 1889. — *Ferry,* Zentralbl. f. Bakteriol., Parasitenk. u. Infektionskrankh., Abt. I. Ref. Bd. 59. S. 368. 1914. — *Fiocca,* Zentralbl. f. Bakteriol., Parasitenk. u. Infektionskrankh., Abt. I, Orig., Bd. 11. 1892. — *Gaffky,* Mitt. d. kaiserl. Gesundheitsamtes. Bd. 1. 1881. — *Grosso,* Zeitschr. f. Infektionskrankh., parasitäre Krankh. u. Hyg. d. Haustiere. Bd. 8. S. 438. 1910. — *Hueppe,* Berl. klin. Wochenschr. 1886. S. 753. — *Hutyra,* Handbuch der pathogenen Mikroorganismen von Kolle-Wassermann. 2. Aufl. Bd. 6. 1913. — *Jármai,* Allat. Lapok. 1918. p. 157. — *Kirstein,* Mitt. d. dtsch. Landwirtschafts-Ges. 1911. S. 5. — *Koch, R.,* Untersuchungen über die Wundinfektionskrankheiten. Leipzig 1878. — *Derselbe,* Mitt. d. kaiserl. Gesundheitsamtes. Bd. 1. 1882. — *De Kruif,* Journ. of exp. med. Vol. 33. p. 773. 1921. Vol. 35. p. 561, 621. 1922. Journ. of gen. physiol. Vol. 4. p. 395. 1922. — *Laven,* Zentralbl. f. Bakteriol., Parasitenk. u. Infektionskrankheiten, Abt. I, Orig., Bd. 54. S. 97. 1910. — *Levébure* et *Gautier,* Recueil de méd. vét. 1881. — *Lignières,* Bull. de méd. vét. 1900. Bull. de la soc. vét. 1898, 1900. — *Lucet,* Ann. de l'inst. Pasteur. 1898. — *Olt-Stroese,* Die Wildkrankheiten und ihre Bekämpfung. Neudamm 1914. — *Raccuglia,* Arb. a. d. Geb. d. pathol. Anat. u. Bakteriol. a. d. pathol.-anat. Inst. Tübingen. Bd. 1. 1892. — *Raebiger,* Tierärztl. Rundschau. Jg. 18. S. 503. 1912. — *Sacchetto* e *Savini,* Boll. dell' istit. sieroterap. Milanese. Vol. 2. p. 217. 1922. — *Selter,* Zentralbl. f. Bakteriol., Parasitenk. u. Infektionskrankh., Abt. I, Orig., Bd. 41. S. 432. 1906. — *Smith,* Journ. of comp. med. a. surg. Vol. 8. 1887. — *Sustmann,* Münch. tierärztl. Wochenschr. Jg. 66. S. 41. 1915. — *Derselbe,* Kaninchenseuchen. Leipzig: Michaelis. Tierärztl. Rundschau. Bd. 21. S. 21. — *Tanaka,* Journ. of infect. dis. Vol. 38. p. 389, 409, 421. 1926. — *Thoinot* et *Masselin,* Précis de microbiol. 1. édition. 1889. — *Tiefenbach* und *Lewy,* Zeitschr. f. d. ges. Neurol. u. Psychiatrie. Bd. 71. — *Webster,* Journ. of exp. med. Vol. 39. p. 837, 843, 857. 1924. Vol. 40. p. 109, 117. Vol. 41. p. 275. 1925. Vol. 42. p. 571. Vol. 43. p. 555. 573. Vol. 44. p. 343. 359. 1926. — *Derselbe,* Journ. of gen. physiol. Vol. 7. p. 513. 1925.

b) Streptokokkenseptikämie.

Neben den durch bipolare Bakterien aus der Gruppe der hämorrhagischen Septikämie hervorgerufenen Septikämien kommen auch solche zur Beobachtung, die durch Streptokokken verursacht werden. Diese spielen beim Kaninchen eine weit geringere Rolle als jene oben genannten. Immerhin berichtet Hülphers über ein enzootisches Auftreten der Seuche, bei dem sämtliche Tiere in zwei Kaninchenbeständen innerhalb von 14 Tagen dahingerafft wurden. In einem dritten Bestande fiel der Seuche nur ein kleiner Teil der erkrankten Tiere zum Opfer. Auch Horne in Christiania hat die Seuche in einem Bestande von 150 Tieren beobachtet. Hier ging sie jedoch nur mit einer verhältnismässig geringen Zahl von Verlusten einher. Mit grosser Wahrscheinlichkeit muss auch die von Lafranchi beschriebene Diplokokkenseuche der Nagetiere hierher gerechnet werden.

Ätiologie. Im Blut- und Bauchhöhlenexsudat der der Krankheit erlegenen Tiere werden Streptokokken in grösserer und geringerer Zahl ermittelt, die zum Teil in Diplokokkenform, zum Teil in kurzen oder längeren Ketten sich darstellen und nach Horne in der Grösse nicht oder nur wenig von den gewöhnlichen Druse- und Mastitis-Streptokokken sich unterscheiden. Sie sind nach den übereinstimmenden Angaben der Autoren grampositiv.

Ihre **Züchtung** gelingt leicht auf den gewöhnlichen Nährmedien. Nach Horne gedeihen sie am besten in gewöhnlicher Peptonbouillon; Zusatz von Serum zur Bouillon soll einen nennenswerten Einfluss auf das Wachstum nicht ausüben. In dieser bilden sie bereits nach 24 Stunden einen feinen, flockigen oder körnigen Niederschlag am Boden und an den Seiten des Glases, während die Bouillon nur eine unbedeutende Trübung erfährt. Der Niederschlag lässt sich in mehrere Tage alten Kulturen leicht aufschütteln. Wachstum erfolgt weiterhin auch auf Glyzerinbouillon, Pferdeserum; auch in der Stichkultur entwickeln sich üppige Kolonien. Während die von Hülphers gefundenen Streptokokken auch in Gelatine gedeihen, wird bei denjenigen von Horne auf diesem Nährboden Wachstum vermisst. Milch wird schon in wenigen Tagen zur Gerinnung gebracht. Nach Hülphers werden Laktose, Raffinose, Mannit und Adonnit unter Bildung von Säure vergoren. Eine hämolytische Wirkung kommt den Streptokokken — wenigstens in der Kultur — nicht zu.

Widerstandsfähigkeit. Nach den Untersuchungen von Horne werden die Streptokokken durch Eintrocknung im Blut und Organsaft und Aufbewahrung bei Zimmertemperatur während der Dauer von 15—22 Tagen ihrer Virulenz Kaninchen gegenüber nicht beraubt. Dagegen erwies sich der in derselben Weise behandelte, 40 Tage lang bei Zimmertemperatur aufbewahrte Ansteckungsstoff völlig avirulent. Mit von an Streptokokkenseptikämie verendeten Kaninchen stammendem Organmaterial, das 18 Tage lang der Fäulnis ausgesetzt war, liess sich die Krankheit bei Kaninchen auf subkutanem Wege nicht mehr erzeugen. Es muss jedoch als fraglich bezeichnet werden, ob unter natürlichen Verhältnissen die Fäulnis nach solcher Zeit eine sicher abtötende Wirkung besitzt.

Über die Art und Weise der **natürlichen Ansteckung** sind sichere Tatsachen nicht bekannt. In den von Horne beobachteten Fällen ist die Krankheit ausgebrochen, nachdem ein neugekauftes Tier dem Bestande einverleibt worden war. Neugeborene Tiere sind für die Krankheit nicht oder wenig empfänglich.

Künstliche Ansteckung. Die Krankheit lässt sich durch subkutane und intravenöse Einverleibung von Blut und Organteilen von den der spontanen Krankheit erlegenen Tieren sowie mit Reinkulturen der daraus gezüchteten Streptokokken bei Kaninchen, Meerschweinchen, weissen Mäusen, Ratten und Tauben in typischer Weise erzeugen. Die künstliche Ansteckung bei diesen Tieren gelingt nach Horne auch auf dem Fütterungswege. Hühner verhalten sich dem Ansteckungsstoff gegenüber refraktär.

Das klinische Bild bei den experimentell erkrankten Tieren kennzeichnet sich durch Mattigkeit, Abgestumpftheit, Depression und herabgesetzte Fresslust; charakteristische Krankheitserscheinungen werden indessen vermisst. Der Tod erfolgt nach verschieden langer Zeit; bei Kaninchen in der Regel nach 24—48 Stunden. Die auf dem Fütterungswege infizierten Tiere bleiben nach Horne länger am Leben als die nach subkutaner oder intravenöser Impfung erkrankten. Die von Wissokowitsch u. a. angestellten experimentellen Untersuchungen über den Verlauf der Streptokokkensepsis beim Kaninchen haben ergeben, dass dieser ausserordentlich stark von individuellen Schwankungen abhängig ist. Ein Teil der infizierten Tiere stirbt nach Reichstein akut, wobei die Zahl der Keime im Blute mehr oder weniger regelmässig ansteigt, ein anderer Teil der Tiere kann sich der Keime vorübergehend erwehren und unterliegt dann einer chronischen Infektion, während der im strömenden Blute nur wenig oder gar keine Keime nachweisbar sind.

Der Obduktionsbefund bei den der künstlichen Infektion erlegenen Tieren deckt sich mit demjenigen, der bei der spontanen Krankheit erhoben wird.

Die **Krankheitserscheinungen** bei der spontanen Streptokokkensepsis des Kaninchens bestehen in Mattigkeit, Benommenheit und Depression, herabgesetzter Fresslust, beschleunigter Atmung und Fieber. Die erkrankten Tiere zeigen im allgemeinen wenig ausgesprochene Symptome.

Pathologische Anatomie. An den abgehäuteten Kadavern können in der Regel an der Unterseite des Halses im Verlaufe der Trachea und des Schlundes, an der Vorderbrust, an den Schultern und an anderen Körperstellen blutigseröse Ergüsse und ödematöse, gallertige Anschwellungen beobachtet werden. Als besonders auffallender und charakteristischer Befund lassen sich am eröffneten Kadaver in den serösen Höhlen, so in der Brust- und Bauchhöhle, besonders aber im Herzbeutel, grössere oder geringere Mengen einer klaren, blutig-serösen Flüssigkeit nachweisen. Nicht selten ist der Austritt blutiger Flüssigkeit auch in der Nasenhöhle am toten Tiere zu erkennen. Die Lungen sind hyperämisch und ödematös, ohne dass es jedoch zur Entstehung bronchopneumonischer Herde kommt. Milz- und Lymphknoten zeigen in der Mehrzahl der Fälle eine ausgesprochene Schwellung. Ausserdem besteht in der Regel eine hämorrhagische Enteritis.

Die parenchymatösen Organe bieten, abgesehen von degenerativen Erscheinungen, Veränderungen besonderer Art nicht dar. Das Vorhandensein von Petechien auf den serösen Häuten gehört zu den Seltenheiten.

Die **Diagnose** der Streptokokkensepsis gründet sich neben den beschriebenen pathologisch-anatomischen Veränderungen auf den Nachweis der Streptokokken, der in Ausstrichen aus Blut und Organen sowie in Schnittpräparaten und durch die Kultur leicht zu erbringen ist.

Immunität und Immunisierung. Nach den allerdings wenig umfangreichen Untersuchungen von Horne gelingt es durch wiederholte Einverleibung von auf thermischem Wege abgetöteten Streptokokkenkulturen, Kaninchen gegen eine Neuinfektion mit virulenten Streptokokken zu schützen. Versuche mit von so immunisierten Tieren gewonnenem Serum, Kaninchen eine passive Immunität zu verleihen, haben indessen zu weniger günstigen Ergebnissen geführt.

Schrifttum.

Catterina, Zentralbl. f. Bakteriol., Parasitenk. u. Infektionskrankh., Abt. I, Orig., Bd. 34. S. 108. 1903. — *Horne,* Zeitschr. f. Tiermed. Bd. 17. S. 49. 1913. — *Hülphers,* Svenska veterinärtitskrift 1912. S. 396. Ref. Ellenberg-Schütz' Jahresber. Jg. 31 u. 32. S. 99. 1912. — *Pawlowsky,* Zeitschr. f. Hyg. u. Infektionskrankh. Bd. 33. S. 261, 1900. — *Reichstein,* Zentralbl. f. Bakteriol., Parasitenk. u. Infektionskrankh. Abt. I, Orig., Bd. 73. S. 211. 1914. — *Weil,* Zeitschr. f. Hyg. u. Infektionskrankh. Bd. 68. S. 346, 1911. — *Wyssokowitsch,* Zeitschr. f. Hyg. u. Infektionskrankh. Bd. 1. 1886.

c) Septikämien anderen Ursprungs.

Septikämie (Eberth und Mandry) 1890. Diese durch den Bacillus cuniculicida mobilis verursachte Krankheit ist zum Teil der Rhinitis contagiosa, zum Teil der hämorrhagischen Septikämie zugezählt worden. Nach den Angaben von Catterina soll sie völlig mit den von Smith sowie von Thoinot und Masselin beschriebenen, durch Bakterien vom Charakter der Geflügelcholerabakterien hervorgerufenen hämorrhagischen Septikämien übereinstimmen. Im Gegensatze zu dieser Anschauung steht diejenige von Lignières. Er zweifelt zwar nicht

daran, dass es sich hier um eine Septikämie handelt, hält es aber nicht
für zulässig, sie in die Gruppe der hämorrhagischen Septikämie einzureihen. Auf Grund von bestimmten biologischen Merkmalen des Erregers, die von denjenigen der Gruppe der hämorrhagischen Septikämie
abweichen, so der Beweglichkeit, der Fähigkeit auf Kartoffeln zu wachsen,
Milch zu koagulieren und Indol zu bilden, glaubt Lignières, die hier
vorliegende Septikämie von der Gruppe der hämorrhagischen Septikämie abtrennen zu sollen. Im übrigen stimmt aber der Bacillus cuniculicida mobilis in einer Reihe von anderen Eigenschaften mit den Erregern der hämorrhagischen Septikämie ziemlich weitgehend überein.

Septische Krankheit der Kaninchen (Lucet) 1892. Diese
auch als Kaninchendruse bezeichnete Krankheit äussert sich in
phlegmonöser Anschwellung des Kehlgangs und der Kehlkopfgegend,
Nasenausfluss (s. infektiöse Rhinitis), Atembeschwerden und Abmagerung. Bei der Obduktion findet sich eine eiterige Entzündung der
Subkutis mit regionärem, entzündlichem Ödem, hochgradige akute
Milzschwellung, Darmentzündung und seröses Exsudat in der Brust-
und Bauchhöhle. Auch diese Krankheit will Lignières von der Pasteurellose (hämorrhag. Septikämie) abgetrennt wissen, weil der Erreger, ein
kleiner Bazillus (Bac. sept. cuniculi) beweglich ist. Auch Lucet selbst
hält sie für unterschiedlich von der hämorrhagischen Septikämie, die
er drei Jahre vorher (1889) beobachtet und deren Erreger er als ein
Bakterium von denselben Eigenschaften wie diejenigen der Geflügelcholera
beschrieben hat (s. hämorrhagische Septikämie).

Kokkenseptikämie (Catterina) 1903.

Als Erreger dieser Septikämie ist nach Catterina ein Mikrokokkus (Micrococcus agilis albus) anzusehen.

Seine Färbbarkeit gelingt leicht mit den gewöhnlichen Methoden; der Gramfärbung gegenüber verhält er sich negativ. Fast regelmässig tritt er als Einzelkokkus,
seltener in Diplokokkenform auf. Er zeigt lebhafte Beweglichkeit und besitzt um seinen
zentralen, stark gefärbten Teil eine membranartige, schwächer gefärbte Umhüllung,
der sich peripherisch ein farbloser Hof anschliesst. Der Mikrokokkus ist besonders
dadurch ausgezeichnet, dass er zwei an entgegengesetzten Stellen ansetzende Wimpern
trägt, die von Catterina als protoplasmaartige Fortsätze angesprochen werden. Ähnliche Mikroorganismen sind in der Literatur von Cohen, Löffler und Menge beschrieben.

Wachstum auf künstlichen Nährböden. Sowohl im Gelatinestich als auch
auf Agar gehen kleine, auf der Oberfläche runde oder unregelmässig gestaltete, mehr
oder weniger erhabene Kolonien von ausgesprochen weisslicher Farbe auf, von deren
Peripherie aus zahlreiche kurze Fädchen peripherisch ausstrahlen. In der Gelatine tritt
keine Verflüssigung ein.

Der Mikrokokkus gedeiht auch in Blutserum mit oder ohne Glyzerinzusatz sowie
in Milch, ohne dass diese verändert wird. Indol wird nicht gebildet.

Durch subkutane Verimpfung von Reinkulturen gelingt es, die Krankheit
auf Kaninchen zu übertragen. Die so geimpften Tiere verenden innerhalb 48 Stunden
und zeigen pathologisch-anatomisch dieselben Veränderungen wie die der spontanen
Krankheit erlegenen Tiere. In gleicher Weise können auch Meerschweinchen und Mäuse
tödlich infiziert werden. Hühner verhalten sich refraktär.

Mit 15 Tage alten Kulturfiltraten (Chamberlandfilter) will es Catterina gelungen
sein, Kaninchen einen gewissen Schutz gegenüber dem virulenten Micrococcus agilis
albus zu verleihen.

Neue Kaninchensepsis (Saeghem) 1922.

Zu den bisher genannten Septikämien fügt Saeghem eine weitere
neue hinzu, die er in Ruanda (Viktoria-Nianza-See) beobachtet hat.

Als Erreger wird ein kleiner, gramnegativer, eiförmiger Kokko-
bazillus angesprochen, der im Blute und in den Organen der erkrankten
und der Krankheit erlegenen Tiere enthalten ist. Bisweilen nimmt er
auch Diplokokkenform an.

Wachstum. Auf gewöhnlichem Agar bildet er einen dichten Rasen. Er gedeiht
auch auf Kartoffeln und in Bouillon, in der er ein sehr zartes Wachstum zeigt. Auf Endoagar bildet er gefärbte Kolonien. Gelatine wird nicht verflüssigt, Traubenzucker nicht
vergoren und Milch erst nach mehreren Wochen koaguliert. Die subkutane Einverleibung
von 1 ccm Kultur tötet Kaninchen innerhalb 48 Stunden.

Bei der Obduktion sowohl der der künstlichen als auch der natürlichen Infektion erlegenen Tiere lassen sich alle Zeichen der Septikämie
feststellen. Histologisch und in Ausstrichpräparaten können die Erreger sowohl in den Organen als auch im Blute in grossen Mengen nachgewiesen werden.

Schrifttum.

Catterina, Zentralbl. f. Bakteriol., Parasitenk. u. Infektionskrankh., Abt. I,
Orig., Bd. 34. S. 108. 1903. — *Eberth* und *Mandry*, Fortschr. d. Med. Bd. 8. 1890.
— *Lucet*, Ann. de l'inst. Pasteur. 1892. — *van Saceghem*, Cpt. rend. des séances de
la soc. de biol. Tome 86. p. 281. 1922.

Pyämien und Eiterungen.

Das Vorkommen einer kontagiösen, durch einen kleinen Mikrokokkus hervorgerufenen Pyämie beim Kaninchen ist bereits 1881 von
Semmer bei Gelegenheit von an Kaninchen ausgeführten Impfungen
mit auf 55⁰ C. erwärmtem Milzbrandblut beobachtet worden. Über eine
in neuerer Zeit in einem grösseren Kaninchenbestande aufgetretene,
sehr bösartig verlaufende **Pyämie** berichtet Koppányi.

Ätiologie. Als Erreger wird ein polymorpher, bald in Kokken-
und Diplokokken-, bald in Kurzstäbchenform auftretender, bisweilen
Ketten bildender, unbeweglicher Bazillus beschuldigt, der von einer
deutlichen Kapsel umgeben ist (Pyobacillus capsulatus cuniculi).

Seine **Züchtung** gelingt leicht auf 3⁰/₀igem Glyzerinagar und besonders auf Blut-
serum und Blutserumagar. Auf diesen Nährböden bilden sich bereits nach 12stündiger
Bebrütung bei 37⁰ C. grauweisse, transparente, nicht irisierende Kolonien von Nadelstich-
grösse, die nach 24 Stunden stecknadelkopfgross werden und wassertropfenähnliches
Aussehen besitzen können. Die später konfluierenden Kolonien sind von zäher, klebriger
Beschaffenheit.

Auch in mit Glyzerin oder Serum versetzter Bouillon findet unter schwacher Trübung
lebhaftes Wachstum statt. Später setzt sich unter mässiger Aufklärung ein auffallend
zähschleimiges Sediment zu Boden.

Gas und Indol werden nicht gebildet; Milch wird nicht zur Gerinnung gebracht.

Resistenz. Äusseren Einflüssen gegenüber (Eintrocknung, Sonnenlicht, Erwärmung)
ist der Bazillus wenig widerstandsfähig. Er wird schon nach wenigen Tagen abgetötet.
Auch durch Desinfektionsmittel wird er rasch vernichtet (0,2⁰/₀ige Karbolsäurelösung
in 10 Minuten; Sublimatlösung 1 : 30 000 sowie 0,2⁰/₀ige Kreolinlösung in 1 Minute;
0,1⁰/₀ige Kupfersulfatlösung in 2 Minuten; 0,1⁰/₀ige Eisensulfatlösung in 5 Minuten;
Formalinlösung 1 : 15 000 in 2 Minuten.

Der Bazillus bildet in Bouillonkulturen Toxine, die aber nur bei
Meerschweinchen und Mäusen eine schwache Giftwirkung ausüben.

Die **künstliche Übertragung** der Krankheit auf Kaninchen gelingt
durch Einverleibung überaus kleiner Kulturmengen auf intrathorakalem,
intrapektoralem, intraperitonealem, subkutanem, intravenösem, intra-
trachealem Wege, weiterhin durch Aufträufelung des Infektionsmaterials

auf die unverletzte Nasenschleimhaut, durch Einbringen in die vordere Augenkammer sowie durch Inhalation verstäubten Kulturmaterials. Auf intestinalem Wege dagegen kann die Krankheit künstlich nicht erzeugt werden. Auf den oben angegebenen Infektionswegen infizierte Tiere verenden in der Regel nach 2—16 Tagen unter denselben Erscheinungen wie bei der spontanen Krankheit. Auch die pathologisch-anatomischen Veränderungen stimmen mit jener völlig überein. In gleichem Masse wie Kaninchen sind auch noch Meerschweinchen und Mäuse für die Infektion empfänglich. Sie verenden nach subkutaner, intraperitonealer und intrapleuraler Infektion innerhalb der beim Kaninchen angegebenen Zeiten.

Über den **natürlichen Infektionsweg** liegen Angaben nicht vor.

Krankheitserscheinungen. Nach einer Inkubationszeit von wenigen Tagen sitzen die infizierten Tiere meist zusammengekauert an einer Stelle und zeigen als erste Krankheitserscheinungen ängstlichen Blick, gesträubte Haare sowie beschleunigte und erschwerte Atmung. Die innere Körpertemperatur steigt bis auf 40,5—41,5° C. an, um bald unter die Norm herabzusinken. Bisweilen wird serös-eiteriger Nasenausfluss, Niesen, in mehr chronischen Fällen das Auftreten von bis faustgrossen Abszessen an den verschiedensten Körperstellen beobachtet. Der Tod erfolgt unter dyspnoischen Erscheinungen.

Pathologische Anatomie. Bei den der natürlichen als auch der künstlichen Infektion erlegenen Tieren lässt sich als hervorstechendster Befund eine fibrinös-eiterige Pleuritis und Perikarditis feststellen. Die Pleura visceralis und parietalis ist in ihrer ganzen Ausdehnung mit 1—5 mm dicken, grauweissen, leicht abziehbaren, zerreisslichen Pseudomembranen bedeckt. Sowohl im Herzbeutel als auch in den Pleurahöhlen befinden sich grössere oder geringere Mengen eines grauroten, sero-fibrinösen Exsudats. Das Lungengewebe ist hyperämisch und enthält bisweilen kleine Blutungen; die Bronchien sind mit katarrhalischem Exsudat angefüllt, besonders wenn die Infektion von den Luftwegen aus erfolgt ist. Auch peribronchiale katarrhalische Lungenentzündung kann entstehen. Die mediastinalen Lymphknoten sind zum Teil wesentlich vergrössert und enthalten graugelbe, trockene, bröckelige, seltener rahmartige Massen. Die Organe der Bauchhöhle lassen nennenswerte Veränderungen nicht erkennen. Nur Leber und Milz zeigen deutliche Blutüberfüllung. In chronischen Fällen sind im Unterhautbindegewebe Abszesse verschiedener Grösse (bis zu Faustgrösse) mit eiterigem Inhalt feststellbar.

Diagnose. Durch den Nachweis des Kapselbakteriums kann die Krankheit leicht von ähnlichen, dem Symptomenkomplex der Rhinitis contagiosa zugezählten Krankheiten unterschieden werden. Der Erreger ist hauptsächlich im Pleuraexsudat in grosser Zahl nachweisbar; sein Vorkommen im Blute und in den inneren Organen ist dagegen spärlich.

Immunitätsverhältnisse. Durch intravenöse Einverleibung steigender Dosen von Bouillonkulturen des Erregers gelingt es zwar bei Kaninchen, eine kurzfristige Immunität gegenüber späteren tödlichen Infektionsdosen zu verleihen. Es ist indessen nachteilig, dass die Vorbehandlung die Entstehung von subkutanen Abszessen im Gefolge hat. Das Blutserum von erkrankten und immunisierten Tieren besitzt agglutinierende Eigenschaften nur in geringem Masse; auch kommt ihm nur eine schwache und unsichere Schutzwirkung zu.

*   *   *

Ähnlich verlaufende, zum Teil mit fibrinös-eiteriger Pleuritis, Peritonitis und Eiterungsprozessen an den verschiedensten Körperstellen einhergehende Pyämien sind später von Laven und Cominotti beschrieben, als deren Erreger aber von dem Pyobacillus capsulatus unterschiedliche Bakterien nachgewiesen worden.

Das Lavensche Bakterium, das im Pleuraeiter sowie im Herzblut enthalten ist, stellt ebenfalls ein kleines, kokkenartiges, kurzes und plumpes, bisweilen einzelne Fäden bildendes Stäbchen mit abgerundeten Ecken dar, das die Farbe ungleichmässig aufnimmt und eine gewisse Ähnlichkeit mit den Erregern der hämorrhagischen Septikämie, manchmal auch mit dem Rotzbazillus besitzt. Grosso ist der Ansicht, dass das Lavensche Bakterium dasselbe ist wie der Bacillus pneumonicus Beck (s. Rhinitis contagiosa). Eigenbewegung, Geisseln und Sporen sind nicht vorhanden. Das Bakterium besitzt nur eine geringe Widerstandsfähigkeit. Es ist auf den gebräuchlichen Nährböden bei 37^0 C. leicht züchtbar in Form von tautropfenartigen Kolonien von schleimiger Beschaffenheit, mit der Neigung zusammenzufliessen und auf einigen Nährböden einen ins bräunliche gehenden Farbenton anzunehmen.

Bei intraperitonealer, intrapleuraler und subkutaner Einverleibung ist das Bakterium stark pathogen für Kaninchen und Meerschweinchen. Während nach den ersteren Einverleibungsarten fibrinös-eiterige Pleuritiden und Peritonitiden zur Entstehung kommen, hat die subkutane Verabreichung des Erregers hauptsächlich die Bildung von Abszessen und Phlegmonen im Gefolge. Auch die Fütterungsinfektion ist erfolgreich. Dagegen gelingt es nicht, die Krankheit mit Bakterienaufschwemmungen auf intranasalem Wege zu erzeugen.

Was die Frage des natürlichen Infektionsweges anbetrifft, so neigt Laven zu der Ansicht, dass das Bakterium als harmloser Saprophyt im Munde des Kaninchens lebt, um erst unter bestimmten Bedingungen pathogene Eigenschaften zu erlangen. Der tatsächlich gelungene Nachweis im Mund- und Rachenschleim von zwei gesunden Tieren bedeutet für diese Annahme eine wesentliche Stütze.

Jacobsohn und Koref wollen die hier aufgeführten Pyämien als eine besondere Form der Rhinitis contagiosa betrachtet wissen.

*   *   *

Ausser den hier angeführten Pyämien werden **Eiterungsprozesse** beim Kaninchen an den verschiedensten Körperstellen (Subkutis, Nasen- und Nebenhöhlen, Mittelohr, Gehirn, innere Organe) beobachtet im Verlaufe und als Komplikation der Rhinitis contagiosa, der hämorrhagischen Septikämie, der Nekrobazillose u. a. (s. dort). Von zahlreichen anderen, in der Literatur niedergelegten Beobachtungen über Eiterungen und ihre Erreger sollen hier nur die allerwichtigsten Erwähnung finden.

Aus Abszessen bei Kaninchen züchteten Schimmelbusch und Mühsam ein zartes, kurzes, gramnegatives Stäbchen, das auf Agar und Bouillon leicht züchtbar ist.

In Bouillon bildet es einen zähen Bodensatz ohne Trübung der überstehenden Flüssigkeit. Der Austrocknung gegenüber ist das Stäbchen wenig widerstandsfähig. $^1/_2$ stündige Erhitzung auf 52^0 C. tötet es ab; auch in alten Bouillonkulturen geht es seiner Virulenz verlustig. Nach subkutaner Verimpfung an Stellen mit lockerer Subkutis entstehen beim Kaninchen Abszesse mit gelblich-weissem, zähem Eiter, in dem die Stäbchen allerdings nur in geringer Zahl nachzuweisen sind. Bei der Einverleibung an Stellen mit strafferer Unterhaut nimmt die Impfkrankheit einen chronischen, nicht selten tödlichen Verlauf. Bei der Obduktion der abgemagerten Tiere lassen sich in der Regel eiterige Entzündung der serösen Häute, Abszesse in der Leber, Hämorrhagien in den Lungen und bisweilen Pneumonien feststellen. Die Versuche Lexers, mit dem beschriebenen Bakterium bei Kaninchen eine der menschlichen Osteomyelitis ähnliche Erkrankung zu erzeugen, schlugen fehl. Nur bei direkter Einverleibung der Bakterien in das Knochenmark traten scharf begrenzte Eiterungen auf.

Manninger gelang es, ein dem Schimmelbusch- und Mühsamschen Bakterium sehr nahestehendes Stäbchen aus zähem, teigähnlichem Eiter im subkutanen Bindegewebe von Kaninchen zu züchten. Es besitzt (nach Manninger) auch eine gewisse Ähnlichkeit mit den Erregern des Rhinitis contagiosa (Brustseuche) und der ansteckenden Lungenbrustfellentzündung. Das Stäbchen ist 0,6—1,0 μ lang, unbeweglich, gramnegativ und beginnt sich in Agar und in Bouillon erst bei 37º C. zu entwickeln. Seine Widerstandsfähigkeit ist ausserordentlich gering.

In stinkendem Eiter eines spontan verendeten Kaninchens fand Fuchs ein grosses, unbewegliches, nicht sporenbildendes Stäbchen, das er mit der Bezeichnung „Bacillus pyogenes anaerobicus" belegte. Einverleibung in grösseren Mengen vermochte wiederum stinkende Eiterung hervorzurufen.

Weiterhin isolierte Davis aus spontanen subkutanen Abszessen einen pleomorphen, zur Fadenbildung neigenden Bazillus, der alle Kochschen Bedingungen erfüllt. Er besitzt in morphologischer und kultureller Hinsicht weitestgehende Ähnlichkeit mit Bazillen, wie sie auch bei der Rhinitis contagiosa gefunden werden (s. dort). Agglutinine im Serum infizierter Tiere können nicht nachgewiesen werden.

Auch Jakob berichtet bei Kaninchen über das Auftreten von Abszessen, die hauptsächlich auf die Kopfgegend (Backengegend, unterer Lidrand) beschränkt waren und wahrscheinlich mit dem Abzahnen im Zusammenhange standen. Der Abszessinhalt stellte in der Regel eine dickliche, rahm- oder pastenähnliche Masse von gelber bis gelbroter Farbe dar. In dem meist geruchlosen Eiter wurden in allen Fällen Staphylokokken nachgewiesen.

Durch Staphylokokken hervorgerufene Abszesse bei Kaninchen hat auch Verfasser einigemale beobachtet. Besonders bei Hasen und wilden Kaninchen ist eine durch den Staphylococcus pyogenes albus verursachte Infektionskrankheit bekannt, die sowohl sporadisch als auch in seuchenhafter Verbreitung auftritt und durch Eiterungsprozesse in der Unterhaut, der Muskulatur, den regionären Lymphknoten und in den inneren Organen gekennzeichnet ist (Olt-Ströse; Bürgi). Nach den Untersuchungen von Wolff scheint das Blut der Leporiden kein oder nur ein geringes bakterizides Vermögen gegenüber Staphylokokken zu besitzen. Experimentell kann das Kaninchen leicht mit Staphylokokken infiziert werden.

Von Sustmann wird beim Kaninchen dem „eiterigen Kieferkatarrh" eine besondere Bedeutung zugemessen. Dieser Eiterungsprozess, der von Verletzungen durch Einspiessen von Fremdkörpern zwischen Zahnfleisch und Zähnen seinen Ausgang nehmen soll, ist gekennzeichnet durch eine eiterige Alveolarperiostitis, die mit einer an die Aktinomykose erinnernden Auftreibung im Bereiche des Kiefers einhergeht. Durch Fortleitung des Prozesses können Eiteransammlungen im Tränenkanal, in der Augenhöhle sowie Abszessbildungen im Bereiche des Unterkiefers, am Kehlgange und in der Ohrspeicheldrüsengegend zur Entstehung kommen (s. Abb. 53, 54). Der Eiter ist zäh, von gelblich-weisser Farbe und soll die Eitererreger in Reinkultur enthalten.

Nähere Angaben über die Erreger selbst fehlen. Bei einigen vom Verfasser selbst beobachteten Fällen konnten Staphylokokken nachgewiesen werden.

In vier Fällen von spontan aufgetretenen Abszessen beim Kaninchen ist endlich von Tanaka der Bacillus lepisepticus ermittelt worden. Bei zwei Fällen handelte es sich um gleichzeitig mit Schnupfen behaftete, bei den anderen beiden um völlig gesunde Tiere. Das Serum der an den Abszessen erkrankten Tiere enthielt geringe Mengen von Agglutininen. Es gelang auch im Experiment Abszesse hervorzurufen. Zu den Eiterungen im weiteren Sinne ist schliesslich noch die Aktinomykose (s. S. 64) zu zählen, die beim Kaninchen allerdings nur verhältnismässig selten vorkommt.

Schrifttum.

Bürgi, Zentralbl. f. Bakteriol., Parasitenk. u. Infektionskrankh., Abt. I, Orig., Bd. 39. S. 559. 1905. — *Cominotti*, Clin. vet. 1921. p. 45. — *Davis*, Journ. of infect. dis. Vol. 12. p. 42. — *Fuchs*, Zit. nach *Glage* in Kolle-Wassermanns Handbuch der pathogenen Mikroorganismen. Bd. 6. 1913. — *Jakob*, Berl. tierärztl. Wochenschr. 1915. S. 484. — *Koppányi*, Zeitschr. f. Tiermed. Bd. 10. S. 429. 1906. — *Lamière*, Journ. d. sciences méd. de Lille. Tome 8. 1890. p. 481, 511, 529, 557. — *Laven*, Zentralbl. f. Bakteriol., Parasitenk. u. Infektionskrankh., Abt. I. Orig. Bd. 54. S. 97. 1910. — *Manninger*, Dtsch. tierärztl. Wochenschr. 1918. S. 289. — *Olt-Ströse*, Die Wildkrankheiten und ihre Bekämpfung. Neudamm 1914. — *Schimmelbusch* und *Mühsam*, Arch. f. klin. Chirurg. Bd. 52. S. 576. — *Semmer*, Zentralbl. f. d. med. Wiss. Bd. 41. S. 737. 1881. — *Shin Maie*, Zeitschr. f. Hyg. u. Infektionskrankh. Bd. 97. S. 99. 1923. — *Sustmann*, Dtsch. tierärztl. Wochenschr. 1921. S. 247. — *Tanaka*, Journ. of infect. dis. Vol. 38. p. 389. 1926. — *Wolff*, Zeitschr. f. Immunitätsforsch. u. exp. Therapie. Bd. 45. S. 515. 1926.

Malignes Ödem.

Einwandfreie, den modernen Ansprüchen der Anaerobenbakteriologie in allen Teilen genügende Feststellungen über das spontane Vorkommen von Gasödeminfektionen beim Kaninchen habe ich in der mir zur Verfügung stehenden Literatur nicht auffinden können.

Spontanes Auftreten von malignem Ödem will Petri bei hochtragenden und im Puerperium befindlichen Kaninchenweibchen beobachtet haben. Bei der Sektion der spontan verendeten Tiere fanden sich starke Rötung, serös-ödematöse Durchtränkung der Uterusadnexe und deren Umgebung, geringe peritonitische und pleuritische Ergüsse sowie kleine Hämorrhagien. In den pathologisch-anatomischen Veränderungen ermittelte Petri einen kettenbildenden, auf Gelatine (bei Zimmertemperatur) und auf Kartoffeln und Möhrenscheiben (bei 17—38⁰ C.) züchtbaren Bazillus, den er mit dem Bazillus des malignen Ödems von Koch identifiziert.

Subkutane Einspritzungen von Reinkulturen dieses Bazillus sollen bei Kaninchen, Meerschweinchen, Hausmäusen, Feldmäusen und Ratten fast regelmässig Ödem und den Tod im Gefolge gehabt haben. Aus dem kurz vor dem Tode von Kaninchen und Mäusen entnommenen Blute gelang es, den Bazillus in Reinkultur zu züchten und damit weitere Infektionen durchzuführen.

Im Hinblick auf die unter aëroben Verhältnissen und auf gewöhnlichen Nährböden gelungene Züchtbarkeit des Bazillus ist die Wahrscheinlichkeit gering, dass es sich hier wirklich um eine echte Gasödeminfektion mit dem Bazillus des malignen Ödems gehandelt hat.

Schrifttum.

Carl, In Kolle-Wassermanns Handbuch der pathogenen Mikroorganismen. Bd. 4. 1912. — *Petri*, Zentralbl. f. d. med. Wiss. Nr. 47 u. 48. Ref. Ellenberger-Schütz' Jahresbericht. Jg. 4. S. 53.

Clostridium cuniculi.

Aus einem gangränösen Lungenherd bei einem Kaninchen züchtete Galli einen streng anaëroben Bazillus von 3—15 μ Länge und 0,8—1,2 μ Breite. Der Bazillus ist unbeweglich, gramresistent, bildet zentrale Sporen und wächst unter Gasentwicklung. Er besitzt ausserdem einen fauligen Geruch; Gelatine wird von ihm nicht verflüssigt, Indolbildung findet nicht statt. Der Bazillus ist für Kaninchen (und andere Laboratoriumstiere) pathogen.

Schrifttum.

Galli, G., Boll. dell' istit. sieroterap. Vol. 3. p. 331. 1924.

Experimentell übertragbare Keratokonjunktivitis.

Mit Rücksicht darauf, dass das Auge des Kaninchens bekanntlich einen ausserordentlich geeigneten Impfort (okuläre, korneale Infektion) für die Erreger einer Reihe von übertragbaren Krankheiten darstellt und für deren experimentelle Erforschung, zum Teil auch für deren Diagnose (Lyssa, Variola, Spirochätose, Herpes und Encephalitis lethargica, Bornasche Krankheit, Encéphalite enzootique du cheval u. a.) eine wichtige Rolle spielt, gewinnt das Vorkommen von spontanen, experimentell übertragbaren Kerato-Konjunktivitiden beim Kaninchen eine erhöhte Bedeutung.

Ausser denjenigen Konjunktivitiden wie sie im Verlaufe der Rhinitis contagiosa, (Brustseuche, infektiösem Schnupfen, der Kokzidienrhinitis), der Kaninchenseptikämie u. a. (s. dort) nicht selten beobachtet werden, berichtet Rose über andere spontane Keratokonjunktivitiden bakterieller Natur, die ihm bei Gelegenheit von experimentellen Enzephalitis- und Vakzineuntersuchungen begegnet sind.

Ätiologisch sind solche Keratokonjunktivitiden zweifellos nicht einheitlicher Natur. So hat Rose aus drei Fällen gramnegative Stäbchen ermittelt, die sich ihrem morphologischen, kulturellen sowie tierpathogenen Verhalten nach bereits in drei verschiedene Gruppen einteilen lassen. Einer dieser Bakterienstämme ist durch ausgesprochen koliähnliche Eigenschaften ausgezeichnet. Auch Kooy hat in den Produkten einer mit Herpesvirus experimentell erzeugten Keratitis beim Kaninchen in 22 von 25 Fällen einen Mikroben nachgewiesen, der mit den von Rose beschriebenen in vielen Eigenschaften übereinstimmt. Bei experimentell hervorgerufenen enzephalitischen Augenaffektionen haben weiterhin Levaditi, Harvier und Nicolau grampositive Kokken und gramnegative Stäbchen gleichzeitig mit Eiterzellen auftreten sehen. Über die Pathogenität dieser Keime geben die Forscher allerdings keinen Aufschluss. Dagegen ist es Salmann gelungen, aus dem Blute von Herpeskaninchen Mikroben mit einer ausgesprochenen Pathogenität für das Kaninchenauge zu isolieren. Da alle diese Keime mit dem Erreger der experimentell zu erzeugenden Impfkrankheiten nicht im Zusammenhange stehen (Rose hat dies durch Prüfung der Immunität nachgewiesen), so scheint es einem Zweifel nicht zu unterliegen, dass hier selbständige Spontaninfektionen vorliegen (besonders in den von Rose beobachteten Fällen, die vor längerer Zeit erfolglos mit Enzephalitismaterial geimpft waren). Andererseits wird in vielen anderen Fällen die Möglichkeit von

Sekundärinfektionen im Anschluss an korneale und intraokuläre Impfungen (Kooy, Levaditi, Harvier und Nicolau) mit kaninchenpathogenen Mikroorganismen nicht in Abrede gestellt werden können. Nach den eigenen Erfahrungen des Verfassers bei experimentellen Untersuchungen über die Bornasche Krankheit der Pferde können im Anschluss an korneale und intraokuläre Impfungen auch bei primärer Verunreinigung des Impfmaterials schwere Keratokonjunktivitiden zur Entstehung kommen.

Über die **natürliche Übertragung** der in Rede stehenden spontanen Keratokonjunktivitis sind bestimmte Tatsachen nicht bekannt.

Künstliche Übertragung. Rose ist es gelungen, die von ihm beobachtete Keratokonjunktivitis sowohl durch korneale Verimpfung des Bindehautsekrets als auch mit Reinkulturen der isolierten Bakterienstämme (die ihre Pathogenität in vitro lange Zeit ohne Abschwächung beibehielten) auf Kaninchen unter Entstehung der typischen Veränderungen in Passagen mit einer Inkubation von wenigen Stunden bis zu vier Tagen zu übertragen. Erwähnenswert ist weiterhin, dass sich nach subduraler Verimpfung der von Rose isolierten Bakterienstämme zum Teil Abszesse, zum Teil meningitische und enzephalitische Erscheinungen, letztere mit ausgesprochenen Gefässinfiltraten hervorrufen lassen.

Die bei der von Rose beschriebenen Keratokonjunktivitis auftretenden **Veränderungen** beschränken sich sowohl bei den spontanen als auch bei den künstlich erzeugten Fällen zum Teil auf geringgradige Trübungen und Infiltrationen (im Verlaufe der Impfstriche) in der Kornea sowie auf geringgradige entzündliche Reizzustände an der Konjunktiva. In anderen Fällen werden ausgesprochene, mit Ödemen einhergehende Bindehautentzündungen (an Nickhaut und Konjunktiven), teilweise mit schweren Eiterungen sowie starke Korneatrübungen, die einen dichten Pannus hinterlassen, beobachtet. Zwischen diesen beiden Extremen kommen zahlreiche Übergangsformen in den verschiedensten Abstufungen vor. Die Veränderungen, besonders wenn es sich um solche eiteriger Natur handelt, besitzen ausserdem die Neigung, auf die unmittelbare Umgebung des Auges überzugreifen und Lidabszesse, Hauteiterungen und Phlegmonen hervorzurufen.

Der Umstand, dass die beschriebene Keratokonjunktivitis weitgehende Ähnlichkeit mit der kornealen Herpes- und Enzephalitisinfektion besitzt, lässt bei der Beurteilung fraglicher, experimentell erzeugter Keratokonjunktivitiden überhaupt grosse Vorsicht angezeigt sein.

In den Fällen von Rose ist auf Grund des negativen Ausfalles der Immunitätsprüfung der Nachweis erbracht worden, dass nicht das Herpesbzw. Enzephalitisvirus, sondern Bakterien die primäre Ursache gebildet haben.

Schrifttum.

Rose, Zeitschr. f. Hyg. u. Infektionskrankh. Bd. 101. S. 327. 1924. Dort auch weitere Literatur.

Ansteckende diphtheroide Darmentzündung.

(Bazillus der Darmdiphtherie der Kaninchen [Ribbert]).

Als ansteckende diphtheroide Darmentzündung wird eine infektiöse, durch ein spezifisches Bakterium hervorgerufene Erkrankung angesehen, die durch diphtheroide Veränderungen des Darmes, nekrotische Herde in den Darmlymphknoten sowie in den Parenchymen der Leber, Milz und Nieren gekennzeichnet ist.

Geschichtliches. Die Krankheit wurde bereits von Ribbert (1889) in klassischer Weise beschrieben. Eine ätiologisch und pathologisch-anatomisch durchaus ähnliche Erkrankung ist dann 1919 in Hannover in einem Kaninchenbestand beobachtet und von Sarnowski als „Neue Infektionskrankheit der Kaninchen“ beschrieben worden. Sarnowski scheint die Ribbertsche Arbeit entgangen zu sein. Zweifellos handelt es sich hier um die gleichen Krankheiten. Abgesehen von den von Roth mit dem Ribbertschen Darmdiphtheriebakterium angestellten experimentellen Infektionsversuchen liegen weitere Mitteilungen über diese Krankheit von anderer Seite in der Literatur bis jetzt nicht vor.

Ätiologie. Der Erreger der Krankheit ist ein im Herzblut sowie in Leber, Milz, Darmlymphknoten und Kot nachweisbares, 1,5—2,0 μ langes, 0,8—1,0 μ kurzes, plumpes Stäbchen mit abgerundeten Ecken, das mit den gewöhnlichen Anilinfarbstoffen leicht färbbar ist. Der Gramfärbung gegenüber verhält es sich negativ bis gramlabil. In künstlich längere Zeit fortgezüchteten Kulturen nimmt es mehr und mehr rundlich-ovale Form und bipolare Färbung an.

Züchtung. Das Bakterium gedeiht leicht auf allen gebräuchlichen Nährböden. Auf Schrägagar tritt es bereits nach 24 Stunden in Form von kaum sichtbaren bis mohnkorngrossen, durchsichtigen bis weisslichen Kolonien in die Erscheinung, die im durchfallenden Licht völlig farblos sind. Ältere Kulturen können einen etwas bräunlichen Farbenton annehmen. Auf Bouillon zeigt sich bereits nach 24 Stunden ein feines, grauweisses Häutchen an der Oberfläche, nach wenigen Tagen entsteht ein geringer Bodensatz. Gelatine wird nicht verflüssigt. Auf Kartoffeln findet langsames Wachstum in Form eines flachen, weisslichen Belages statt.

Drigalski- und Endoagar werden nicht verfärbt, Milch- und Traubenzuckerbouillon nicht vergoren. Barsiekow-Milchzucker zeigt am 4. Tage eine ganz schwach rötliche, Barsiekow-Traubenzucker bereits nach 20 Stunden eine himbeerrote, milchig getrübte Farbe. Neutralrotagar wird nicht verändert, Milch gerinnt nicht. In Gelatine tritt Verflüssigung nicht ein. Auch nach dem serologischen Verhalten steht das Bakterium der Koli-Typhusgruppe nicht nahe.

Pathogenität. Das Bakterium ist bei subkutaner, intraperitonealer, intravenöser, intratrachealer Einverleibung sowie auf intestinalem Wege für Kaninchen, Meerschweinchen und Mäuse pathogen. Die Tiere erliegen der Infektion in der Regel nach 3—8, seltener nach 14 Tagen.

Weiterhin gelingt es nach Ribbert, eine tödliche Infektion bei Kaninchen zu erzielen nach Einbringen von Kulturemulsionen des Erregers in die Mundhöhle. Auf Grund der Tatsache, dass in solchen Fällen regelmässig eine Schwellung der Lymphknoten am Halse auftritt, und dass die Bakterien in den Taschen und in dem Gewebe der veränderten und mit Pfröpfen versehenen Tonsillen nachweisbar sind, glaubt Ribbert berechtigt zu sein, ein Eindringen der Erreger durch die Tonsillen anzunehmen. Sie stellen aber jedenfalls nicht die einzige Eintrittspforte dar, denn nach den experimentellen Untersuchungen von Ribbert kann eine Infektion auch durch die übrige Mund- und Zungenschleimhaut zustande kommen, wenn sich dort Verletzungen befinden. Roth ist die Infektion mit Kulturmaterial des Erregers von der intakten Nasenschleimhaut, ja sogar von der intakten äusseren Haut aus gelungen. Auch durch Einträufeln von Kulturmaterial in den Konjunktivalsack hat Braunschweig Tiere infizieren können.

Für das Zustandekommen der **natürlichen Infektion** dürfte mit grosser Wahrscheinlichkeit dem Eindringen des Erregers durch die Tonsillen und auf dem Wege des Verdauungsapparates die hauptsächlichste Rolle zukommen.

Sowohl die bei der spontanen als auch bei der künstlich erzeugten Krankheit auftretenden **klinischen Erscheinungen** sind wenig charakteristisch. Die Tiere verweigern wenige Tage nach Ausbruch der Krankheit die Futteraufnahme, sitzen mit gesträubtem, glanzlosem Haarkleide, trübem Blick und herabhängenden Ohren zusammengedrückt in einer Ecke des Stalles, zeigen geringe Temperaturerhöhungen und verenden schon nach wenigen Tagen. Nach Ribbert wird bei trächtigen Tieren Abortus beobachtet. Die Sterblichkeitsziffer ist eine ziemlich hohe.

Pathologische Anatomie. Bei den an der Krankheit verendeten Tieren finden sich in der Bauchhöhle, seltener in der Brusthöhle geringe Mengen einer rötlichgelben, klaren, bisweilen auch trüben, mit Fibrinflocken vermischten Flüssigkeit. Bauchfell und Darmschlingen sind regelmässig mit Fibrinfäden und Fetzen, die sich leicht abziehen lassen, bedeckt. Bisweilen besitzen die Fibrinbeläge grössere Ausdehnung, sodass die Darmschlingen mehr oder weniger feste Verklebungen zeigen. Bemerkenswert sind vor allem die Veränderungen der Darmschleimhaut, im besonderen der unteren Dünndarmabschnitte. Sie bestehen in der Hauptsache in fleckiger Rötung und einem gelblichgrauen, pseudomembranösen, mit Rissen versehenen, schwer abhebbaren Belag, der dem Darmrohr eine gewisse Starrheit verleiht. Ausserdem enthält die Dünndarmschleimhaut kleine, grauweisse, trübe Knötchen, die über die Oberfläche hervorragen und scharf gegen die Umgebung abgesetzt sind. Durch Zusammenfliessen benachbarter Knötchen können auch grössere Herde zustande kommen. Die Veränderungen an den genannten Darmabschnitten besitzen bisweilen grosse Ähnlichkeit mit denjenigen bei der Schweinepest sowie mit diphtherischen Prozessen beim Menschen. In den übrigen Teilen des Magen- und Darmkanals können in der Regel auffallende Veränderungen nicht festgestellt werden, abgesehen vom Mesenterium, in dem bisweilen die Lymphgefässe in den Prozess einbezogen werden können. Mitunter erkrankt auch der Dickdarm (Ribbert).

Die Milz ist in der Regel stark vergrössert und enthält multiple mohn-, hanfkorngrosse, trübe, grauweisse, hellgraue, zum Teil konfluierende Knötchen, die über die Oberfläche des Organs hervorragen und ihm ein höckeriges Aussehen verleihen. Auf der Schnittfläche handelt es sich um scharf gegen die Umgebung abgesetzte, zum Teil zusammenfliessende Herde mit trockenem, weisslichgrauem Inhalt.

Dieselben herdförmigen Veränderungen finden sich ebenfalls multipel in der Leber und in den Nieren; in der ersteren häufig im Zentrum der Läppchen, in der letzteren hauptsächlich in der Nierenrinde, ausserdem ganz besonders ausgeprägt in den stark vergrösserten, mesenterialen Lymphknoten. Die übrigen Organe, im besonderen diejenigen der Brusthöhle, weisen nennenswerte Veränderungen nicht auf. Nach Ribbert werden solche ebenfalls in Form von Knötchen noch am ehesten bei experimenteller trachealer Infektion beobachtet.

Histologisch handelt es sich bei den beschriebenen Herdchen um unregelmässige Rundzelleninfiltrate, deren Zellen ausgesprochene Zerfallserscheinungen sowohl in Form der Karyolysis als auch der Karyorhexis aufweisen und die ihre Färbbarkeit im allgemeinen fast völlig eingebüsst haben. Sie stellen demnach ausgesprochene Nekroseherde dar. Die in der Nachbarschaft der Nekroseherde gelegenen Zellen zeigen nach Ribbert ebenfalls degenerative Veränderungen. Nach den Angaben von Ribbert sind die Erreger in Schnittpräparaten besonders schön darstellbar.

Histologische Schnitte durch die veränderten Darmteile lassen im Bereiche der Serosa und Muskularis Veränderungen nicht erkennen. Dagegen ist die Submukosa, besonders in ihren oberen Schichten, stark mit Rundzellen durchsetzt, die bisweilen häufchenförmig beisammen liegen. Die der Schleimhaut aufliegende Pseudomembran geht ohne scharfe Grenze in diese über; ihre obersten Schichten zeigen ebenfalls hochgradigen nekrotischen Kernzerfall. Auch in der Darmwand, sogar in den Lymphgefässen der Serosa, lassen sich nach Ribbert die Erreger in grossen Massen im Schnittpräparat nachweisen.

Diagnose. Da diphtheroide Darmentzündungen auch im Zusammenhange mit anderen Krankheiten auftreten können, so muss die Diagnose der hier vorliegenden Krankheit durch den Nachweis der spezifischen Bakterien sowie der Nekroseherde in Milz, Leber, Nieren und Lymphknoten gesichert werden.

Schrifttum.

Ribbert, Dtsch. med. Wochenschr. 1887. Nr. 8. S. 141. — *Roth*, Zeitschr. f. Hyg. u. Infektionskrankh. Bd. 4. S. 151. 1888. — *v. Sarnowski*, Inaug.-Diss. Hannover 1919.

Nekrobazillose.

Syn. Streptotrichose. Schmorlsche Krankheit.

Die Nekrobazillose ist eine meist enzootisch auftretende, äusserst kontagiöse und sehr bösartige Krankheit. Sie ist gekennzeichnet durch das Auftreten einer fortschreitenden Nekrose der Mundschleimhaut und der Kieferknochen, der Schleimhaut der Backen, der Zunge, der äusseren Haut im Bereiche des Kehlgangs, des Halses, der Vorderbrust, seltener der Lungen und anderer Organe. Die Krankheit besitzt ursächlich und pathologisch-anatomisch weitestgehende Ähnlichkeit mit der von Löffler 1884 zuerst näher erforschten Kälberdiphtherie.

Geschichtliches. Im Jahre 1891 wurde von Schmorl bei einer mörderischen, in der Hauptsache durch eine an der Lippe beginnende und von da aus rasch sich ausbreitende Nekrose des subkutanen Gewebes gekennzeichnete Infektionskrankheit als Erreger ein Fadenbakterium ermittelt, das er der Klasse der Leptothricheen oder Cladothricheen zuzählte und mit der Bezeichnung Streptothrix cuniculi belegte. Bereits im Jahre 1884 hatte Löffler als Erreger der Kälberdiphtherie ein ähnliches fadenförmiges Bakterium (Bacillus diphtheriae vitulor.) beschrieben, das er auch bei Kaninchen auftreten sah, denen er syphilitisches Material in das Auge eingeimpft hatte. Spätere umfassende Untersuchungen von Bang, Jensen, Ernst u. a. haben dann einwandfrei ergeben, dass sowohl der Löfflersche Kälberdiphtheriebazillus als auch Streptothrix cuniculi als dem Nekrosebazillus gleich anzusehen sind, der ausserordentlich weit verbreitet ist und dem in der Tierpathologie für eine Reihe von Prozessen eine bedeutende Rolle zukommt. Um die Erforschung der morphologischen und biologischen Eigenschaften des Nekrosebazillus haben sich besonders Schmorl, Bang, Jensen, Kitt, Ernst, Sames, Basset, Césari u. a. verdient gemacht. Weitere Beiträge zur Kenntnis der Nekrobazillose beim Kaninchen lieferten Bongert, Sustmann u. a.

Von Beattie wurde eine mit der Nekrobazillose durchaus übereinstimmende Krankheit bei Kaninchen beschrieben, die durch ein aërob wachsendes, bewegliches, sonst aber in vielen seiner morphologischen Merkmale mit dem Nekrosebazillus übereinstimmendes Bakterium hervorgerufen worden war. Hülphers berichtet ebenfalls über Lebernekrosen beim Kaninchen, als deren Erreger gramfeste, bewegliche, aërobe, vom Nekrosebazillus unterschiedliche Bakterien ermittelt wurden.

Vorkommen. Die Krankheit besitzt keine weite Verbreitung. Wenn sie jedoch einmal in einem Bestande zum Ausbruch gekommen ist, nimmt sie meist enzootischen Charakter und einen ausserordentlichen bösartigen Verlauf an.

Im übrigen ist aber der Nekrosebazillus unter den Haustieren sehr verbreitet. Nach den Untersuchungen von Bang, Jensen ist sogar damit zu rechnen, dass er als regelmässiger Bewohner des Darmkanals bei Tieren auftritt und durch den Kot verbreitet wird. Ausser beim Kaninchen wird er beim Kalb als Erreger der Kälberdiphtherie, die mit der Nekrosebazillose des Kaninchens in allen Teilen übereinstimmt, beobachtet und weiterhin kommt ihm noch eine primäre oder sekundäre Rolle bei einer ganzen Reihe von Krankheitsprozessen unter unseren Haustieren zu. Auch beim Wilde kommt er vor (Olt).

Ätiologie. Der Nekrosebazillus (Streptothrix cuniculi, Streptothrix necrophora, Actinomyces cuniculi, Actinomyces necrophorus, Bac. necrophorus u. a.) gehört zu den Fadenbakterien; er besitzt die ausgesprochene Neigung zu Fäden auszuwachsen.

In älteren Herden findet man ihn zum Teil in Form von dünnen, kurzen Stäbchen, die sich ausserordentlich schwer färben lassen. In frischeren Fällen lässt er dagegen längere, gestreckt oder wellig verlaufende Fäden erkennen, die nicht selten eine Länge bis zu 80 und 100 μ erreichen. Die Dicke der Stäbchen beträgt etwa 0,6—1,75 μ. Schmorl hat ausserdem noch mikrokokkenähnliche Formen angetroffen; es ist aber fraglich, ob es sich bei diesen wirklich um Entwicklungsstadien des Nekrosebazillus gehandelt hat. Nach Schmorls und Ernsts Untersuchungen sollen die längeren Fäden an einem Ende eine Verdickung aufweisen und echte Verzweigungen besitzen (Involutionsformen?). Diese Beobachtungen sind von Jensen nicht bestätigt worden. Sowohl die aus Ausgangsmaterial als auch aus Kulturen stammenden Bazillen und Fäden lassen in ungefärbtem und gefärbtem Zustande bald ein homogenes Aussehen in ihrem Innern erkennen, bald zeigen sie in regelmässigen Abständen kokkenähnliche oder zylindrische, sporoide Gebilde und Lücken zwischen den einzelnen Stäbchen. Auch Stäbchen mit feiner Granulierung und körnigem Protoplasma werden beobachtet.

Gewöhnliche wässerige Farblösungen nimmt der Nekrosebazillus nur schwach und ungleichmässig auf. Dagegen färbt er sich sehr gut mit Löfflers Methylenblau, Karbolfuchsin und Karbolthionin. Der Gramfärbung gegenüber verhält er sich negativ. Besonders schön lassen sich die Bazillen auch in Gewebeschnitten darstellen, in denen sie eine charakteristische Lagerung aufweisen (s. Histologie). Eine spezielle Färbung im Schnitt hat Jensen angegeben: Die Gewebsstücke werden in Müllerscher Flüssigkeit gehärtet (nach Ernst genügt auch 4%ige Formalinlösung), ausgewaschen und in Alkohol nachgehärtet. Die Schnitte werden einige Minuten in Toluidin-Safranin gefärbt und dann entwässert durch eine konzentrierte, alkoholische Safraninlösung, entfärbt in Fluoreszin-Nelkenöl; weiterhin werden sie in Nelkenöl, Alkohol und zur Gegenfärbung in wässerige Methylgrünlösung gebracht, durch Alkohol und Xylol gezogen und mit Balsam eingedeckt. Die Nekrosebazillen färben sich bei dieser Färbemethode scharf rot, während das übrige Gewebe grüne Farbe annimmt. Die Färbung soll spezifisch sein.

Was die Beweglichkeit anbetrifft, so will Schmorl bei kürzeren Stäbchen Eigenbewegung gesehen haben. Die übrigen Untersucher halten aber eine solche nicht für erwiesen. Es sind auch Geissel- und Sporenbildung bis jetzt nicht festgestellt worden.

Züchtung. Der Nekrosebazillus ist ein obligater Anaerobier; er gedeiht nur bei einer Temperatur von 36—40° C. Gewöhnliche Nährböden (Bouillon, Agar, Gelatine) sind seinem Wachstum nicht zuträglich. Dagegen findet er günstige Wachstumsbedingungen auf erstarrtem Blutserum oder auf einem Gemisch, das mit Serum und den gewöhnlichen Nährböden hergestellt wird (Schmorl, Bang, Stribolt). Auf den von Schmorl nach Blüchers Methode hergestellten Blutserumagarplatten gingen bereits nach 48 Stunden kleine, runde, mattweisse, mit dem blossen Auge eben noch sichtbare Kolonien auf, an denen strahlenförmig angeordnete Ausläufer und eine Zusammensetzung aus faserigen, filzigen Massen zu erkennen war. In hochgeschichtetem Serumagar beobachtet man nach 2—3 Tagen bei Zimmertemperatur kleine buschige Kolonien, die allmählich einen Durchschnitt von 2—3 mm annehmen und bei schwacher Vergrösserung ein völlig verfilztes und faseriges Äusseres zeigen. In Stichkulturen entsteht in der Tiefe ein grauweisser Impffaden, der sich aus kleinen Kolonien zusammensetzt, von deren Oberfläche feinste, stachelförmig angeordnete Ausläufer in den Nährboden hineinwachsen. In den Kulturen, denen ein an Käse oder Leim erinnernder Geruch anhaftet, kommt es zur Entwicklung von Gasbläschen. In Bouillon mit Serumzusatz entsteht ein flockiger Bodensatz, während dagegen die überstehende Flüssigkeit klar bleibt. Nach Schmorls Beschreibungen werden auch Trübungen beobachtet, die er als eine Koagulation von Eiweissstoffen zu deuten geneigt ist. Der Bazillus gedeiht weiterhin in Milch (unter Gerinnung), im Harn, in Martin-Bouillon und in eiweisshaltigen Substraten, in denen er stark stinkende Gase entwickelt, über deren Zusammensetzung Näheres nicht bekannt ist. Der Bazillus bildet in den Kulturen Indol, aber keinen Schwefelwasserstoff.

Über das Auftreten von Toxinen fehlen bis jetzt sichere Tatsachen. Nach den Angaben von Jensen ist es Bahr nicht gelungen, solche nachzuweisen. Dagegen scheinen nach den Untersuchungen von Christiansen (s. Jensen) nekroseerzeugende Endotoxine vorzukommen. Césari will ein Toxin ermittelt haben, das nach subkutaner Einspritzung lediglich lokale Veränderungen, nach intravenöser und intraperitonealer Einverleibung allgemeine Erscheinungen und den Tod hervorruft. Dem Nekrosebazillus kommt eine erhebliche Widerstandsfähigkeit zu. Kurze Erhitzung auf 95°C. vermag ihn nicht mit Sicherheit abzutöten; in eingetrocknetem Zustand soll er sich über 18 Wochen lebend und virulent erhalten können.

Die **natürliche Ansteckung** kommt mit grosser Wahrscheinlichkeit durch Aufnahme des im Futter enthaltenen Ansteckungsstoffes per os zustande, wobei Schleimhautverletzungen, oberflächliche Abschürfungen, wie sie durch harte Futterteile leicht entstehen, die Eintrittspforte für die Nekrosebazillen darstellen. Möglicherweise spielt auch der Zahnwechsel für das Zustandekommen der Infektion eine Rolle. Die Beobachtungen von Bongert zeigen indessen, dass eine Ansteckung auch ohne das Vorhandensein von Wunden im Bereiche des Mundes zustande kommen kann. Er sah in einem gesunden Kaninchenbestande die Nekrobazillose auftreten, nachdem der Wärter, der vorher mit Material von multipler Lebernekrose beim Rinde zu tun hatte, den Tieren Futter vorgelegt hatte, ohne seine Hände zu desinfizieren. Es kommt demnach eine Verschleppung der Krankheit auch durch Zwischenträger und mit von anderen Tieren stammendem Material in Betracht. Eine unmittelbare Übertragung von Tier zu Tier wird dagegen von Schmorl auf Grund von Laboratoriumsversuchen in Abrede gestellt.

Künstliche Übertragung. Es gelingt ausserordentlich leicht, Kaninchen und weisse Mäuse durch subkutane, intramuskuläre, intravenöse und intraperitoneale Einverleibung von Nekrosebazillen tödlich zu infizieren. Beim Kaninchen entwickelt sich im Anschluss an die subkutane Impfung eine fortschreitende Gewebsnekrose, die — ebenso wie die übrigen Veränderungen — mit denjenigen bei der spontanen Krankheit vollkommen übereinstimmt und in 8—14, nach Basset in 15—20 Tagen, zum Tode führt. Bei Verimpfung unter die Ohrmuschelhaut soll nach Basset eine Pleuropneumonie entstehen können. Während die kutane Impfung versagt, gelingt es nach Schmorl auch durch Fütterung (infiziertes Heu) eine Infektion zu erzielen. Meerschweinchen sind verhältnismässig wenig empfänglich (Schmorl und zahlreiche andere). Nach Césari siedeln sich bei diesem Tier die Bazillen nach intravenöser bzw. intraperitonealer Einverleibung fast nur in der Leber an und verursachen dort nur mässige Veränderungen.

Hühner, Tauben, Ratten und Katzen verhalten sich im allgemeinen refraktär. Auch Schweine, Schafe und Rinder reagieren meist nur mit lokalen Veränderungen.

Für den Menschen kommen dem Bazillus nach Schmorl pathogene Eigenschaften nicht zu.

Symptome. Zu Beginn der Erkrankung werden Störungen des Allgemeinbefindens nicht wahrgenommen. An der Unterlippe und auch an den Backen ist jedoch bald dunkelrote Verfärbung und eine ziemlich beträchtliche schmerzhafte Anschwellung feststellbar, die sich in wenigen Tagen auch auf die untere Fläche des Mundbodens und den vorderen Teil des Halses ausdehnt und bis zum Brusteingang fortschreitet. Vom 5. Tag an treten auch Störungen allgemeiner Art hervor, in Form von herabgesetzter Fresslust, wahrscheinlich infolge Unvermögens zu kauen oder abzuschlucken, von Mattigkeit und ausserordentlich trägem Benehmen, von Speichelfluss und wässerigem Ausfluss aus der Nase. Seltener werden Anschwellungen auch an anderen Körperstellen (Panophthalmie sowie Durchfall) beobachtet. Gegen Ende der Krankheit ist die Atmung beschleunigt und oberflächlich, die Temperatur um 1—1,5° C erhöht und schliesslich verenden die Tiere nach einer Krankheitsdauer von 12—16 Tagen unter dyspnoischen Erscheinungen und hochgradiger Abmagerung.

Pathologische Anatomie. Die Veränderungen beschränken sich in der Hauptsache auf die Mundschleimhaut, die Kieferknochen und auf die Haut des Halses und bestehen im wesentlichen in einer schweren Nekrose, von der zum Teil auch die Muskulatur des Halses in Mitleidenschaft gezogen wird. Die Unterlippe ist in eine gelbweisse, derbe, speckigglänzende Masse verwandelt, die stellenweise bis an den Knochen heranreicht. In gleicher Weise ist das subkutane Gewebe des Mundbodens sowie im Bereiche des Halses verändert. Die Halslymphknoten sind stark geschwollen, graurot verfärbt; sie lassen auf der Schnittfläche nicht selten kleinere, käsige Einlagerungen erkennen. Von dem nekrotisierenden Prozess am Halse werden auch die Gefässe, im besonderen die Venen betroffen. Man beobachtet eine ausgesprochene Thrombophlebitis und im Anschluss daran in den Lungen auf embolischem Wege nekrotisierende Prozesse, die zum Teil mit Pneumonie, Pleuritis und Perikarditis vergesellschaftet sind und in der Mehrzahl der Fälle die unmittelbare Todesursache darstellen.

In seltenen Fällen sind nach Schmorl käsige Knötchen auch in der Muskulatur des Gesichtes, des Auges, ja sogar durch Fortschreiten des Prozesses auf den N. opticus und auf die Gehirnbasis eine Basilarmeningitis nachweisbar. Selten werden auch durch Nekrosebazillen hervorgerufene subkutane Abszesse mit käsigem und schmierigem Inhalt beobachtet (Schmorl, Leclainche und Vallée). Schmorl beschreibt einen Fall, bei dem ein solcher Abszess in die Bauchhöhle durchgebrochen war und dort zu schweren Veränderungen am Darm und an anderen Organen geführt hatte. Im allgemeinen werden jedoch Veränderungen in der Bauchhöhle vermisst. Im besonderen bietet die Milz ein völlig normales Aussehen. Sustmann berichtet dagegen über schwere, durch den Nekrosebazillus verursachte Veränderungen des Dünndarms beim Kaninchen, bei gleichzeitigem Vorhandensein von linsengrossen, weisslichen Herden in Milz und Nieren.

In histologischen Schnitten ist als besonders charakteristisch die eigentümliche Lagerung der Nekrosebazillen an der Grenze zwischen lebendem und nekrotischem Gewebe hervorzuheben. Dort werden sie in grossen Mengen und in dicken, radiär angeordneten Büscheln angetroffen, die ihre Fäden senkrecht in das gesunde Gewebe hineinsenden. Dieses versucht, sich durch einen dichten Leukozytenwall gegen das weitere Vordringen der Nekrosebazillen zu schützen. Diese Anordnungsweise zeigt, dass die Bazillen die Gewebe durchwachsen und durch ihre Toxine abtöten. Innerhalb der nekrotischen Herde gehen auch die Bazillen selbst zugrunde. Im Zentrum von nekrotischen Herden sind höchstens noch vereinzelte kurze Formen des Nekrosebazillus und Zelltrümmer erkennbar (Bang).

Die **Diagnose** der Krankheit stösst auf keine Schwierigkeiten. Es verdient jedoch darauf hingewiesen zu werden, dass die Bazillen im Blut nicht nachweisbar sind.

Zur Verhütung der Weiterverbreitung der Krankheit empfiehlt es sich, die gesunden Tiere von den kranken abzusondern und eine gründliche Desinfektion der Stallungen und Käfige vorzunehmen.

Immunitätsverhältnisse: Beobachtungen über eine natürlich erworbene Immunität liegen in der Literatur nicht vor.

Nach den Untersuchungen von Bahr (s. Jensen) gelingt es durch geeignete Vorbehandlung von Ziegen (intravenöse und subkutane Einspritzungen mit Reinkulturen) und Meerschweinchen (intraperitoneale Einspritzung von Kulturen) ein Serum mit schützenden Eigenschaften zu gewinnen. Auch Basset hat durch fortgesetzte Impfungen an einem Pferde ein Serum hergestellt, das die Nekrosebazillen zu agglutinieren und Meerschweinchen nach subkutaner oder intraperitonealer Einverleibung einen sicheren Schutz gegenüber einer tödlichen Gabe zu verleihen imstande ist. Versuche, ein Immunserum von Kaninchen zu gewinnen, schlugen fehl.

Schrifttum.

Bang, Maanedskr. f. dyrlaeger. Vol. 2. 1890. Vol. 4. 1892. — *Basset*, Recueil de méd. vét. 1908. S. 345. Zentralbl. f. Bakteriol., Parasitenk. u. Infektionskrankh. Abt. I. Ref. Bd. 43. S. 739. 1909. — *Beattie*, Journ. of pathol. a. bacteriol. Vol. 18. p. 34. — *Bongert*, Bakteriologische Diagnostik. 5. Aufl. Berlin: Schoetz 1919. — *Césari*, Ann. de l'inst. Pasteur. Tome 26. p. 802. 1912. Zentralbl. f. Bakteriol., Parasitenk. u. Infektionskrankh., Abt. I. Ref. Bd. 56. S. 698. 1913. — *Ernst*, Monatsh. f. Tierheilkunde. Bd. 14. S. 193. 1901. — *Franke*, Berl. tierärztl. Wochenschr. 1899. S. 299. — *Hülphers*, Ref. Ellenberger-Schütz' Jahresber. Jg. 31. S. 146. 1912. — *Jensen*, Ergebn. d. allg. Pathol. u. pathol. Anat. Bd. 1. Abt. 1. 1897; in Kolle-Wassermanns Handbuch der pathogenen Mikroorganismen. Bd. 6. 1913. — *Kitt*, Bakterienkunde und pathologische Mikroskopie. Wien 1908. — *Löffler*, Mitt. a. d. kaiserl. Gesundheitsamt. Bd. 2. 1884. — *Olt*, Die Wildkrankheiten und ihre Bekämpfung. Neudamm 1914. — *Schmorl*, Dtsch. Zeitschr. f. Tiermed. Bd. 17. S. 375. 1891. — *Sustmann*, Münch. tierärztl. Wochenschr. 1916. S. 121.

Kaninchen-Spirochätose. Spirochaetosis cuniculi.

Syn. Venerische Kaninchenspirochätose, Genitalspirochätose, Lues cuniculi, Paralues, Pseudosyphilis, Kaninchen-Treponemose, Hasenvenerie, Hasensyphilis, rabbit natural syphilis.

Als Kaninchenspirochätose wird eine bei Kaninchen spontan vorkommende, infektiöse und chronisch verlaufende Geschlechtskrankheit bezeichnet, die durch eine feine zarte Spirochäte hervorgerufen wird und durch entzündliche, ulzerierende Veränderungen am Geschlechtsapparat charakterisiert ist. Im zweiten Stadium der Krankheit werden ulzerierende und papulöse Veränderungen auch an anderen Körperstellen, so besonders im Bereiche des Kopfes und Angesichts beobachtet.

Geschichtliches. Das Vorkommen der Syphilis bei Feldhasen ist ein alter Jägerglaube, der sich weit in das vergangene Jahrhundert hinein verfolgen lässt. Allerdings sind die früheren, unter dem Namen Hasenvenerie oder Hasensyphilis erschienenen Veröffentlichungen nicht einheitlicher Natur. Aus ihrem Studium gewinnt man vielmehr den Eindruck, dass Krankheiten bakteriellen Ursprungs, so die Pseudotuberkulose und Nekrobazillose als Kaninchensyphilis angesehen wurden. In diesem Sinne müssen auch die Beschreibungen in den bekannten Lehrbüchern sowie die von Bollinger 1874 und von Maier 1903 beschriebene Seuche der Feldhasen, die durch eine starke Vergrösserung der Hoden und durch ulzerative Prozesse im Gebiete der Haut des Genitalapparates gekennzeichnet war, gedeutet werden.

Erst im Jahre 1912 berichtet Ross über Spirochätenbefunde im Blut von spontan erkrankten Kaninchen, die sowohl an den Genitalien als auch an Mund und After Geschwürsbildungen zeigten. Diese Beobachtungen sind in den folgenden Jahren von Bayon, Arzt, Arzt und Kerl, Schereschewski und Worms, Jakobsthal, Klarenbeek, Neumann, Levaditi und Mitarbeitern, Noguchi, Lersey und Kuczynski, Kolle, Ruppert und Möbus, Adachi, Warthin, Scott, Buffington und Wanstrom, Sustmann und anderen bestätigt worden, wobei diese Forscher es allerdings unentschieden lassen, ob die gefundene Spirochäte als gleich mit der Spirochaeta pallida des Menschen anzusehen sei, oder ob es sich um eine von dieser verschiedene Spirochätenart handele. Kolle, Ruppert und Möbus will es an Hand eines umfangreichen Materials gelungen sein, auf experimentellem Wege den sicheren Beweis dafür zu erbringen, dass es sich bei dem Erreger der spontanen Kaninchenspirochätose um eine von der Spirochaeta pallida verschiedene Spirochätenart handelt. Diese Autoren haben ausserdem nachweisen können, dass die klinischen Erscheinungen, die Primäraffekte sowie der Verlauf der beiden Krankheiten Verschiedenheiten aufweisen.

Vorkommen und Verbreitung. Die spontane Kaninchenspirochätose ist nach den bis jetzt vorliegenden Mitteilungen in Deutschland, England, Holland, Frankreich, Rumänien, Russland sowie in den Vereinigten Staaten und in Japan verbreitet. In Deutschland wurde sie in Wien, Innsbruck, Frankfurt a. M., Berlin, Hamburg, Blindham, München, Dresden, Leipzig, Marburg, Breslau festgetellt. Es darf mit Sicherheit angenommen werden, dass sie auch sonst eine weite Verbreitung erlangt hat. Dies geht bereits daraus hervor, dass beispielsweise Arzt und Kerl von 853 untersuchten Kaninchen in der Umgebung Wiens allein $26,9^0/_0$, Lersey und Kuczynski auf einer Grossfarm bei Berlin von 450 Zuchttieren $90^0/_0$ als infiziert feststellen konnten, und dass Kolle, Ruppert und Möbus von einer auffallenden Verbreitung der Seuche in der Umgebung Frankfurts sprechen. Auch Uhlenhuth fand die Krankheit in $30^0/_0$ aller angekauften und aus eigener Zucht stammenden Tiere verbreitet. Nach den Angaben von Seitz, Klarenbeek und Worms dürften aber diese Zahlen im allgemeinen wesentlich niedriger liegen. Dem Laien und Kaninchenzüchter ist die Krankheit unter dem Namen „Überhitzung" geläufig, worunter eine durch zu häufige Ausübung des Geschlechtsaktes hervorgerufene Entzündung des Genitalapparates verstanden sein soll.

Ätiologie. Der Erreger der Kaninchenspirochätose ist eine sehr feine und zarte Spirochäte, die hauptsächlich in den Veränderungen des Genitalapparates, aber auch in den im 2. Stadium der Krankheit auftretenden Papeln und Geschwüren an Augen, Nase und After, nach Ruppert sogar in ulzerierenden Prozessen am Nasenseptum und an den Nasenwänden gefunden wird. Die Spirochaeta cuniculi ist eine der Spirochaeta pallida sehr nahestehende Spirochäte von im Mittel etwa 8—$13\,\mu$ Länge. Auf Grund von Messungen an 1000 Spirochaeta cuniculi-Exemplaren kommen Warthin und Mitarbeiter zu folgenden Zahlen: Länge 10—$12\,\mu$, Windungszahl 8—9, Windungslänge $1,0$—$1,2\,\mu$, Windungstiefe $0,6$—$0,8\,\mu$, Breite $0,2\,\mu$, Längenvariation von 6—$21\,\mu$, Windungsvariation von 6—17. Nach Ruppert ist der einzellige Organismus stark flexibel; er bewegt sich ausser in schrauben- und korkzieherartigen Windungen auch durch weit ausholende peitschende Bewegungen, wobei die enggewundene Spirale fast unverändert bleibt. Ob ein Periplast vorhanden ist, hat bis jetzt nicht entschieden werden können. Querteilungen sind von Bayon, Kolle, Ruppert und Möbus sowie von M. Zuelzer beobachtet worden. Im Dunkelfeld ist nach der

übereinstimmenden Ansicht der Untersucher eine Unterscheidung der
Spirochaeta cuniculi von der Spirochaeta pallida nicht möglich. Dagegen
sollen nach Kolle, Ruppert und Möbus bei der von Becker angegebenen Methode der Spirochätenfärbung einige Unterschiede sich nachweisen lassen, die aber ebenso, wie die von Warthin, Scott, Buffington und Wanstrom (bei der Warthin-Starry-Silbermethode) angegebenen sowie von Seitz u. a. beobachteten, nicht so ständig sind,
dass sie eine sichere Unterscheidung ermöglichen. Die von der Mehrzahl
der Autoren erhobenen morphologischen und färberischen Befunde
lassen im grossen und ganzen ein übereinstimmendes Verhalten der
Spirochaeta cuniculi mit der Spirochaeta pallida erkennen. Die in färberischer Hinsicht festgestellten Unterschiede sind geringgradig und zum

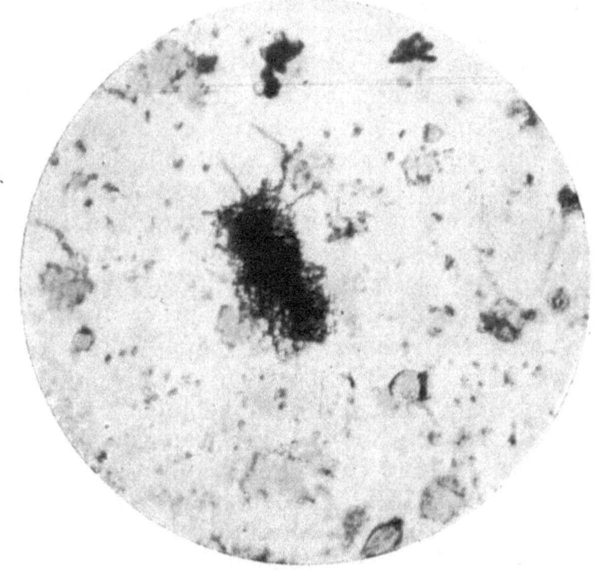

Abb. 12. Spirochätose. Spirochätenknäuel aus Material von Kaninchenspirochätose.
(Nach Jahnel, München.)

Teil sich widersprechend. Zweckmässige Färbemethoden für die Spirochäten sind: Das Tuscheverfahren von Burri, die Fontanasche Ver-
silberungsmethode, die Giemsafärbung und die von Becker angegebene Methode. Bisweilen gelingt es sogar, die Spirochäten in Ausstrichen von infektiösem Material mit gewöhnlichem Karbolfuchsin in
charakteristischer Weise sichtbar zu machen. Dies trifft besonders für
Ausstriche zu, die aus der zwischen Vorhaut und Penis sezernierten
Flüssigkeit hergestellt werden. Für Färbungen in Schnittpräparaten
wird die von Jahnel angegebene Methode mit Pyridin, Urannitrat und
Silbernitrat empfohlen (s. Abb. 12).

Züchtung. Die von einer Reihe von Forschern angestellten Versuche zum Zwecke
der Züchtung der Spirochaeta cuniculi haben zu einem negativen Ergebnis geführt (Jakobsthal, Schereschewski und Worms, Noguchi, Worms). Seitz will es gelungen
sein, eine starke Anreicherung und eine Übertragung und Vermehrung in gallertigem

Pferdeserum in der zweiten Generation bei aërober und anaërober Bebrütung mit einem Zusatz wachstumsfördernder Keime erzielt zu haben.

Natürliche Infektion. Wie von verschiedenen Untersuchern (Schereschewski, Lersey, Dosquet und Kuczynski, Klarenbeek, Worms, Adachi, Klauder, Noguchi, Levaditi, Marie und Isaicu, Warthin und Mitarbeitern, Seitz, Mulzer, Worms u. a.) einwandfrei nachgewiesen werden konnte, erfolgt die natürliche Ansteckung in der Hauptsache durch den Begattungsakt, und zwar mit einer in weiten Grenzen schwankenden Inkubationsfrist. Da die Spirochäten in den infizierten Geschlechtsteilen monatelang lebensfähig bleiben, bilden einmal infizierte Tiere eine ständige Infektionsgefahr für ihre Umgebung. Ein infizierter Kaninchenbock kann alle von ihm gedeckten Weibchen anstecken, und umgekehrt ein Weibchen alle Böcke, die mit ihm in geschlechtliche Berührung kommen. Bei dieser natürlichen Infektionsmethode kann nach den Beobachtungen von Worms durch die Zahl der Passagen die Virulenz einzelner Stämme so gesteigert werden, dass zuweilen $100^0/_0$ der Tiere auf diese Weise erkranken. Dabei scheinen Schädigungen (entzündliche Prozesse und Verletzungen) an den Genitalien die Infektion zu begünstigen. Nach Klarenbeek darf jedoch der Koitus nicht als der alleinige Vermittler der Krankheitsübertragung angesehen werden, da nach seinen Beobachtungen noch nicht geschlechtsreife Tiere ebenfalls erkranken können. Ausserdem kann die Ansteckung auch bei Tieren und durch Tiere desselben Geschlechts erfolgen, vorausgesetzt, dass eine genügend lange Kohabitation stattgefunden hat. Auch die Beobachtungen Neumanns sprechen für die Möglichkeit einer extragenitalen Infektion. In demselben Sinne ist die von Worms beobachtete Übertragung einer Lippenaffektion von einer kranken Häsin auf einen gesunden Bock, die in getrennten, nebeneinander stehenden Käfigen untergebracht waren, zu deuten. Weiterhin hat Worms auch durch Verbringen von durchaus gesunden Kaninchen in Käfige, die kurz zuvor mit kranken Tieren besetzt waren, eine Infektion erzielen können. Endlich muss aus den histologischen Untersuchungen von Levaditi, Marie und Isaicu geschlossen werden, dass durch das Freiwerden der Cuniculi-Spirochäten aus den Haarfollikeln der erkrankten Körperstellen, zu Neuinfektionen auf demselben Wege Gelegenheit gegeben ist.

Die Krankheit ist nicht selten auch latent vorhanden und es bedarf nur bestimmter äusserer Anlässe (Traumen, Skarifikation), um sie zum Ausbruch kommen zu lassen (Klarenbeek, Warthin und Mitarbeiter, Levaditi und Mitarbeiter).

Während Lersey und Kuczynski, Uhlenhuth sowie Sustmann der Ansicht sind, dass die bei der Kaninchenspirochätose entstehenden Veränderungen an den Genitalien die Kopulation in der Weise beeinflussen können, dass die Zucht dadurch nicht unerheblich geschädigt würde, haben Klarenbeek, Worms, Chodziesner, Levaditi, Seitz u. a. festgestellt, dass die Genitalveränderungen weder auf die Paarung, noch auf die Fruchtbarkeit (Sterilität, Verwerfen) der männlichen und weiblichen Tiere von nachteiligem Einfluss seien. Selbst schwer und chronisch erkrankte Muttertiere mit ebenfalls erkrankten Rammlern gepaart, können nach Klarenbeek völlig gesunde Junge werfen, die aber später sowohl spontan, als auch künstlich infiziert werden können. Die Jungen infizierter Elterntiere sind spontanen und künstlichen Infektionen gegenüber nicht immun. Ebensowenig verleiht das Überstehen der Krankheit eine Immunität, denn von selbst genesene Tiere, bei denen längere Zeit Spirochäten nicht mehr nachgewiesen werden können, lassen sich spontan oder künstlich von neuem anstecken.

Künstliche Infektion. Auch bei der künstlichen Infektion ist die Inkubation je nach Impfmodus und Impfort weiten Schwankungen unterworfen. Inkubationsfristen von 2—4—5 Wochen werden angegeben von Bayon, Arzt und Kerl, Jacobsthal, Schereschewski und Worms, Klarenbeek, Warthin und Mitarbeitern, Adachi, Danilo und Stroe, Seitz. Die kürzeste Inkubationsfrist wird beobachtet bei Skarifikationsimpfung in der Perinealgegend. In der Literatur ist von Fällen berichtet, in denen die Krankheit ausnahmsweise schon nach 5 und 11 Tagen zum Ausbruch kam. Nach Impfung der Rückenhaut können zwei Monate, nach Impfung in das obere Augenlid 5 bis 8 Wochen bis zum Ausbruch der ersten Krankheitserscheinungen vergehen. Kolle, Ruppert und Möbus sowie Noguchi berichten über noch längere Inkubationsfristen (20—72 Tage, 20—80 Tage, 61—123 Tage). Nach den Untersuchungen von Warthin und Mitarbeitern sieht man auch durch einfache Einimpfung des infektiösen Materials ohne Skarifikation eine wesentliche Verlängerung der Inkubationszeit eintreten.

Künstlich kann die Spirochätose in verschiedener Form von Kaninchen zu Kaninchen übertragen werden. Eine solche Übertragung gelingt am leichtesten durch Einreibung von Spirochäten oder von spirochätenhaltigem Material in die Haut des Geschlechtsapparates, die zweckmässigerweise vorher leicht mit Glaspapier gereizt wird. So infizierte Tiere erkranken nach Ruppert in 82—100% aller Fälle nach einer Inkubationsfrist von 20—72 Tagen in typischer Weise.

Auch durch Einimpfung infektiöser Hautstückchen unter die Skrotalhaut von Kaninchenhoden (Klarenbeek, Schereschewski und Worms) (entsprechend der bei der Fortzüchtung der auf das Kaninchen übertragenen menschlichen Syphilis geübten Technik) sowie durch intratestikuläre Impfung, bisweilen sogar durch Einreiben von infektiösem Material in die skarifizierte Skrotalhaut gelingt die Übertragung. Diese Befunde stehen jedoch vereinzelt da. Bei dieser Art der Überimpfung können auch nach den Untersuchungen von Kolle, Ruppert und Möbus sowie denjenigen von Klarenbeek charakteristische Primäraffekte mit indurierten Rändern, wie solche an dieser Stelle nach Verimpfung von menschlichem Syphilismaterial entstehen, nicht erzeugt werden. Die Veränderungen bestehen vielmehr neben einer geringgradigen Infiltration der Skrotalhaut in einer leichten und feinen Schuppenbildung und schuppenförmiger Abblätterung der Epidermis des Skrotums. Im Anschluss daran können sich bisweilen kleine, mit Krusten bedeckte, unspezifisch aussehende Ulzera entwickeln.

Bei der intraskrotalen und intratestikulären Einverleibung der Spirochaeta cuniculi gelingt es ausserdem nicht, eine spezifische Orchitis hervorzurufen, wie dies bei Verimpfung von menschlichem Syphilismaterial der Fall ist (Jakobsthal, Noguchi, Uhlenhuth, Mulzer, Danila und Stroe, Adachi u. a.). Demnach hat es den Anschein, als ob die Spirochaeta cuniculi eine geringere Affinität zu Skrotalhaut und Hoden besitze, wie die Spirochaeta pallida hominis.

Weiterhin gelingt die Übertragung durch Einreiben spirochäten-haltigen Materials in die skarifizierte Rückenhaut und in die Haut der Augenbrauengegend sowie durch intrapalpebrale Injektionen mit infektiösem Material. Die dabei entstehenden entzündlichen Veränderungen, ulzerativen und krustösen Prozesse verlaufen ausgesprochen chronisch und erstrecken sich über eine Zeitdauer von mehreren Wochen. Spontane Abheilung ohne Narbenbildung wird beobachtet.

Die von Jacobsthal, Kolle, Ruppert und Möbus, Worms, Noguchi, Uhlenhuth u. a. angestellten Versuche, die Krankheit durch Skarifikationsimpfung der Kornea oder durch Impfung in die vordere Augenkammer auf Kaninchen zu übertragen, haben sämtliche zu einem negativen Ergebnis geführt. Nach Klarenbeek verursacht die intraokuläre Impfung (Einbringen kleiner, spirochätenhaltiger Gewebspartikelchen in die vordere Augenkammer) nach Heilung der akuten reaktiven Erscheinungen nach ungefähr 40 Tagen (maximal 90 Tagen) eine geringgradige Keratitis. Vielfach lassen sich im oberflächlichen Abschabsel der Kornea sowie der Conjunctiva scleralis Spirochäten nachweisen. Bisweilen bleibt nach intraokulärer Impfung die Impf-keratitis aus, und es entsteht nur eine konjunktivale Wucherung, in der ebenfalls Spirochäten nachgewiesen werden können. Die Impfkeratitis kann ausserdem von Geschwürsbildungen im Bereiche der Augenlider begleitet sein, ja, es kann sogar nach dieser Art der Einverleibung eine Generalisation der Krankheit auftreten. Im letzteren Falle können zahlreiche Ulzerationen im Bereiche der ganzen Haut, vornehmlich im Bereiche der Kopfhaut, in der Nasengegend, zwischen den Augen, an den Augenlidern und an der Ohrbasis beobachtet werden.

Intravenöse Injektionen mit Blut von lokal oder generalisiert erkrankten Tieren, ebenso wie solche mit Gewebsemulsionen von spezifischen, nachweislich zahlreiche Spirochäten enthaltenden, konjunktivalen Wucherungen bleiben nach Klarenbeek ohne Erfolg. In dem Blut und in den inneren Organen künstlich infizierter Kaninchen können nach Klarenbeek Spirochäten nicht nachgewiesen werden.

Übertragung auf den Menschen und auf andere Tiere. Die Versuche von Levaditi und Nicolau sowie von Danila und Stroe zeigen, dass die Spirochaeta cuniculi eine Pathogenität für den Menschen nicht besitzt. Über Spontanübertragungen von spirochätenkranken Kaninchen auf andere Tierarten ist bis jetzt in der Literatur nichts berichtet. Künstliche Übertragungen auf andere Tiere, so besonders auf Affen, sind dagegen im Zusammenhang mit der Identitätsfrage der Spirochaeta cuniculi mit der Spirochaeta pallida von mehreren Forschern versucht worden, bis jetzt ohne Erfolg. Der von Ross ange-führte Fall einer gelungenen Übertragung auf einen Affen kann als beweiskräftig ebenfalls nicht angesehen werden. Die weiteren, von Arzt und Kerl, Schereschewski, Klarenbeek, Noguchi, Levaditi und Mitarbeitern ausgeführten Übertragungsversuche auf Affen sind sämt-lich negativ verlaufen. Da sich Affen mit der Spirochaeta pallida erfolg-reich infizieren lassen (Uhlenhuth, Noguchi u. a.), ist die Nichtempfänglichkeit dieser Tiere gegenüber der Spirochaeta cuniculi differentialdiagnostisch bedeutungsvoll.

Desgleichen haben Übertragungsversuche auf Hunde, Katzen, Meerschweinchen, Ratten und weisse Mäuse (durch Einreiben

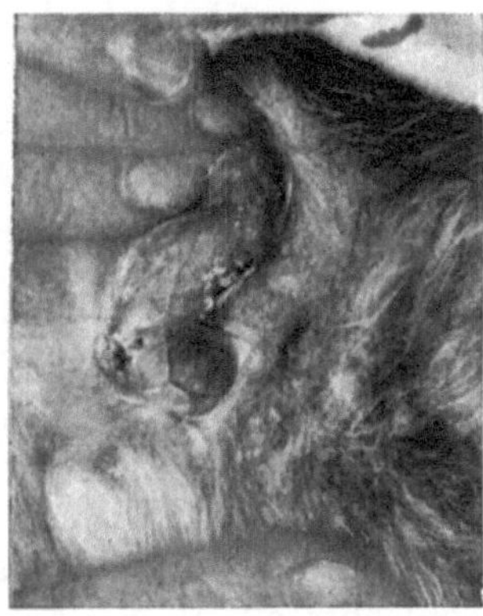

Abb. 13. Spirochätose. Ulzera an der Haut des Skrotums. (Nach Jahnel, München.)

Abb. 14. Spirochätose. Hochgradige Veränderungen am Penis und Skrotum beim Kaninchenbock. Ödematöse Schwellung des Präputiums mit Paraphimose. An der Peniswurzel von Borken und Krusten bedeckte Stellen. Hodensäcke mit zahlreichen kleinen Effloreszenzen und Krusten bedeckt. (Nach Arzt, aus Zuelzer: Handbuch d. pathogenen Protozoen von Prowazek-Nöller. Leipzig 1925.)

infektiösen Materials nach Skarifikation und durch Implantation kleiner infektiöser Gewebspartikel) zu einem völlig negativen Ergebnis geführt. Bei weissen Ratten will es Seitz gelungen sein, nach intrakutaner Verimpfung stark spirochätenhaltigen

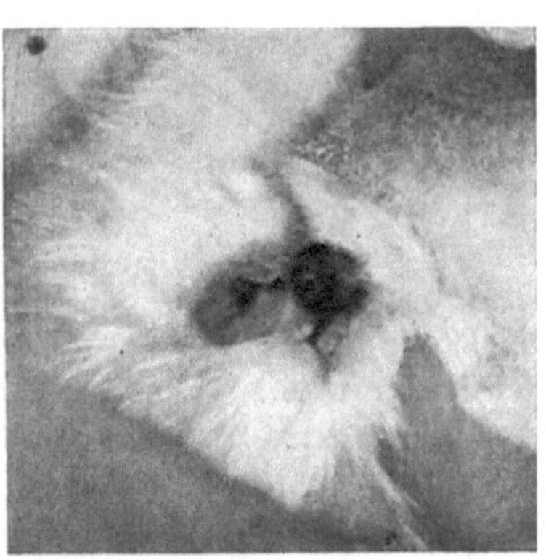

Abb. 15. Spirochätose. Veränderungen an der Vulva. (Nach Jahnel, München.)

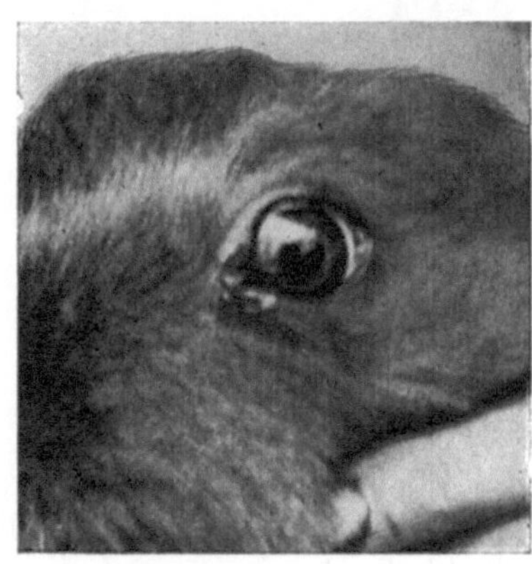

Abb. 16. Spirochätose. Papeln und Ulzera am medialen Augenwinkel. (Nach Jahnel, München.)

Materials in die Schwanzwurzel nach zweimonatiger Inkubationsfrist eine positive Infektion zu erzielen.

Pathologische Anatomie. Die bei der Kaninchenspirochätose auftretenden Veränderungen beschränken sich häufig auf den Geschlechts-

apparat und dessen unmittelbare Umgebung (I. Stadium). Daneben
werden aber auch nicht selten Veränderungen an Augen, Mund, Ohrbasis,
Gesicht, Mammae und After beobachtet, die auf eine Allgemeinerkrankung
des Organismus mit Generalisation des Virus zurückgeführt werden
müssen (II. Stadium). Von einer Reihe von Autoren wird eine echte
Generalisation bei der Kaninchen-Spirochätose bestritten. Sie betrachten
die Sekundärerscheinungen als Superinfektionen. Diese Ansicht erhält
eine Stütze dadurch, dass Spirochäten in der Blutbahn und in den inneren
Organen (Milz, Leber, Lymphknoten, Gehirn) nicht oder nur selten angetroffen werden. Die Untersuchungen von Arzt und Kerl, Frei und
Worms zeigen aber einwandfrei, dass eine Allgemeininfektion vom Blutwege
aus durchaus möglich ist. Sie braucht jedoch nicht regelmässig beim Vorhandensein einer lokalen Affektion aufzutreten.

Im ersteren Falle findet man das äussere Geschlechtsteil und dessen
haarlose Umgebung sowohl bei weiblichen als auch bei männlichen Tieren
im Zustande einer mehr oder weniger hochgradigen Entzündung. Das ganze
Gebiet des Genitalapparates ist ödematös geschwollen, so dass es etwas
hervorragt. Bisweilen ist auch die Vulva-, Vaginal- und Penisschleim-
haut stark entzündet, von hochroter Farbe und ebenfalls mehr oder
weniger stark geschwollen. Regelmässig ist aber die Gewebsinfiltration
im Verhältnis zu derjenigen, die an dieser Stelle bei der Spirochaeta pal-
lida-Infektion vorkommt, verhältnismässig geringgradig. Fast in der
Regel verläuft die Entzündung ohne Eiterbildung. Eine solche ist nur in
vereinzelten Fällen von Klarenbeek beobachtet worden. Die Veränderungen können zu Beginn der Krank-

Abb. 17. Spirochätose. Geschwürige Veränderungen im Bereiche der Augenlider
mit umschriebenem Haarausfall.
(Nach Jahnel, München.)

heit so wenig hervortreten, dass sie leicht übersehen werden. Später
treten aber an den genannten Stellen Knötchen, kleine Effloreszenzen und
oberflächliche Geschwüre auf, die zwar in der Regel ebenfalls klein sind und
Stecknadelkopfgrösse, seltener Linsen- bis Erbsengrösse besitzen mit der
besonderen Eigenschaft, leicht zu bluten und zusammenzufliessen. Diese
Geschwüre fallen mehr ins Auge, zumal sie nicht selten mit eiter- oder
smegmaartigen, pseudomembranösen Belägen versehen sind. Später
trocknen diese Geschwüre ein und man sieht kleine Schuppen sich
bilden, die leicht abblättern. Auch in diesem Stadium sind die so veränderten Geschlechtsteile und deren kahle Umgebung geschwollen, gerötet und heben sich von dem gesunden, mit langen Haaren versehenen

umgebenden Gewebe deutlich ab. Bei weiblichen Tieren kann sich der Prozess in die Tiefe der Vulva in Form eines Katarrhs mit mehr oder weniger deutlicher Knötchen- und Geschwürsbildung fortsetzen. In solchen Fällen gelingt es, die Spirochäten im Vaginalschleim nachzuweisen (Abb. 13, 14, 15).

Eine Schwellung der benachbarten Lymphknoten wird selten beobachtet. Eine solche konnte nur von Arzt und Kerl sowie von Frei an den Leistenlymphknoten nachgewiesen werden. Dass diese tatsächlich auf Spirochäten zurückzuführen war, wurde von Frei durch den Tierversuch erhärtet.

Bei Kaninchen, bei denen es zu einer Generalisierung des Virus und infolgedessen zu einer Allgemeinerkrankung kommt, werden Veränderungen im ganzen Bereiche der äusseren Haut beobachtet. Als besondere Lieblingsstellen für diese sekundär entstandenen Veränderungen müssen After, Schnauze und Angesichtsgegend (Nasenöffnungen, Augenliderränder, Kopf- und Augenbogenhaut, Ohrbasis) angesehen werden; nicht selten sieht man solche aber auch an der Rückenhaut und im Bereiche der Extremitäten in die Erscheinung treten. Diese Veränderungen bestehen in Papelbildung und flachen, linsen-erbsengrossen Erosionen und Ulzerationen. Die letzteren gehen zum Teil ineinander über und können auf diese Weise eine grössere, bis zu zehnpfennigstückgrosse Ausdehnung erreichen. Die Hautulzera an den genannten Körperstellen besitzen alle dieselbe Beschaffenheit; sie ragen etwas über das normale Hautniveau hervor und zeigen an ihren Rändern einen mehr oder weniger roten Wall. Häufig sind die Geschwüre mit grauen Krusten bedeckt; später nehmen sie eine mehr flache Beschaffenheit an. Im Bereiche der Ulzera sind in der Regel die Haare ausgefallen, so dass ein scharfer Übergang vom gesunden zum kranken Gewebe festzustellen ist. Von Klarenbeek wurde beobachtet, dass an lange bestehenden Geschwüren lange Haare sich entwickeln, die sehr schnell wachsen und oft über das andere, kurzhaarige Hautniveau hervorragen (Abb. 16, 17, 18).

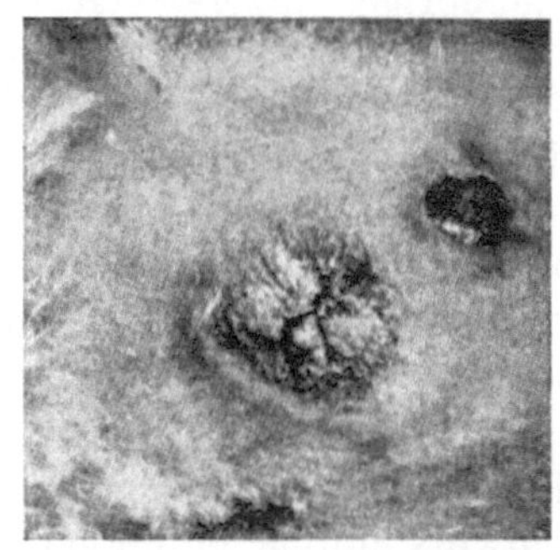

Abb. 18. Spirochätose. Auf dem Wege der Generalisation entstandene Geschwüre an der Rückenhaut. (Aus Klarenbeek: Zentralbl. f. Bakteriol. usw. I. Abt., Orig. Bd. 87, Jena 1922.)

Histologie. Untersuchungen über die Histologie der Kaninchenspirochätose liegen vor von Jakobsthal, Marie und Isaicu, Briese, Adachi, Noguchi, Levaditi, Warthin und Mitarbeitern. Übereinstimmend wird von ihnen die Oberflächlichkeit des Prozesses und das Fehlen einer perivaskulären Infiltration hervorgehoben. Die lokalen Veränderungen zeigen im allgemeinen das Bild von chronischen, infektiösen Granulomen, mit zum Teil papillomatösem oder kondylomatösem Charakter (Warthin und Mitarbeiter). In den Frühstadien finden sich in den oberen Teilen der Mukosa oder des Koriums aus Lymphozyten, Polynukleären, seltener auch Eosinophilen bestehende Infiltrate. Oberhalb dieser Zone zeigt das Epithel eine Verdickung und ebenfalls eine mehr oder weniger starke leukozytäre Einlagerung. An den meist hyperämischen Blutgefässen ist eine vaskuläre Infiltration wie bei den durch die Spirochaeta pallida verursachten Veränderungen nicht nachweisbar. Im Epithelbereich findet sich die Spirochaeta cuniculi in grossen Mengen.

In chronischen Stadien ist die polynukleäre Infiltration weit weniger stark ausgeprägt; dagegen werden Fibroblasten und Plasmazellen in den Papillen und zwischen diesen Verhornung des Epithels angetroffen. Die Blutgefässe sind meist verödet und verdickt. In abgeheilten Bezirken besteht die einzige Veränderung im Auftreten einer schmalen Zone von Narbengewebe unter dem Epithel.

Die von Levaditi, Marie und Isaicu angestellten histologischen Untersuchungen der inneren Organe haben spezifische Veränderungen nicht ergeben. Vor allem werden in diesen Spirochäten vermisst. Was die Untersuchung des Gehirns und Rückenmarks anbetrifft, so konnten von Neuburger Veränderungen nicht festgestellt werden. Dagegen fand Briese im Gehirn eines an spontaner Spirochätose erkrankten Kaninchens Veränderungen, die mit denjenigen bei der Paralyse weitestgehende Ähnlichkeit besitzen.

Welche Ursachen letzten Endes für den häufig tödlichen Ausgang verantwortlich gemacht werden müssen, lässt sich auf Grund der pathologisch-anatomischen und histologischen Veränderungen nicht mit Sicherheit entscheiden. Es darf aber als erwiesen gelten, dass die geschwürigen Veränderungen im Bereiche des Geschlechtsapparates sowie die übrigen ulzerativen Hautveränderungen nicht selten die Eintrittspforte für sekundäre Erreger darstellen, die in vielen Fällen den tödlichen Ausgang herbeiführen. Andererseits ist es aber eine Erfahrungstatsache, dass chronisch erkrankte Tiere oft erst nach $1—1^1/_2$ Jahren verenden, ohne dass ausser einer starken Abmagerung irgendwelche pathologisch-anatomischen Abweichungen festgestellt werden können. Im besonderen sind in solchen Fällen Spirochäten im Gehirn und in anderen inneren Organen nicht nachweisbar.

Diagnose und Differentialdiagnose. Da bei Kaninchen nicht selten Bisswunden und sonstige Verletzungen, die mit Entzündung und Geschwürsbildung einhergehen (Phimosen, Ulzera), am Genitalapparat in der Analgegend und an sonstigen Körperstellen (Ekzeme, chronische Reizzustände) vorkommen, die weitestgehende Ähnlichkeit mit den hier beschriebenen besitzen können, so ist für die endgültige Diagnose der mikroskopische Nachweis der Spirochäten erforderlich. Dieser gelingt am leichtesten mit Hilfe des Dunkelfeldes und der schon vorn angegebenen Färbemethoden. Die Spirochäten finden sich überall in den beschriebenen Veränderungen, auch in den sekundär entstandenen und im besonderen in der aus den entzündlichen Veränderungen und Geschwüren austretenden serösen Flüssigkeit. Differentialdiagnostisch muss von der spontanen Kaninchen-Spirochätose die vom Menschen auf das Kaninchen übertragene echte menschliche Syphilis unterschieden werden. Eine Unterscheidung der Spirochaeta cuniculi von der Spirochaeta pallida ist aber mit Hilfe der gebräuchlichen Färbemethoden nicht möglich. Auch die Wassermannsche Reaktion ist zum Zwecke der Differenzierung ungeeignet, da diese Methode nach dem Urteil der Mehrzahl der Untersucher unspezifische Ergebnisse liefert. Nach den Untersuchungen von Sato soll neben der Sachs-Georgi-Reaktion mit aktivem Serum die modifizierte Trübungsreaktion nach Meinicke eine für die serologische Diagnose der spontanen Kaninchenspirochätose brauchbare Reaktion darstellen. Aber auch diese Reaktionen haben nach neueren Erfahrungen Fehlergebnisse.

Auch die Krankheitsbilder bei den beiden Krankheiten besitzen weitgehende Ähnlichkeit. (Die von Kolle, Ruppert und Möbus beschriebene grössere Schmerzhaftigkeit der bei der Kaninchenspirochätose auftretenden Geschwüre ist von Worms und Seitz nicht bestätigt worden.)

Dagegen tritt nach Kolle, Ruppert und Möbus die Verschiedenheit der spontanen Kaninchenspirochätose und der vom Menschen auf das Kaninchen übertragenen Syphilis sicher zutage, wenn man die bei den Krankheiten auftretenden pathologisch-anatomischen Veränderungen miteinander vergleicht. Nach den Angaben dieser Forscher treten bei der spontanen Kaninchenspirochätose niemals die typischen harten Schanker mit solch derben Infiltraten auf, die bei der Übertragung der im Kaninchen fortgezüchteten menschlichen Syphilis beobachtet werden. Die nach experimenteller Infektion auftretenden Primäraffekte sind bei der spontanen Kaninchenspirochätose viel kleiner, weniger saftreich und viel weicher als die nach Verimpfung menschlichen Syphilismaterials bei Kaninchen erzeugten Primärsklerosen (Kolle, Ruppert und Möbus, Noguchi). In histologischer Hinsicht kann auch das Fehlen der vaskulären Infiltrate bei der Kaninchenspirochätose als Unterscheidungsmerkmal herangezogen werden. Von Kolle, Ruppert und Möbus ist durch kreuzweise ausgeführte Impfungen nachgewiesen worden, dass Kaninchen, die mit menschlicher Syphilis infiziert waren, mit Spirochaeta cuniculi und solche, die mit Spirochaeta cuniculi infiziert waren, mit Spirochaeta pallida in 80—85% infiziert werden konnten, und zwar unter Entstehung der für jede Spirochätenart charakteristischen Primäraffekte. Bei entsprechenden Vergleichsversuchen mit dem gleichen Material bei denselben Stämmen blieb die Infektion dagegen aus (Kolle, Ruppert und Möbus). Schereschewski und Worms sowie Klarenbeek u. a. sprechen sich gegen die Möglichkeit einer derartigen Unterscheidung der beiden Spirochäten aus.

Von besonderem differentialdiagnostischem Wert scheint das von Kolle und seinen Mitarbeitern gefundene verschiedene chemotherapeutische Verhalten der beiden Spirochäten dem Silbersalvarsan gegenüber zu sein. Zur Unterscheidung wird nach Kolle und Ritz in der Weise vorgegangen, dass die zu untersuchenden Tiere mit 4, 5 oder 6 mg Silbersalvarsan pro Kilogramm Körpergewicht in Abständen von 8 Tagen behandelt werden. Sind die Spirochäten nach 2 und 3 Tagen noch beweglich, so sind sie die Erreger der spontanen Kaninchenspirochätose. Sind sie aber 48—72 Stunden nach 5 mg Silbersalvarsan unbeweglich und verschwunden, so handelt es sich um eine Infektion mit Spirochaeta pallida (s. auch Worms).

Weiterhin ist zur Unterscheidung der Umstand herangezogen worden, dass die spontane Kaninchenspirochätose selten zur Generalisation führt, während dies bei der experimentellen Kaninchensyphilis fast durchweg zutrifft und dass es durch Verimpfung der Spirochaeta cuniculi im Gegensatz zur Spirochaeta pallida schwer gelingt, eine typische Keratitis zu erzeugen.

Endlich wird von Worms noch das voneinander abweichende serologische Verhalten der beiden Infektionen — seltene positive Meinicke-Trübungsreaktion bei Kaninchenspirochätose — als Unterscheidungsmerkmal angeführt.

Das Vorkommen von apathogenen Spirochäten beim Kaninchen.

Für die richtige Deutung von Spirochätenfunden beim Kaninchen von ganz besonderer Wichtigkeit ist die Feststellung Neumanns, dass sowohl im Dung der Kaninchenställe als auch bei klinisch völlig gesund erscheinenden weiblichen Tieren saprophytisch in der Vagina lebende refringensähnliche Spirochäten vorkommen. Derselbe Untersucher konnte — ebenso wie M. Zuelzer — auch im Wasser, an Wasserleitungshähnen und Ausgussbecken Spirochäten vom Pallidatypus nachweisen. Weiterhin ist es ihm gelungen, den experimentellen Beweis zu erbringen, dass es eine Spirochäte vom Typus der Spirochaeta pallida gibt, die nicht durch Ansteckung von Tier zu Tier übertragen wird, sondern die sich spontan in Wunden des Kaninchens saprophytisch ansiedeln kann. Wenn auch hier die Möglichkeit einer latenten Infektion mit der Spirochaeta pallida nicht ausgeschaltet werden kann, so sind diese Feststellungen in verschiedener Richtung recht beachtenswert. Da Wunden (Bisswunden, Verletzungen beim Koitus, Abschürfungen, Scheuerwunden infolge Kratzens in der Analgegend bei Wurminvasionen) im Bereiche der Geschlechtsteile beim Kaninchen nicht zu den Seltenheiten gehören, so ist die Möglichkeit einer Infektion durch diese Eintrittspforten mit Spirochäten ausserordentlich gross, zumal die Aftergeschlechtsgegend mit dem Erdboden oder der verunreinigten Streu dauernd in engster Berührung sich befindet. Diese Tatsache mahnt jedenfalls bei der Deutung von Spirochätenfunden vom Pallidatyp in Ulzeration, besonders am Genitale, zu grosser Vorsicht, weil auch bei der spontanen Kaninchenspirochätose Verletzungen die Vorbedingungen für eine Infektion zu sein scheinen.

Andererseits ist durch die Arbeiten von Schereschewski, Mayer und M. Zuelzer dargetan, dass die Spirochäten überhaupt durch eine ausserordentliche morphologische Veränderlichkeit, durch zahlreiche Übergangsformen von einem zum anderen Typus und durch eine grosse Anpassungsfähigkeit ausgezeichnet sind. Wenn es auch zwar noch keineswegs als erwiesen gelten darf, dass saprophytische Spirochäten unter günstigen Bedingungen zu parasitischen sich weiterentwickeln können, so muss eine solche Möglichkeit doch in Betracht gezogen werden. Sie würde zwanglos die von Neumann angemerkte Tatsache erklären, dass Kaninchen spontan an Spirochätose erkranken können, ohne mit infizierten Tieren in Berührung gekommen zu sein.

Chemotherapie. Zur Behandlung der spontanen Kaninchenspirochätose werden mit Erfolg verwendet: Silbersalvarsan in der Menge von 0,04—0,06 g pro Kilogramm Körpergewicht; 0,25—0,35 g Neosalvarsan, das in 1,5 ccm destilliertem Wasser oder physiologischer Kochsalzlösung gelöst und am besten intramuskulär verabreicht wird. Schon nach 24 Stunden sollen die Spirochäten fast vollständig verschwinden; Heilung erfolgt in etwa 14 Tagen. Auch örtliche Bepinselungen der erkrankten Stellen mit Olivenöl, wässeriger Creolinlösung u. a. besitzen bei wiederholter Anwendung eine heilende Wirkung.

Schrifttum.

Adachi, J., Acta dermatol. Bd. 2. H. 3. S. 294—297. 1924. — *Arzt* und *Kerl*, Wien. klin. Wochenschr. Bd. 27. Nr. 29. S. 1053. 1914. — *Dieselben*, Dermatol. Zeitschrift. Bd, 29. H. 2. S. 65. 1920. — *Dieselben*, Dermatol. Wochenschr. Bd. 71. S. 1047. 1920. — *Bayon*, Brit. med. journ. 1913. S. 1159. — *Bertarelli*, Zentralbl. f. Bakteriol., Parasitenk. u. Infektionskrankh., Abt. I, Orig., Bd. 41. H. 3. S. 320. 1906. Bd. 43. H. 2. S. 167. 1907. H. 3. S. 238. 1907. — *Becker*, Dtsch. med. Wochenschr. 1920. Nr. 10. — *Bollinger*, Virchows Arch. f. pathol. Anat. u. Physiol. Bd. 59. Zit. in Kolle, Ruppert

u. Möbus, Arch. f. Dermatol. u. Syphilis. Bd. 135. 1921. — *Briese, M.*, Bull. de l'assoc. des psych. roumains. Jg. 5. p. 28. 1923. — *Chodziesner*, zit. nach *M. Zuelzer*, Anhang d. Handbuch der pathogenen Protozoen v. Prowazek-Nöller. Leipzig: Barth 1925. — *Danila, P.* et *A. Stroe*, Cpt. rend. des séances de la soc. de biol. Tome 77. p. 167. 1914. Tome 88. p. 892. 1923. — *Doflein*, Lehrbuch der Protozoenkunde. 2. Aufl. Jena 1909. S. 313. — *Frei*, Klin. Wochenschr. 1923. S. 1263. — *Derselbe*, Arch. f. Dermatol. Bd. 144. S. 365. 1923. — *Derselbe*, Schles. dermatol. Ges. Breslau. Bd. 28. I. 1922. Ref. Zentralbl. f. Haut- u. Geschlechtskrankh. Bd. 4. H. 6. S. 324. 1922. — *Derselbe*, Hundertjahrfeier deutscher Naturforscher u. Ärzte 21. 4. 1922. Ref. in Zentralbl. f. Haut- u. Geschlechtskrankh. Bd. 7. H. 3/4. S. 162. 1923. — *Derselbe*, Schles. dermatol. Ges. Breslau. 14. II. 25. Zentralbl. f. Haut- u. Geschlechtskrankh. Bd. 17. H. 5/6 S. 273. 1925. — *Friedberger-Pfeiffer*, Gotschlich: Spirochätosen. Bd. 2. S. 949. 1919. — *Frei* und *Trost*, Schles. dermatol. Ges. Breslau 8. 7. 1922. Ref. in Zentralbl. f. Haut- u. Geschlechtskrankh. Bd. 6. H. 5/6. S. 227. — *Fröhner-Zwick*, Lehrbuch der speziellen Pathologie und Therapie der Haustiere. Seuchenlehre. 1924. — *Hutyra* und *Marek*, Lehrbuch der speziellen Pathologie u. Therapie der Haustiere. Bd. 1. S. 1027. 1922. — *Jahnel*, Dtsch. med. Wochenschr. 1920. Bd. 29. — *Derselbe*, Zeitschr. f. d. ges. Neurol. u. Psychiatrie. Bd. 73. H. 1/3. — *Derselbe*, Arch. f. Dermatol. u. Syphilis. Bd. 135. S. 232. 1921. — *Jahnel* und *E. Illert*, Klin. Wochenschr. 1923. Nr. 37/38. S. 1731. — *Jakobsthal*, Dermatol. Wochenschr. 1920. Nr. 71. S. 56. — *Klarenbeek*, Zentralbl. f. Bakteriol., Parasitenk. u. Infektionskrankh., Abt. I, Orig., Bd. 87. S. 203. 1921. — *Derselbe*, Dtsch. tierärztl. Wochenschr. 1922. Nr. 2. S. 290. — *Derselbe*, Ann. de l'inst. Pasteur. Tome 37. S. 886. 1923. — *Derselbe*, Zeitschr. f. Bakteriol., Parasitenk. u. Infektionskrankh., Abt. I, Orig., Bd. 88. S. 73. 1922. Bd. 87. S. 203. 1921. Bd. 86. S. 472. 1921. — *Derselbe*, Tijdschr. v. diergeneesk. Vol. 13. 1921. — *Klauder*, Proc. of the pathol. soc. of Philadelphia. Vol. 25. p. 39. 1923. — *Kolle* und *Ritz*, Dermatol. Zeitschr. Bd. 27. S. 319. 1919. — *Kolle* und *Ruppert*, Med. Klinik. Bd. 18. Nr. 20. S. 620. 1922. — *Kolle, Ruppert* und *Möbus*, Arch. f. Dermatol. u. Syphilis. Bd. 135. S. 260. 1921. — *Kolle-Wassermann*, 2. Aufl. Bd. 7. S. 723. Jena 1912. — *Knorr*, Zentralbl. f. Bakteriol., Parasitenk. u. Infektionskrankh., Abt. I, Orig., Bd. 87. S. 7—8. 1922. — *Lersey, Dosquet* und *Kuczynski*, Berl. klin. Wochenschrift 1921. S. 546. — *Lersey* und *Kuczynski*, Berl. klin. Wochenschr. 1921. S. 664. — *Levaditi* et *Banu*, Cpt. rend. hebdom. des séances de l'acad. des sciences. 1920. p. 1021. — *Levaditi, Marie* et *Isaicu*, Cpt. rend. des séances de la soc. de biol. Tome 85. p. 51, 342. 1921. — *Levaditi, Marie* et *Nicolau*, Cpt. rend. hebdom. des séances de l'acad. des sciences. Tome 172. Nr. 24. p. 1542. 1921. — *Levaditi* et *Marie*, Ann. de l'inst. Pasteur. Tome 37. p. 189. 1923. — *Dieselben*, Arch. de neurol. Tome 42. Nr. 1. p. 1. 1923. — *Levaditi, Nicolau* und *Navarro*, Zentralbl. f. Bakteriol., Parasitenk. u. Infektionskrankh., Abt. I. Ref. Bd. 81. S. 276. 1926 (Presse méd. 1925. p. 893). — *Manteufel* und *Beger*, Dtsch. med. Wochenschr. Bd. 50. S. 269. 1924. — *Meier*, Dermatol. Zeitschr. Bd. 10. 1903. — *Mucha*, Inaug.-Diss. Wien 1911. — *Mulzer*, Zentralbl. f. Bakteriol., Parasitenk. u. Infektionskrankh., Abt. I. Ref. Bd. 54. S. 547. 1912. — *Derselbe*, 13. Kongr. d. dtsch. dermatol. Ges. München 1923. Arch. f. Dermatol. u. Syphilis. Bd. 145. S. 243. 1920. — *Neumann*, Zentralbl. f. Bakteriol., Parasitenk. u. Infektionskrankh., Abt. I, Orig., Bd. 90. S. 100. 1923. — *Derselbe*, Klin. Wochenschr. 1923. S. 256. — *Derselbe*, Dissertations-Auszug. Dresden 1922. Hygienisches Institut der Tierärztlichen Hochschule. — *Derselbe*, Klin. Wochenschr. Bd. 2. S. 836. 1923. — *Noguchi*, Journ. of the Americ. med. assoc. Vol. 77. p. 2052. 1921. — *Derselbe*, Journ. of exp. med. Vol. 32. Nr. 3. p. 391. — *Derselbe*, Zentralbl. f. Bakteriol., Parasitenk. u. Infektionskrankh., Abt. I, Orig., Bd. 66. S. 517. 1918. Zeitschr. f. d. ges. Hyg. Bd. 1. S. 220. 1922. — *Olt-Ströse*, Die Wildkrankheiten und ihre Bekämpfung. Neudamm 1914. — *Ross*, Brit. med. journ. 1912. p. 1651. Vol. 41. 1914. 1923. — *Ruppert*, Berl. tierärztl. Wochenschr. Bd. 42. S. 493. 1921. Dtsch. med. Wochenschr. Bd. 36. 1921. — *Sato*, Zeitschr. f. Hyg. u. Infektionskrankh. Bd. 100. 1923. Bd. 101. 1924. — *Schereschewski*, Berl. klin. Wochenschr. Bd. 48. S. 1142. 1920. — *Derselbe*, Zentralbl. f. Bakteriol., Parasitenk. u. Infektionskrankh., Abt. I, Orig., Bd. 47. H. 1. 1918. — — *Derselbe*, Verhandl. d. Berl. dermatol. Ges., Sitz. vom 13. 12. 1921. — *Schereschewski* und *Worms*, Berl. klin. Wochenschr. 1921. Nr. 44. S. 1305. — *Dieselben*, Dermatol. Zeitschr. Bd. 33. S. 10. 1921. — *Dieselben*, Dtsch. med. Wochenschr. 1921. Nr. 7. S. 176. — *Dieselben*, Zentralbl. f. Haut- und Geschlechtskrankh. Bd. 4. S. 445. 1922. — *Seitz*, Münch. med. Wochenschr. 1924. Nr. 30. S. 1012. — *Sustmann*,

Die Kaninchenzucht. Bd. 15. Sachsen-Anhalt 1919. — *Derselbe*, Berl. tierärztl. Wochenschrift Bd. 27. Nr. 11. 1919. — *Uhlenhuth*, Med. Klinik 1922. Nr. 38, 39, 40. S. 1210, 1246, 1273. — *Uhlenhuth* und *Mulzer*, Arb. a. d. Reichsgesundheitsamt. Bd. 44. H. 3. 1913. — *Dieselben*, Zentralbl. f. Bakteriol., Parasitenk. u. Infektionskrankh. Abt. I. Orig. Bd. 64. S. 165. 1912. — *Uhlenhuth* und *Zuelzer*, Zentralbl. f. Bakteriol., Parasitenk. u. Infektionskrankh., Abt. I, Orig. Bd. 85. S. 141. 1921. — *Warthin*, *Scott*, *Buffington*, *Wandstrom*, Journ. of infect. dis. Vol. 32. Nr. 5. p. 315. 1923. — *Wassermann* und *Ficker*, Klin. Wochenschr. 1922. Nr. 22. S. 110. — *Worms*, Arb. a. d. Reichsgesundheitsamt 1926. S. 527—582. — *Derselbe*, Berl. klin. Wochenschr. 1921. Nr. 5. S. 103. — *Derselbe*, Klin. Wochenschr. Bd. 2. Nr. 18. S. 836. 1923. — *Derselbe*, Med. Klinik 1923. Nr. 40. — *Derselbe*, Zentralbl. f. Haut- u. Geschlechtskrankheiten. Bd. 9. H. 6/7. S. 273. 1923. — *Derselbe*, Zeitschr. f. klin. Med. Bd. 99. H. 1/3. S. 313. 1923. — *Derselbe*, Zentralbl. f. Bakteriol., Parasitenk. u. Infektionskrankheiten, Abt. I, Orig. Bd. 93. S. 188. 1924. — *Derselbe*, Dtsch. med. Wochenschr. Bd. 51. S. 428. 1925. — *Zuelzer*, Anhang zum Handbuch der pathogenen Protozoen von Prowazek-Nöller. Leipzig: Barth 1925.

Anhang.

Aktinomykose. Strahlenpilzerkrankung.

Erkrankungen an Aktinomykose sind bei Kaninchen, besonders bei zahmen, überaus selten, wahrscheinlich weil ihnen durch ihre Haltung in Käfigen nur zufällig Gelegenheit zur Aufnahme des Pilzes gegeben ist.

Sustmann berichtet über das Auftreten der Aktinomykose in einem Bestande von sieben Jungtieren (Riesenscheckenkaninchen). Sechs von diesen Tieren zeigten eigentümliche Auftreibungen und Beulen, zum Teil mit Fistelöffnungen und Eiterabfluss, besonders im Bereiche des Kopfes, aber auch am Halse und an anderen Körperstellen. Die nähere Untersuchung des Kopfes eines Tieres ergab das Vorhandensein einer Kieferaktinomykose mit ganz beträchtlicher Auftreibung des rechten Unterkiefers, so dass dieser das Dreifache seines normalen Umfanges angenommen hatte. In der Gegend des Gefässausschnittes des Unterkiefers war eine linsengrosse Fistelöffnung mit zackigen Rändern festzustellen, deren Umgebung mit weisslichen, griesigen Massen bedeckt war. Durch Druck auf die ziemlich derbe Auftreibung konnten ebensolche Massen, untermischt mit einer milchigen Flüssigkeit und kleinen, gelblichen Körnchen aus der Öffnung ausgepresst werden. Der Prozess, der mit stielförmigen, granulösen und fungösen Wucherungen einherging, erstreckte sich nicht nur auf den Unterkieferknochen, sondern auch auf die Zahnalveolen. Die in diesen enthaltenen Eitermassen und Zerfallsprodukte besassen die bereits oben geschilderte Beschaffenheit.

Mikroskopisch wurden typische Aktinomyzes-Pilzrasen nachgewiesen.

Was die **Art und Weise der Infektion** in den vorliegenden Fällen anbetrifft, so sollen die üblichen Getreidegrannen dafür nicht in Frage kommen. Es wird vielmehr die Verfütterung von hartem Waldheu damit in Zusammenhang gebracht, das gleichzeitig auch als Einstreu verwendet wurde. Einen ähnlichen Fall von Unterkieferaktinomykose mit starker Auftreibung und schwammiger, spongiöser Beschaffenheit der Knochensubstanz teilt Sandig mit. Aktinomyzesdrusen wurden ebenfalls nachgewiesen.

Bei der grossen Seltenheit des Vorkommens der Aktinomykose kommt ihr beim Kaninchen eine untergeordnete Rolle zu.

Schrifttum.

Sandig, Tierärztl. Rundschau 1924. S. 65. — *Sustmann*, Tierärztl. Rundschau 1913. S. 135.

Saccharomyces guttulatus Robin.

Galli-Valerio berichtet über das Auftreten von Meteorismus bei mehreren Kaninchen mit daran anschliessenden Todesfällen. Er bringt die Krankheit mit Saccharomyceten (Saccharomyces guttulatus) in Zusammenhang, die im Darm in ausserordentlich grosser Zahl zugegen waren.

Mit Wasser versetzter und in einer verschlossenen Flasche aufbewahrter Kot solcher Kaninchen führte zu einer derartigen Gasentwicklung, dass der Pfropf abgehoben wurde und es zum Überschäumen der Flüssigkeit kam.

In der Annahme eines ursächlichen Zusammenhanges der Blastomyzeten mit dem bei Kaninchen beobachteten Meteorismus wird Galli-Valerio durch einen von Versé beschriebenen, ebenfalls durch Blastomyzeten verursachten Fall von Magenruptur beim Menschen bestärkt.

Schrifttum.

Galli-Valerio, Schweiz. Arch. f. Tierheilk. 1919. H. 7/8. — *Dieselben*, Zentralbl. f. Bakteriol., Parasitenk. u. Infektionskrankh., Abt. 1, Orig. Bd. 94. S. 61. 1925.

B. Durch filtrierbares Virus verursachte Seuchen.

Myxomatöse Krankheit.

Unter diesem Namen haben Sanarelli in Montevideo und Splendore in St. Paolo (Brasilien) eine seuchenhaft auftretende Laboratoriumskrankheit bei Kaninchen beschrieben. Sie wurde auch von Kraus in Südamerika beobachtet. Über ihr Vorkommen in Deutschland liegen in der Literatur bis jetzt Mitteilungen nicht vor.

Ätiologie. Sanarelli gibt an, dass der dieser Krankheit zugrundeliegende Erreger den ultravisiblen Virusarten angehöre. Während die von Splendore angestellten Filtrationsversuche unter Zuhilfenahme von Chamberlandfiltern zu einem negativen Ergebnis geführt haben, ist Moses die Feststellung gelungen, dass das Virus zwar Berkefeld-Filter durchläuft, von Chamberland-Filtern dagegen zurückgehalten wird. Der Erreger der myxomatösen Krankheit gehört demnach zu den ultravisiblen filtrierbaren Virusarten. Dafür sprechen auch die Befunde Splendores, der bei seinen Untersuchungen feststellen konnte, dass in nach Giemsa gefärbten Präparaten eine Reihe von myxomatösen Zellen aus den pathologischen Veränderungen spezifische Einschlüsse beherbergte, die sehr an die Chlamydozoen des Trachoms erinnerten, wie sie von Halberstädter und Prowazek beschrieben wurden. Einigemale konnten dieselben Körperchen auch in Leukozyten nachgewiesen werden. Die Elementarkörperchen sind sehr fein, staubförmig.

Widerstandsfähigkeit des Virus. Während nach Splendore die Virulenz des Ansteckungsstoffes nach mehrtägigem Aufenthalt im Eisschrank völlig erhalten bleibt, genügt bereit ein einstündiger Aufenthalt im Brutschrank bei 50° C., um das Virus zu zerstören. Dagegen ist es ziemlich widerstandsfähig gegenüber der Einwirkung von $3^0/_0$iger Borsäure, $2^0/_0$iger Phenylsäure, $1^0/_{00}$iger Sublimatlösung, $5^0/_0$igem Formalin und $2^0/_{00}$iger Lösung von übermangansaurem Kali.

Beobachtungen über eine **natürliche Infektion** bei dieser Krankheit liegen nicht vor. Durch Verbringen von gesunden Tieren in infizierte Käfige hat Splendore eine Infektion nicht erzielen können. Dagegen ist ihm die experimentelle Übertragung der Krankheit auf Kaninchen in einwandfreier Weise gelungen, so dass über die Infektiosität Zweifel nicht bestehen.

Die **künstliche Infektion** gelingt leicht unter Verwendung verschiedenen Materials aus den bei der Krankheit auftretenden pathologischen Veränderungen, so des ödematösen Gewebes, des Augensekretes, des Blutes, des Lymphfollikelsaftes, der Leber und der Neubildungsmassen. Es genügt bereits, die Konjunktiva mit einem Stückchen myxomatösen Gewebes leicht einzureiben, um schon nach 4—5 Tagen die Krankheit in ihrem charakteristischen Verlauf auftreten zu sehen. Bei intraperitonealer und subkutaner Einverleibung des Virus wird nach Splendore eine Verlängerung der Inkubationszeit beobachtet; bei dieser Art der Einverleibung treten die ersten Anzeichen der Krankheit erst nach 8 bis 10 Tagen hervor. Die Krankheit selbst nimmt aber einen rascheren Verlauf und führt bereits 2—4 Tage nach Ausbruch der ersten Krankheitserscheinungen zum Tode.

Übertragungsversuche auf Hunde, Katzen und Meerschweinchen, Mäuse, Vögel und Affen blieben ohne Erfolg.

Erscheinungen und pathologisch-anatomische Veränderungen. Die Erscheinungen an den erkrankten Tieren bestehen in der Hauptsache in einer schweren eitrigen Blepharokonjunktivitis und in hochgradigen ödematösen Anschwellungen im Bereiche des Kopfes, besonders der Augenlider, der Nase und der Lippen. Auch in der Umgebung des Afters und im Bereiche der Öffnungen der Harn- und Geschlechtsorgane können ähnliche ödematöse Anschwellungen beobachtet werden. Die von der Krankheit befallenen Tiere magern rasch ab und verenden bereits am 4. oder 5. Tage der Krankheit. Bei der Sektion finden sich in den verschiedensten Körpergegenden in der Subkutis multiple, tumorartige Erhebungen von gelatinösem Aussehen. Die benachbarten Lymphknoten sind stark vergrössert, die Milz ist geschwollen, und in vielen Fällen kann ausserdem eine Orchitis nachgewiesen werden. Ausser den oben beschriebenen Ödemen im Bereiche des Angesichts und der Aftergeschlechtsgegend können an den übrigen Organen auffallende Veränderungen nicht festgestellt werden. Nach den histologischen Untersuchungen Splendores soll es sich bei den pathologisch-anatomischen Veränderungen, im besonderen der subkutan gelegenen geschwulstartigen Erhebungen um Neubildungen myxomatöser Natur handeln. Diese eigenartige Tatsache hat zu der Bezeichnung „myxomatöse Krankheit" geführt.

Schrifttum.

Hutyra und *Marek*, Spezielle Pathologie und Therapie der Haut. Bd. I, Infektionskrankheiten. 1922. — *Kraus*, Seuchenbekämpfung. Jg. 3. H. 2. 1926. — *Splendore*, Zentralbl. f. Bakteriol., Parasitenk. u. Infektionskrankh., Abt. I, Orig. Bd. 48. H. 3. S. 300. 1909. — *Sanarelli*, Zentralbl. f. Bakteriol., Parasitenk. u. Infektionskrankh. Bd. 23. S. 865. 1898. Bull. de l'inst. Pasteur 1912.

Maul- und Klauenseuche. Aphtenseuche.

Über das spontane Auftreten der Maul- und Klauenseuche beim Kaninchen liegen nur vereinzelte Mitteilungen vor.

So berichtet Becker, dass zwar im allgemeinen eine Übertragung der Krankheit von grösseren Haustieren auf Kaninchen nicht stattfinde. In seltenen Fällen würde jedoch, besonders bei jungen Tieren nach dem Genuss von Milch maul- und klauenseucheinfizierter Kühe und Ziegen eine Erkrankung der Mundschleimhaut in Form von Bläschenbildung beobachtet. Eine andere Beobachtung ist von Schmidt mitgeteilt worden. Er will die Seuche bei Kaninchen gesehen haben, die in einem mit maul- und klauenseuchekrankem Rindvieh besetzten Stall frei umherliefen. Die Erkrankung äusserte sich ebenfalls in der Bildung von Bläschen auf der Mundschleimhaut, die sich in Geschwüre umwandelten und wieder abheilten. Mehrere Kaninchen sollen der Krankheit zum Opfer gefallen sein.

Wenn diese beiden Beobachtungen auch keineswegs Anspruch auf Untrüglichkeit erheben können, weil sie des unbedingt zu fordernden experimentellen Beweises entbehren, so scheinen sie doch der Erwähnung wert, besonders mit Rücksicht auf die neueren Ergebnisse der experimentellen Übertragung der Maul- und Klauenseuche auf das Kaninchen.

Nachdem die Untersuchungen von Hobmaier und besonders diejenigen von Gins und Fortner im Gegensatz zu zahlreichen früheren dargetan haben, dass das Maul- und Klauenseuchevirus experimentell auf die Lippenschleimhaut von Kaninchen unter Entwicklung typischer Bläschen übertragen, in Passagen auf diesem Tier weitergeführt und im Blute nachgewiesen werden kann, muss auch eine spontane Übertragung der Seuche auf Kaninchen mehr wie bisher in den Bereich der Möglichkeit gezogen werden.

Schrifttum.

Becker, Der Kaninchenzüchter 1911. S. 69. — *Schmidt,* Arch. f. wiss. u. prakt. Tierheilk. Bd. 20. S. 331. 1894.

Ein filtrierbares Virus bei gesunden Kaninchen.

Gelegentlich der intratestikulären Einverleibung von Blut und Gelenkflüssigkeit von Polyarthritiskranken auf Kaninchen und Weiterimpfung in Passagen von Hoden zu Hoden (Kaninchen) wurde von Miller, Andrewes und Swift ein filtrierbares Virus mit ganz bestimmten Eigenschaften ermittelt. Dasselbe Virus wurde aber auch gewonnen von Kaninchen, die mit Blut normaler Kaninchen intratestikulär geimpft und bei denen in kurzen Abständen Passagen von Hoden zu Hoden hergestellt worden waren. Auffallend war, dass das Virus in allen Versuchsreihen erst von der 4. Generation ab nachgewiesen werden konnte.

Es darf aus diesen Versuchen mit grosser Wahrscheinlichkeit der Schluss gezogen werden, dass das Virus latent im Kaninchenkörper vorkommt und erst nach Einverleibung gewisser Substanzen (Gelenkflüssigkeit, Blut) aktiviert wird. Die Versuche von Rivers und Tillet sprechen in demselben Sinne.

Über den Verlauf von Spontaninfektionen liegen bis jetzt Angaben nicht vor.

Eigenschaften des Virus. Nach den Angaben der genannten Forscher rief das Virus bei Kaninchen nach intratestikulärer Verimpfung eine akute Orchitis hervor, die in Passagen beliebig weiter geführt werden konnte. Intradermale Einspritzung des Virus liess in 3—6 Tagen ein erhabenes Erythem entstehen; die intrathorakale Einverleibung führte dagegen zu fibrinöser Perikarditis und Myokarditis. In den Krankheitsherden fanden sich eosinophile Zelleinschlusskörperchen.

Intrakutane oder intratestikuläre Impfung verlieh Kaninchen einen sicheren Schutz gegen eine nach 2 Wochen erneut vorge nommene intrakutane Infektion. Das Serum dieser Tiere hatte ausserdem die Eigenschaft gewonnen, das Virus in vitro zu neutralisieren, während dagegen das Serum von Polyarthritiskranken (auf das Virus) eine neutralisierende Wirkung nicht besass. Demnach scheint das Virus in ätiologischer Hinsicht nicht im Zusammenhange mit der Polyarthritis zu stehen. Dagegen ergaben gekreuzte Immunisierungsversuche eine Identität des Virus mit einem von **Rivers** und **Tillet** bei ihren Varizellenuntersuchungen gefundenen, beim Kaninchen ebenfalls spontan vorkommenden Virus.

Resistenz des Virus. Das Virus hielt sich in 50%igem Glyzerin wenigstens 8 Tage, eingetrocknet in gefrorenem Zustande wahrscheinlich 10 Wochen lang.

Die vorstehenden Befunde lassen bei Infektionsversuchen bei Kaninchen mit unbekannten Virusarten grosse Vorsicht angezeigt sein.

Schrifttum.

Andrewes, C. H. and *C. Philip Miller,* Journ. of exp. Med. Vol. 40. p. 789. 1924. — *Miller, C. Philip, Andrewes, C. H.* and *Homer F. Swift,* Journ. of exp. med. Vol. 40. p. 773. 1924. — *Rivers, Th.* and *Tillet, W. S.,* Journ. of exp. Med. Vol. 38. p. 673. 1923. Vol. 39. p. 777. 1924. Vol. 40. p. 281 1924.

C. Durch Fadenpilze hervorgerufene Krankheiten.

Aspergillose. Schimmelpilzerkrankung.

Syn. Lungenmykose, Pneumomycosis aspergillina,
Pseudotuberculosis aspergillina.

Obwohl Schimmelpilzinfektionen der Lungen bei einer Reihe von Haustieren, so besonders beim Geflügel ein häufiges Vorkommnis darstellen, werden solche beim Kaninchen verhältnismässig selten angetroffen. Es sind auch nur wenige Fälle von Pneumomykosen beim Kaninchen in der Literatur verzeichnet. Aus diesen geht hervor, dass auch die beim Kaninchen vorkommende Schimmelpilzinfektion eine mit schweren, tuberkuloseähnlichen Veränderungen der Lungen einhergehende Erkrankung darstellt. (Die grosse Ähnlichkeit mit der Tuberkulose hat auch zu der Bezeichnung „Pseudotuberculosis aspergillina" Veranlassung gegeben.)

Über ein enzootisches Auftreten der Aspergillose, wie es beispielsweise beim Geflügel beobachtet wird, liegen Mitteilungen beim Kaninchen nicht vor. Hier handelt es sich vielmehr lediglich um sporadische Fälle.

Ätiologie. Als pathogener Schimmelpilz beim Kaninchen kommt ausschliesslich Aspergillus fumigatus in Betracht; andere Pilzarten sind bisher nicht beobachtet worden.

Sämtliche Aspergillusarten besitzen die Eigenschaft, ein farbloses Myzelium zu bilden, aus dem unverzweigte, mit einer kolbigen Anschwellung, dem Fruchtköpfchen (Kolumella) versehene Fruchtträger hervorgehen. Diese tragen kurze, ebenfalls unverzweigte, dicht nebeneinandersitzende und radiär gerichtete Fortsätze, die Sterigmen, auf denen durch Abschnürung eine einfache Reihe von runden, glatten, etwa $3\,\mu$ grossen Sporen (Konidien) entstehen. Diese Sporen lassen am leichtesten bei Körpertemperatur wiederum Myzelien hervorsprossen (s. Abb. 19).

Die **künstliche Züchtung** der Aspergillazeen gelingt leicht auf den gebräuchlichen Nährmedien, besonders auf solchen, denen Blut zugesetzt ist. Die günstigsten Wachstumsbedingungen sind für sie gegeben, wenn sie bei Körpertemperatur (37° C.) gehalten werden. Unter dieser Voraussetzung werden bereits nach 12—24 Stunden weissliche Rasen von Pfennigstückgrösse gebildet, die in der Mitte leicht grünliche Verfärbung zeigen. Schon nach wenigen Tagen ist der ganze Nährboden mit einem niedrigen Schimmelpilzrasen bedeckt, der zunächst grünliche, später bräunliche und blau- bis grauschwarze Färbung zeigt. Unter dem Mikroskop lassen Zupfpräparate aus solchen Rasen neben den Myzelfäden zahlreiche Sporen und konidienhaltige Fruchtköpfchen erkennen (s. Abb. 19).

Die **natürliche Ansteckung** kommt dadurch zustande, dass Schimmelpilzsporen, die im Futterstaub und in der Stalluft vorhanden sind, entweder durch Einatmen oder durch Aspiration bei der Aufnahme von schimmelpilzhaltigem Futter in die Atemwege und in die Lungen gelangen, wo sie auskeimen, Myzelien treiben und zu Schimmelpilzen heranwachsen. Unter Umständen kann eine Infektion auch auf dem Fütterungswege zustande kommen, und endlich besteht noch die Möglichkeit, dass die Pilze auf embolischem Wege in die Lungen gelangen. Da Schimmelpilzsporen von Kaninchen in feuchten, dumpfen, schlecht gelüfteten Ställen und durch schimmeliges Futter zweifellos häufig aufgenommen werden, ohne dass eine Erkrankung zustande kommt, so ist es sehr wohl denkbar, dass sie in den Luftwegen ein saprophytisches Dasein führen können, um erst durch prädisponierende Momente, so bei Erkältungen, Katarrhen der Luftwege oder allgemein schwächenden Krankheiten pathogene Wirkung zu erlangen.

Abb. 19. Aspergillus fumigatus (Zupfpräparat).

Die **künstliche Übertragung** durch intravenöse Einverleibung von Aufschwemmungen von Schimmelpilzsporen ist Grohé, Cohnheim und Grawitz, Koch und Gaffky u. a. bei Kaninchen (Schütz u. a. beim Geflügel) gelungen. Die hierbei entstehenden Veränderungen zeigen ebenfalls grosse Ähnlichkeit mit denjenigen bei der Tuberkulose.

Pathologische Anatomie. Die unter der Einwirkung der Schimmelpilze und ihrer Toxine entstehenden Veränderungen sind gekennzeichnet durch das Vorhandensein zahlreicher, subpleural gelegener, über die Oberfläche beider Lungen verstreuter Knötchen, die Stecknadelkopfgrösse und grauweisse bis gelblichweisse Farbe besitzen. In anderen Fällen sind die Knötchen grösser und zeigen mehr den Charakter von Herden, die an vielen Stellen zusammenfliessen und in geringem Grade über die Oberfläche hervorragen. Zwischen den ziemlich derben und festen Knötchen und Herden sind Inseln von normalem, unverändertem, rosarotem Lungengewebe sowie hepatisierte Teile sichtbar. Die auf der Schnittfläche hervortretenden Veränderungen entsprechen völlig den eben beschriebenen. Sie beschränken sich in der Regel auf die Lungen (s. Abb. 20 u. 21). In seltenen Fällen können ähnliche Knötchen — oder geschwürsähnliche Veränderungen — vielleicht auch auf der Schleimhaut der Bronchien und der Trachea angetroffen werden. An den übrigen Organen dagegen sind Veränderungen irgendwelcher Art nicht feststellbar.

Die beschriebenen Knötchen und Herde, die in makroskopischer Hinsicht lebhaft an tuberkulöse Veränderungen erinnern, zeigen **histologisch** einen von diesen deutlich abweichenden Bau. Was die kleineren Knötchen anbetrifft, so bestehen sie nach Höppli in der Hauptsache aus einer Anhäufung von polynukleären Leukozyten, zwischen und in denen zerfallende und zum Teil phagozytierte Pilzhyphen angetroffen werden. In grösseren Herden treten die Polynukleären und Pseudoeosinophilen mehr in den Hintergrund, während dagegen Bindegewebs- und Epithelioidzellen die Hauptmasse der Herde darstellen. Dazwischen finden sich bald mehr oder weniger zahlreich Riesenzellen, deren Kerne sowohl zentral als auch peripherisch und palisadenförmig nach dem Typus der Langhansschen Riesenzellen angeordnet sind. Plasmazellen, die nach Joest und Zumpe in den Aktinomyzesknötchen vom Rind in grosser Zahl anwesend sind, sind hier nicht

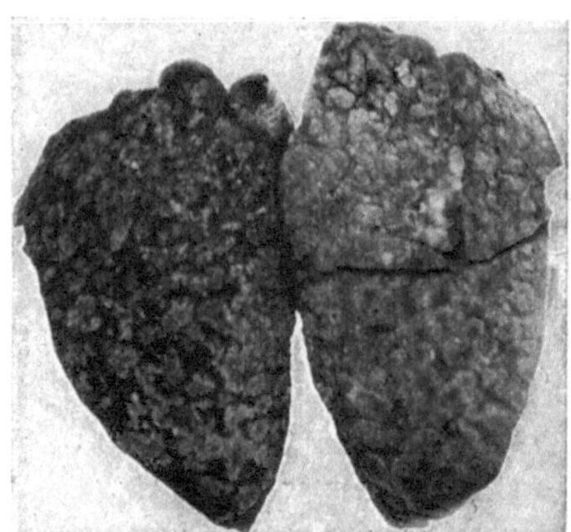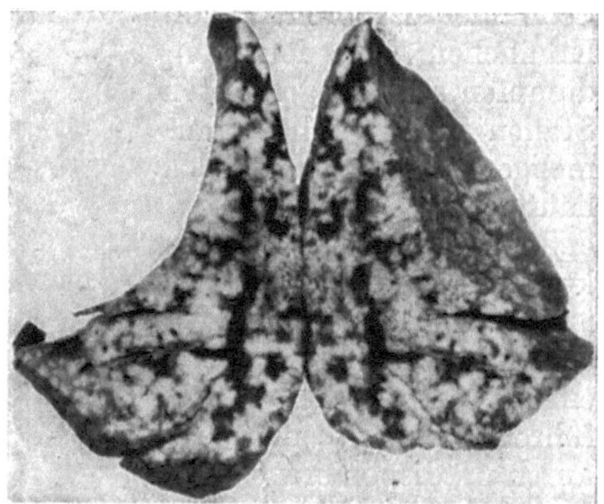

Abb. 20 u. 21.   Pneumomycosis aspergillina beim Kaninchen.   Lungenveränderungen.
(Aus Schöppler, Zentralbl. f. Bakt. usw. I. Abt., Orig., Bd. 82. Jena 1919.)

vorhanden. Kollagene und elastische Fasern befinden sich in der Hauptsache nur im Bereiche der gewucherten Bindegewebszellen.

Wenn auch die genannten Zellen eine bestimmte Anordnung nicht immer erkennen lassen, so trifft es doch im allgemeinen zu, dass die Bindegewebszellen und Leukozyten peripherisch, die Epithelioid- und Riesenzellen mehr zentral gelegen sind. Das Zentrum der Herde wird oft von einer kernlosen Masse eingenommen, in der Ansammlungen und Reste von Pilzfäden, zum Teil mit zugespitztem, zum Teil mit kolbig aufgetriebenem Ende zu erkennen sind. Letztere werden häufig in Epithelioid- und Riesenzellen eingeschlossen angetroffen. Diese scheinen bei der Phagozytose und Zerstörung der Myzelfäden eine besondere Rolle zu spielen. (Von anderer Seite wird ihnen, da auch bei ihrem Fehlen starker Zerfall und teilweise Zerstörung der Filamente beobachtet wird, weniger Bedeutung zugemessen (Obici). Schöppler betrachtet sie als Konglutinations- und Fremdkörper-Riesenzellen, Abb. 22.)

Kleine, innerhalb der Knötchen und Herde gelegene Gefässe sind meist durch thrombotische Massen verschlossen. Entsprechend gelegene Bronchialäste enthalten geronnene Massen und desquamierte Epithelien.

An älteren Herden machen sich regressive Veränderungen in Form von Verfettung und Nekrose bemerkbar, denen sich als Endstadium eine allmählich vom Rande der Knötchen nach dem Zentrum zu fortschreitende bindegewebige Umwandlung anschliesst. Die ganze Entwicklung der Herde (sowie das Auftreten von Eosinophilen und Pseudoeosinophilen) unterscheidet sich weitgehend von der Tuberkulose und kann gegenüber dieser differentialdiagnostisch herangezogen werden.

In der Umgebung dieser Knötchen und herdförmigen Veränderungen findet sich in histologischen Schnitten entweder normales Lungengewebe oder das Bild einer Desquamativ-Pneumonie. An diesen pneumonischen Stellen lassen sich Pilzfäden sowohl in den Alveolen als auch im übrigen Gewebe nachweisen, in letzterem hauptsächlich in vielkernige Riesenzellen eingeschlossen.

Von geringen Abweichungen abgesehen, stimmen die histologischenLungenveränderungen im allgemeinen mit denjenigen bei der Aspergillose anderer Tierarten überein.

Diagnose. Die Feststellung der Krankheit ist in der Mehrzahl der Fälle nur post mortem möglich. Um eine sichere Unterscheidung gegenüber anderen Prozessen vornehmen zu können, empfiehlt es sich, die histologische Untersuchung von veränderten Lungenteilen durchzuführen. Da es auch Fälle gibt, bei denen die Pilze auf diesem Wege nicht einwandfrei nachgewiesen werden können (Fehlen der Fruktifikationsorgane), genügt diese oft nicht allein; es ist deshalb zweckmässig, von vornherein auch Kulturen anzulegen. Endlich liefert die Untersuchung von ungefärbten Zupfpräparaten unter Zusatz von $50\,^0/_0$igem Alkohol und einigen Tropfen Ammoniak günstige Ergebnisse.

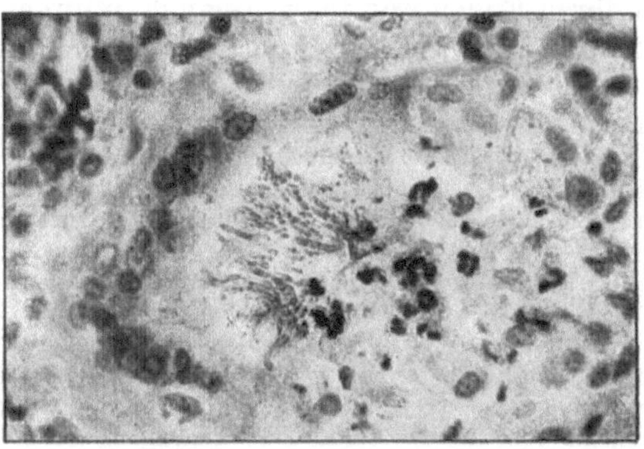

Abb. 22. Pneumomycosis aspergillina beim Kaninchen. Histologischer Schnitt durch ein Aspergillusknötchen. Im Zentrum Riesenzellen und Reste von Pilzfäden. (Aus Höppli, Zeitschr. f. Infektionskrankh., parasitäre Krankh. u. Hyg. d. Haustiere. Bd. 24. 1923.)

Schrifttum.

Höppli, Zeitschr. f. Infektionskrankh., parasitäre Krankh. u. Hyg. d. Haustiere. Bd. 24. S. 39. 1923. — *Schöppler*, Zentralbl. f. Bakteriol., Parasitenk. u. Infektionskrankh., Abt. I, Orig. Bd. 82. S. 559. 1919.

Favus. Erbgrind.

Syn. Wabengrind; Dermatomycosis achorina; Tinea favosa.

Der Favus ist eine beim Kaninchen und den übrigen Haussäugetieren nicht besonders häufig vorkommende, durch einen besonderen Pilz hervorgerufene, infektiöse Hautkrankheit, die durch das Auftreten von scheibenförmigen, dicken, in der Mitte vertieften und daher schüssel- oder schildförmigen Borken von schwefelgelber bis weissgelber Farbe gekennzeichnet ist.

Geschichtliches. Die Entdeckung des Favuspilzes beim Menschen fällt bereits in das Jahr 1839. Sie ist das Verdienst von Schönlein. Später ist der Pilz von Remak (1845) mit dem jetzt allgemein gebräuchlichen Namen Achorion Schönleinii belegt worden. Man hat ihn zuerst als dem Trichophyton tonsurans gleich gehalten und erst später als eine von diesem verschiedene Pilzart erkannt.

Ätiologie. Die Favuskrankheit beim Kaninchen wird gewöhnlich durch Achorion Schönleinii, weniger durch die verschiedenen Abarten des Favuspilzes verursacht. Der Pilz ist in den schildförmigen Hautauflagerungen enthalten, und zwar in Form von homogenen oder leicht gekörnten, wellig verlaufenden Hyphen, die bisweilen dichotomisch verzweigt sind und eine Dicke von 3—5 μ besitzen. Die Fadenstücke zeigen an ihren Enden und teilweise auch in ihrem Verlaufe keulen- oder kolbenförmige, nicht selten knorrig aussehende Verdickungen. Die doppelt konturierten 3—6 μ grossen Sporen besitzen die Form einer Kugel, eines Eies, Biskuits und häufig diejenige eines Rechteckes.

Die künstliche Züchtung gelingt auf allen geeigneten Nährböden, so auf Gelatine, Kartoffeln, 20 %igem Fleischpeptonagar, Traubenzuckeragar u. a. Das Temperaturoptimum liegt bei 30 ° C. Der Pilz bildet von der meist grauweissen oder verschiedenartig gefärbten und gewulsteten Rasenperipherie ausgehende, moosartige Ausläufer und neigt zum Tiefenwachstum. Je nach Alter und Beschaffenheit des Nährbodens besitzen die Favuskulturen eine den Trichophytiepilzen ähnliche Vielgestaltigkeit, zu denen sie im übrigen nahe verwandtschaftliche Beziehungen unterhalten. Der Achorionpilz weist durch Anpassung an die verschiedenen Haustierarten eine Reihe von mit bestimmten morphologischen, kulturellen und pathogenen Eigenschaften ausgestattete Abarten auf, die aber durch fortgesetzten Durchgang durch andere Hautarten wieder in die ursprüngliche Form übergeführt werden können.

Was die **Pathogenität** des Kaninchenfavus anbetrifft, so gelingt die Übertragung auf dieselbe Tiergattung am leichtesten. Aber auch andere Tiergattungen und der Mensch können gegebenenfalls durch das Kaninchen angesteckt werden, wie auch umgekehrt die Möglichkeit einer Ansteckung des Kaninchens durch andere favuskranke Tiere besteht. So ist beispielsweise der Kaninchenfavus von Saint-Cyr auf den Menschen, der Hundefavus von Sabrazès auf Kaninchen mit Erfolg übertragen worden. Nach Felten entwickelt sich nach intravenöser Einverleibung einer Reinkultur des Favuspilzes beim Kaninchen eine mykotische Lungenentzündung.

Die **natürliche Übertragung** erfolgt mit grosser Wahrscheinlichkeit durch unmittelbare oder mittelbare Berührung. Die Gefahr der Verschleppung durch kranke Tiere oder durch Gegenstände, die mit diesen in Berührung gekommen waren, ist eine ausserordentlich grosse. Nach den in der Literatur niedergelegten Erkrankungsfällen scheinen junge Tiere für eine Favusinfektion besonders veranlagt zu sein. Auch die infolge eines schlechten Ernährungszustandes eingetretene Lockerung der Haut soll die Entstehung der Krankheit begünstigen.

Der Verlauf der Krankheit ist in der Regel durchaus gutartig; die häufig von selbst erfolgende Abheilung kann durch geeignete Behandlung (s. später) beschleunigt werden. Ein Todesfall infolge Verlegung der Mastdarmöffnung durch eine Favusborke ist von Mé gnin verzeichnet.

Entstehungsweise und Befund am lebenden und toten Tiere.

Die primäre Ansiedelung des Favuspilzes erfolgt in der Regel im Haarbalgtrichter, von wo aus er sowohl in das Innere des Haarbalges als auch in den extrafollikulären Teil des Haares weiterwuchert und dabei auch zwischen die Zellen der Epidermis (Hornschicht) flächenförmig eindringt. Ob er auch die Malpighische Schicht und die Subkutis durchdringen kann, ist nicht erwiesen. In den Haaren befindet sich der Sitz der Pilze hauptsächlich zwischen Haaroberhäutchen und Haarrinde, sowie in dieser selbst. Die Pilzwucherung kann sogar bis in die innere Wurzelscheide reichen; die Haarzwiebel wird jedoch nur selten und ausnahmsweise befallen (Unna, Mibelli, Wälsch, Jarisch).

Auf dem Boden dieser so beginnenden Pilzwucherungen kommt es allmählich zur Bildung kleiner, gelber bis schwefelgelber Pünktchen, die nach und nach zu linsengrossen und noch grösseren, bis pfennigstückgrossen, erhabenen und scheibenförmigen, im Zentrum vertieften und am Rande wulstig erhabenen Borken (Skutula) heranwachsen. Der Grund für diese zentrale Vertiefung liegt nach Unna in den im Zentrum ungünstigen Ernährungsbedingungen, während die Entwicklung des Pilzlagers in den Randteilen viel lebhafter vor sich geht.

Beim Kaninchen sind diese Skutula, zuweilen mit mittelständigem Haarbüschel, in der Regel gut entwickelt; sie haben ihren Sitz in der Hauptsache im Bereiche des Kopfes (Angesicht, Augenbrauen, Grund der Ohren, s. Abb. 23), sowie an den Pfoten. Auch an anderen Stellen des Körpers (Brust, Rücken) kann es vielleicht infolge Kratzens (es besteht bisweilen leichter Juckreiz) mit den infizierten Pfoten (Sustmann) zur Entstehung solcher Veränderungen kommen. Bei den von Saint-Cyr beobachteten Fällen waren Favusherde nahezu über den ganzen Körper verteilt nachzuweisen, die teils in Form von gelben, trockenen Platten, teils von grösseren Komplexen sich vorfanden. Neben den typischen Skutula sind in manchen Fällen auch nur flachkugelige und bröckelige, mörtelähnliche, zerklüftete und rissige Borken von grauweisser bis gelblichweisser Farbe und weisslichem, staubförmigem Inhalt (Sporen) anzutreffen. Besonders an

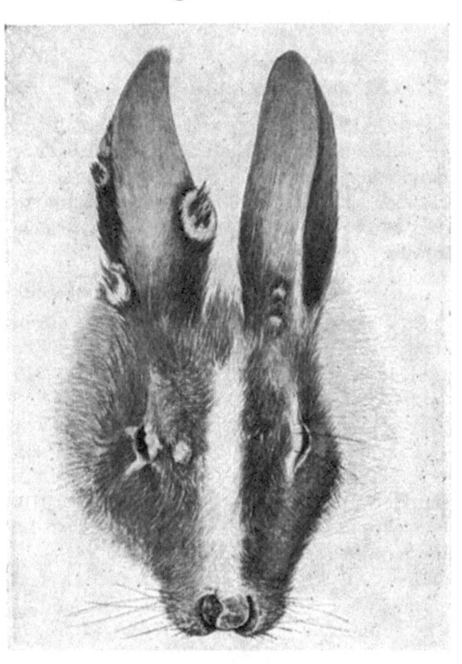

Abb. 23. Favus beim Kaninchen. Typische Favusschildchen an der rechten Ohrmuschel, Borken an den Lidern des rechten Auges und am rechten inneren Nasenflügel. (Aus Hutyra-Marek, Spez. Pathologie und Therapie der Haustiere. Bd. 3, Jena 1922.)

den stärker behaarten Körperteilen pflegt die Schildbildung auszubleiben. (Schlegel hat bei Feldhasen ebenfalls das Vorkommen von Favusborken und in einem Falle dadurch eine eiterig-gangränöse Zerstörung des Auges beobachtet.)

Die Skutula und Krusten lassen sich von ihrer Unterlage verhältnismässig leicht abheben. Sie zeigen auf der Schnittfläche häufig eine schwefelgelbe Farbe. Der darunter liegende Papillarkörper ist leicht vertieft, nass und mehr oder weniger stark gerötet. Die erkankte Haut und besonders die Borkenmasse verbreitet einen eigentümlichen Geruch nach Schimmel oder Mäuseharn. Heilung erfolgt durch Epithelneubildung nach dem Abstossen der Krusten. An der Stelle der so entstehenden Narben bleibt das Haarwachstum aus.

Histologisch bestehen die Skutula fast aus Reinkulturen des Achorion Schönleinii, wobei die Pilzelemente eine bestimmte Anordnung in der Art erkennen lassen, dass das Zentrum im wesentlichen von Konidienhaufen eingenommen wird, während sich an der Peripherie nur Hyphen befinden, die wurzelähnlich in die Tiefe vordringen. Zwischen den Pilzelementen befindet sich ein aus Exsudat und Zellresten bestehender Detritus. Die Skutula sind stets von einem Leukozytenwall umgeben, über den hinaus die Pilze in der Regel nicht vordringen. Im Papillarkörper und im subpapillären Bindegewebe (im Bereiche dieser Skutula) zeigen die Gefässe starke Erweiterung und perivaskuläre Infiltration. Viel stärker als die entzündliche Reaktion tritt aber die toxische Einwirkung des Achorion auf die Epithelzellen und das Bindegewebe in die Erscheinung, die sich in Auflösung der Zellen und Fasern äussert und zur Entstehung von Narben Veranlassung gibt (Jesionek).

Die **Diagnose** des Favus gründet sich vor allem auf den Nachweis der schüsselförmigen Borken (Skutula) und der sie zusammensetzenden Pilzmassen und Pilzfäden. Letzterer ist durch mikroskopische oder histologische Untersuchung verhältnismässig leicht zu erbringen.

Die **Therapie** besteht in der Absonderung der gesunden von den kranken Tieren, gründlicher Desinfektion der Stallungen und Behandlung der erkrankten Tiere mit pilztötenden Mitteln (Salizylsalbe, Jodtinktur, Perubalsam, Sublimatspiritus, Helmreichsche Salbe, Formalinpaste u. a. m.) nach Entfernung und vorheriger Erweichung der Borken.

Schrifttum.

Felten, Favus bei Tieren usw. Inaug.-Diss. Hannover 1912. — *Frank*, Wochenschrift f. Tierheilk. Nr. 36. 1891. — *Fröhner-Zwick*, Lehrbuch der speziellen Pathologie und Therapie. Organkrankheiten. Bd. 1. 1922. — *Gunst*, Ellenberger-Schütz' Jahresber. Jg. 35 u. 36. 1917. — *Heller*, Vergleichende Pathologie der Haut. Berlin 1910. — *Hieronymi*, In Joests Handbuch der speziellen pathologischen Anatomie der Haustiere. Bd. 3. Berlin 1924. — *Hutyra* und *Marek*, Spezielle Pathologie und Therapie der Haustiere. Jena 1920. — *Jarisch*, Hautkrankheiten. 1900. — *Jesionek*, Biologie der gesunden und kranken Haut. Leipzig 1910. — *Kitt*, Bakterienkunde und pathologische Mikroskopie. Wien 1908. — *Mégnin*, Bull. de la soc. centr. de méd. vét. 1880. — *Mégnin* et *Heim*, Soc. de biol. 1894. — *Sabrazès*, Ann. de dermatol. et de syphiligr. 1893. — *Saint-Cyr*, Journ. de méd. vét. de Lyon 1868/69. — *Derselbe*, Ann. de méd. vét. 1868. — *Derselbe*, Recueil de méd. 1869, 1881. — *Derselbe*, Ann. de dermatol. et de syphiligr. 1869. — *Schindelka*, Hautkrankheiten bei Haustieren. Wien u. Leipzig 1908 (Lit.). — *Schlegel*, Zeitschr. f. Tiermed. Bd. 16. S. 308. 1912. — *Sustmann*, Dtsch. tierärztl. Wochenschr. 1918. S. 295. — *Unna*, Histopathologie der Hautkrankheiten. Berlin 1894. — *Wälsch*, Zentralbl. f. Bakteriol., Parasitenk. u. Infektionskrankh., Abt. I. Orig. Bd. 18. S. 138. 1895. Bd. 23. 1898.

Herpes tonsurans. Glatzflechte.

Syn. Dermatomycosis tonsurans, Trichophytia, Ringflechte, Borkenflechte.

Die Glatzflechte ist eine durch einen Pilz, das Trichophyton tonsurans verursachte infektiöse Hauterkrankung, die durch Haarausfall und Bildung von rundlichen, kahlen Stellen gekennzeichnet ist.

Die Krankheit kommt beim Kaninchen sehr selten vor.

Ätiologie. Die Trichophytiepilze bilden 1—4 μ dicke, längliche, gestreckt oder wellig verlaufende Myzelfäden oder Hyphen, die bald gegliedert, bald ungegliedert verlaufen und gabelförmige Verzweigungen aufweisen. Aus den Hyphen gehen durch Abschnürung kleine, kugelige bis längsovale, stark lichtbrechende Sporen oder Konidien hervor, die entweder in Ketten angeordnet oder unregelmässig zerstreut in grossen Mengen vorkommen. Der Pilz bildet hauptsächlich in den Haarbälgen und im Haar dichte Myzelien. Er dringt auch in die Haarwurzel ein und ruft in den Haarfollikeln Entzündungszustände hervor, die zur Lockerung und zum Ausfallen der Haare führen.

Die **künstliche Züchtung** des Pilzes gelingt auf kohlehydratreichen und eiweissarmen Nährstoffen, sowohl bei Zimmer- als auch bei Körpertemperatur. Das Temperaturoptimum liegt bei 33° C. Er wächst in Form von weissen, oft radiär gefalteten, sternförmigen, samtartigen, flaumigen Rasen oder von filzigen, hautartigen, gelblichen oder rötlichen Belägen. Die Kulturen zeigen oft grosse Ähnlichkeit mit denjenigen des Favus und ausserdem einen weitgehenden Pleomorphismus sowie grosse Variabilität in ihrem Aussehen.

Die **natürliche Ansteckung** geschieht sowohl durch unmittelbare Berührung als auch durch Vermittelung von Zwischenträgern (Streu, Wände des Stalles und dgl.). Auch **künstlich** lässt sich die Glatzflechte der verschiedenen Haustiere auf Kaninchen und Meerschweinchen übertragen.

Befund. Am häufigsten befällt die Glatzflechte den Kopf, Hals und die Extremitäten, sie kann sich aber auch auf die übrigen Teile des Körpers ausdehnen. Bei längerer Dauer der Krankheit findet man über die ganze Haut zerstreut scharf begrenzte, haarlose Stellen von zum Teil rundlicher, zum Teil länglich-ovaler Form von 1—2 cm Durchmesser. Nicht selten verläuft die Glatzflechte lediglich unter dem Bilde der Alopezie; häufig gehen aber entzündliche Veränderungen an der Haut mit dem Haarausfall einher. Man findet dann die haarlosen Stellen mit Schuppen und Krusten bedeckt, unter denen die geschwollenen Haarfollikel als hirsekorngrosse Knötchen von stark roter Farbe hervortreten. Bisweilen zeigen die Veränderungen auch mehr papulösen Charakter. In diesem Stadium können sich auch sekundäre Eiterungen einstellen. In ganz alten Fällen ist die Haut dagegen völlig glatt und nur mit kleieartigen Auflagerungen versehen.

Diagnose. Zum mikroskopischen Nachweis werden an den erkrankten Körperteilen die Epidermisschuppen mit dem scharfen Löffel abgetragen, oder die Haare am Rande der kahlen Stellen vorsichtig ausgezogen und zur Aufweichung einer Behandlung mit Kalilauge unterworfen. Unter Umständen ist es notwendig, das Untersuchungsmaterial vorher in Alkohol, Chloroform oder Äther zu entfetten. Bei negativem Ausfall der Untersuchung der Borken und Haare empfiehlt sich nach Tröster die Exzision kleiner Hautstücke, in denen die Haarbälge mit Sporen angefüllt sind. Bei hochgradiger Vereiterung der Follikel gelingt der Nachweis der Pilze schwer oder überhaupt nicht. Beim Menschen wird in solchen Fällen die kutane Trichophytieprobe (ähnlich wie die Tuberkulinprobe) auf der Haut angewendet (Quaddelbildung).

Endlich geben die pilzbefallenen Haare auch noch eine makroskopische Reaktion: Wenn man sie mit Chloroform behandelt, und dieses dann verdunsten lässt, so werden sie kreideweiss. Bei nachheriger Befeuchtung mit Öl erlangen sie jedoch ihre ursprüngliche Farbe wieder (Dyce, Duckworth und Behrend).

Prophylaxe und **Therapie.** Wie bei Favus.

Schrifttum.

Braun-Becker, Kaninchenkrankheiten. Leipzig 1919. — *Fröhner-Zwick*, Spezielle Pathologie und Therapie der Haust. 1922. — *Hutyra-Marek*, Spezielle Pathologie und Therapie der Haust. Bd. 3. 1922. — *Kitt*, Bakterienkunde und pathologische Mikroskopie. 1908. — *Schindelka*, Hautkrankheiten bei Haustieren. Wien u. Leipzig. 1908. — *Sustmann*, Kaninchenseuchen. Leipzig: Michaelis. — *Zürn*, Kaninchenkrankheiten. 1894.

D. Protozoen und die durch sie verursachten Infektionskrankheiten.

Entamoeba cuniculi (Brug).

In den Jahren 1918 und 1919 fand Brug im Kote des Kaninchens (Lepus cuniculus) Amöbenzysten. Bis jetzt sind nur diese bekannt. Sie messen 8,8—18,4 μ, im Durchschnitt 12—15 μ, besitzen 8 Kerne, keine Vakuolen und keine Einschlüsse und sind durch eine deutliche „doppeltkonturierte" Membran ausgezeichnet. (Echte Entamöben wurden auch im Blinddarm von Feldhasen gefunden [Rudowsky und Böhm]).

Schrifttum.

*Brug, S. L.,*Geneesk. tijdschr. v. Nederlandsch Ind. 1918. Zit. nach *Nöller,* Die wichtigsten parasitischen Protozoen des Menschen und der Tiere. I. Teil. Berlin 1922. — *Wirth, Böhm* und *Rudowsky,* Wien. tierärztl. Monatsschr. Jg. 10. H. 3. 1923. — *Prowazek-Nöller,* Handb. d. pathogenen Protozoen. Leipzig 1921.

Flagellaten.

Von den Flagellaten wird beim Kaninchen die mit einem Saugnapf ausgestattete Lamblia intestinalis (Megastoma entericum, Ceremonas intestinalis) angetroffen. Sie bewohnt in der Regel den Magen und Dünndarm und kann unter Umständen zu tödlich verlaufenden Magen- und Darmentzündungen Veranlassung geben (Sartirana, Perroncito). Sie soll sich aber auch bei entzündlichen Darmerkrankungen anderen Ursprungs stark vermehren, so dass der Beweis für ihre pathogene Bedeutung im Einzelfalle schwer zu erbringen ist.

Schrifttum.

Galli-Valerio, Zentralbl. f. Bakteriol., Parasitenk. u. Infektionskrankh., Abt. I, Orig., Bd. 94. 1925. — *Hutyra-Marek,* Spezielle Pathologie und Therapie der Haustiere. 6. Aufl. Bd. 2. 1922. — *Prowazek-Nöller,* Handb. d. pathogenen Protozoen, Leipzig 1921.

Leishmaniose (kala-azarähnliche Erkrankung).

Bei einer unter ähnlichen Erscheinungen wie diejenigen der menschlichen Kala-Azar verlaufenden Krankheit beim Kaninchen hat Splendore ein neues Protozoon nachgewiesen, das grosse Ähnlichkeit mit Leishmania tropica besitzt. Der Parasit wird hauptsächlich in der Leber der erkrankten Tiere beobachtet, er ist für Kaninchen stark pathogen.

Schrifttum.

Splendore, Bull. de la soc. de pathol. exot. Tome 2. 1909.

Trypanosoma cuniculi.

Dem beim Kaninchen bisweilen anzutreffenden Trypanosoma cuniculi kommt in der Regel eine pathogene Bedeutung nicht zu. Es besitzt weitestgehende Ähnlichkeit mit den bei anderen Nagern vorkommenden apathogenen Trypanosomenarten und kann morphologisch von diesen nicht mit Sicherheit unterschieden werden. In der Literatur sind noch verschiedene Formen beschrieben, die sich hauptsächlich durch ihre Grösse voneinander unterscheiden.

Mittlere Länge etwa 15 μ (ohne Geissel), Breite 2—3 μ. Lanzettförmige Gestalt, Hinterende gleicht einem schnabelähnlichen Fortsatz.

Die Geissel besitzt etwa dieselbe Länge wie der Zelleib und nimmt ihren Ursprung am Hinterende des Parasiten neben dem quergestellten Blepharoplasten; sie verläuft am Rande der undulierenden Membran nach dem Vorderende, wo sie frei endigt. Der ziemlich grosse ovale Kern liegt in der vorderen Körperhälfte. Das Entoplasma ist feinkörnig. Die Vermehrung geschieht durch Längsteilung (auch Teilung unter Rosettenbildung in zahlreiche Individuen) sowie durch Knospung.

Von Cazalbou ist beim Kaninchen ein Trypanosoma gigas (80 μ lang) beschrieben worden. In dem von ihm gegebenen Überblick über die bis jetzt beim Kaninchen gefundenen Trypanosomen befinden sich auch Hinweise auf solche, die mit einer gewissen pathogenen Eigenschaft ausgestattet waren.

Schrifttum.

Cazalbou, Recueil de méd. vét. Tome 90. p. 155. 1913. — *Doflein*, Lehrbuch der Protozoenkrankheiten. 4. Aufl. 1916. — *Fiebiger*, Die tierischen Parasiten der Haus- und Nutztiere. 1923. — *Laveran* et *Mesnil*, Trypanosomes et trypanosomiases. Paris 1912.

Kaninchenkokzidiose (Coccidiosis cuniculi).

Unter allen Kaninchenkrankheiten gilt die Kokzidiose als eine der verbreitetsten und gefährlichsten Seuchen. Sie kommt hauptsächlich in Form der Darm- und Leberkokzidiose, die häufig miteinander vergesellschaftet sind, vor und führt in vielen Kaninchenzuchten alljährlich zu akut und chronisch verlaufenden Massenerkrankungen, denen in der Hauptsache die jungen Tiere, aber auch viele ältere zum Opfer fallen. Nach den Beobachtungen von Sustmann entfallen von den Verlusten an Kaninchenseuchen 85% auf die Kokzidiose.

Ätiologie. Alle Formen der Kokzidiose beim Kaninchen werden durch das Coccidium oviforme s. cuniculi (Eimeria Stiedae) verursacht, dessen eirunde Oozysten in zwei verschiedenen Grössen vorkommen (genaue Grössenverhältnisse s. später).

Entwicklungsgang. Die mit der Nahrung und dem Trinkwasser aufgenommenen Oozysten verlieren im Darm des befallenen Wirtstieres ihre Schale infolge Auflösung durch den Pankreassaft. Dadurch werden die in ihnen enthaltenen Sporozoiten frei und dringen kraft ihrer aktiven Bewegungsfähigkeit in die Epithelzellen der Darmzotten ein, um dort eine Umwandlung in etwas grössere Gebilde, die sogenannten Schizonten durchzumachen. Diese bringen auf dem Wege der ungeschlechtlichen Vermehrung (Schizogonie, Agamogonie) viele spindelförmige, ebenfalls aktiv bewegliche sogen. Merozoiten hervor, die dadurch, dass die von ihnen befallenen Epithelien unter ihrer Einwirkung zugrunde gehen, frei werden und Gelegenheit finden, sich in neuen, bisher freien Epithelzellen anzusiedeln, wo sie ebenfalls wieder zu Schizonten heranwachsen. Dieser Vorgang wiederholt sich vielmals in rascher Reihenfolge, so dass in kürzester Zeit sämtliche Drüsenepithelien im Bereiche des betroffenen Darmabschnittes befallen werden. Nach und nach erschöpft sich aber die Vermehrung der Parasiten durch Schizogonie, und aus den in die Epithelzellen eingedrungenen Merozoiten entwickeln sich nicht mehr neue Schizonten, sondern zwei voneinander verschiedene Geschlechtsformen des Parasiten, die sog. Makro- und Mikrogameten. Die letzteren schwärmen in das Darmlumen aus und befruchten dort die ebenfalls freigewordenen Makrogameten. Durch diese Art der Vermehrung, der sog. Sporogonie oder Gamogonie entstehen wiederum Oozysten, die sich meist in grosser Menge in den Drüsenlichtungen, im Darminhalte und den Knoten in der Leber als ovoide Gebilde mit doppelt konturierter Schale und ziemlich stark lichtbrechendem, kugelig zusammengezogenem, granuliertem, kernhaltigem Protoplasma vorfinden. Nach Ablauf dieser endogenen Entwicklung gelangen die Oozysten mit dem Kot des Wirtstieres ins Freie, wo unter günstigen Bedingungen (Wärme, Feuchtigkeit, Licht und Sauerstoff) innerhalb der Oozysten die Bildung von Sporoblasten, Sporozysten und Sporozoiten vor sich geht. Mit dieser exogenen Entwicklung, die meist nur wenige Tage in Anspruch nimmt, findet der Kreislauf der Entwicklung seinen Abschluss (Abb. 24).

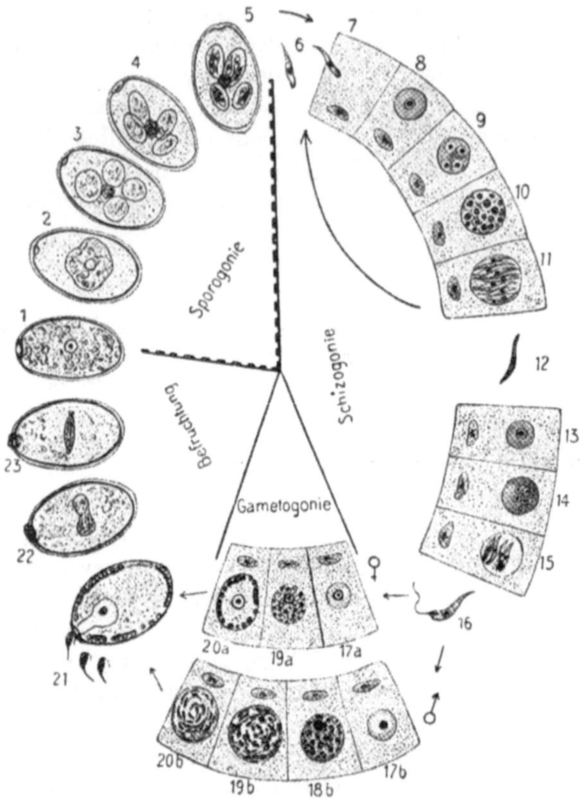

Die Oozysten des beim Kaninchen schmarotzenden Coccidium oviforme s. cuniculi (Eimeria Stiedea) stellen eirunde, am Pole etwas abgeflachte Gebilde dar, die mit einer verhältnismässig dicken, doppelt konturierten, für Farbstoffe undurchlässigen Schale versehen sind und verschiedene Grösse besitzen (s. Abb. 25). Die im Durchschnitt etwa 16—25 μ lange, 14—18 μ breite kleinere Form (auch Coccidium perforans genannt) kommt hauptsächlich im Darme vor, während dagegen die grössere, etwa 30—49 μ lange und 22—28 μ breite Form in der Regel in den Gallengängen nachgewiesen wird. Die Grössenverhältnisse sind ausserordentlich grossen Schwankungen unterworfen. Ausser diesen beiden Formen ist neuerdings von Pérard (1925) eine neue, Eimeria magna n. sp., beschrieben worden. Die von Rudowsky und Böhm bei zwei

Abb. 24. Entwicklungskreis der Kokzidien.

1. Unreife Oozyste; 2., 3., 4. Entstehung von 4 Sporoblasten nebst Restkörpern in der Oozyste; 5. Entstehung von 2 Sporozoiten in jedem Sporoblasten; 6. Sporozoit auf dem Wege zur Darmschleimhautzelle. 7. Darmschleimhautzelle mit Zellkern, in die ein Sporozoit im Begriffe ist einzudringen; 8—11. Heranwachsen des eingedrungenen Sporozoiten zum Schizonten und Bildung von Merozoiten; 12. Freigewordener Merozoit; 13—15. Letztes Schizontenstadium, aus welchem je 4 Merozoiten sich entwickeln, die nach Eindringen in neue Zellen entweder zu weiblichen oder zu männlichen Formen heranwachsen; 16. Freigewordener Merozoit; 17a, 19a, 20a. Entwicklung der Makrogameten; 17b, 18b, 19b, 20b. Entwicklung der Mikrogameten; 21. Befruchtung eines Makrogameten durch Mikrogameten; 22, 23. Entwicklung des befruchteten Makrogameten zur Oozyste. (Nach Reich, Arch. f. Protistenkunde. Bd. 28, verkleinert.)

Wildkaninchen beobachteten Kokzidien weichen völlig von Eimeria Stiedae ab und sind vielleicht eine Spielart von E. falciformis.

Die **natürliche Ansteckung** erfolgt durch das mit oozystenhaltigem Kote kranker Tiere beschmutzte Trinkwasser und Futter. Die Infektion wird besonders begünstigt durch Verabreichung stark wasserhaltigen Grünfutters; ausserdem wirken schwächende Einflüsse (schlechte Ernährung, Bahntransporte, plötzlicher Temperatur- und Futterwechsel) besonders disponierend für die Entstehung der Krankheit. Eine besonders hohe Empfänglichkeit zeigen junge Tiere; diese sieht man vorwiegend an der Kokzidiose erkranken, während dagegen die älteren, unter denselben Bedingungen gehaltenen Tiere weniger leicht infiziert werden und auch gewöhnlich krankhafte Erscheinungen nicht darbieten.

Die Einschleppung der Seuche in gesunde Bestände geschieht nicht nur durch klinisch kranke Tiere, sondern — was besonders beachtenswert ist — nicht selten auch durch sogenannte Kokzidienträger, die selbst nicht krank erscheinen, aber infiziert sind und Kokzidien mit dem Kote ausscheiden.

Nach Rudowsky soll die Wanderratte, bei der neben Eimeria falciformis auch Eimeria Stiedae vorkommt, als Überträgerin der Kokzidiose auf das Kaninchen eine wichtige Rolle spielen. (Die künstliche Übertragbarkeit der Rattenkokzidiose auf das Kaninchen ist einwandfrei erwiesen.)

Die Krankheit ist in hohem Masse ansteckend und rafft meist ganze Zuchten und Laboratoriumsbestände in kürzester Zeit

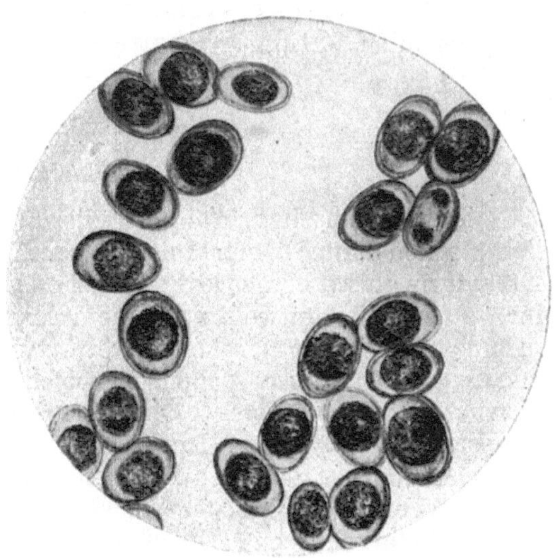

Abb. 25. Oozysten von Coccidiumcuni culi.

dahin. Eine unmittelbare Übertragung der Krankheit von Tier zu Tier kommt nach Zichlin nicht vor.

Künstliche Übertragungsversuche mit Oozysten von Kaninchen haben bei Kaninchen, Kücken und jungen Tauben zu einem positiven Ergebnis geführt. Nach den Versuchen Eckardts treten die ersten Krankheitserscheinungen bei Kücken schon 3—6 Tage nach der Infektion in die Erscheinung.

Da die Kokzidien unter natürlichen Verhältnissen per os aufgenommen werden, so befallen sie als Epithelschmarotzer in erster Linie den Darm, wo sie mehr oder weniger schwere Veränderungen hervorrufen. Ausser den Darmepithelien bevorzugen die Kokzidien beim Kaninchen auch noch die Epithelien der intrahepatischen Gallengänge, wo unter ihrer Einwirkung umfangreiche chronische Veränderungen zustande kommen. Die Kaninchenkokzidiose tritt demnach sowohl in Form der Darm - als auch der Gallengangskokzidiose in die Erscheinung. Häufig sind beide miteinander vergesellschaftet. Seltener trifft es zu, dass gleichzeitig auch noch Nasenkokzidiose (Rhinitis coccidiosa) vorhanden ist (s. später).

Klinische Erscheinungen.

Die Ansiedelung der Parasiten im Darme führt nicht nur zu einem schweren, unstillbaren Durchfall (der bei der Leberkokzidiose fehlt), sondern sie zieht auch, besonders bei chronischem Verlauf Allgemeinerscheinungen, wie Anämie, Abmagerung und Erschöpfung nach sich. Sowohl bei Darm- als auch bei Leberkokzidiose ist der Leib entweder infolge von Aszites oder starker Vergrösserung der Leber mehr oder weniger stark aufgetrieben. Häufig wird Speichelfluss, Ausfluss aus der Nase und wiederholtes Niesen beobachtet. Auch die Lidschleimhäute können entzündet und die Lider durch Schleim verklebt sein. Der oftmals gelungene Nachweis der Kokzidien im Nasen- und Augenschleim hat dazu geführt, den Begriff der Kokzidienrhinitis aufzustellen.

Die Sterblichkeitsziffer ist eine ausserordentlich hohe; 90 bis 100 % der mit Kokzidiose behafteten Jungtiere fallen der Krankheit zum Opfer.

Pathologische Anatomie.

a) Darmkokzidiose.

Makroskopisches. Die Veränderungen am Darme, der ausserordentlich starken Meteorismus zeigt, beschränken sich in der Regel auf den Dünndarm, bisweilen sogar nur auf das obere Duodenum. Sie bestehen im wesentlichen entweder in einem akuten, desquamativen oder schleimigen Katarrh mit deutlicher Rötung und Schwellung der Schleimhaut oder in einem ausgesprochen chronischen Katarrh mit starker Schleimhautverdickung, zähem, rötlichem Schleimbelag, seltener in hämorrhagischer Entzündung. Im Gegensatz zu anderen Tierarten ist beim Kaninchen der Befall der Darmschleimhaut meist ein diffuser. Herdförmige Veränderungen werden seltener angetroffen. Ausser den genannten katarrhalischen Erscheinungen am Darm sieht man in vielen Fällen auch pseudomembranöse Entzündungszustände auftreten. Hierbei und in solchen Fällen, in denen die Darmschleimhaut schwere diphtheroide, nekrotisierende und geschwürige Prozesse aufweist, spielen mit grosser Wahrscheinlichkeit sekundäre bakterielle Infektionen eine Rolle.

Histologisches. In histologischen Schnittpräparaten findet man die Epithelien sowohl der Darmzotten als auch der Darmeigendrüsen mit Kokzidien dicht besetzt. Sie liegen neben den zur Seite gedrängten Kernen der betroffenen Zellen und füllen deren Protoplasma nahezu völlig aus. Die Kokzidien sind rund oder ovoid, fein granuliert und besitzen keine Hülle. Durch die enorme, immer mehr zunehmende Grösse der Parasiten gehen die Zellen allmählich zugrunde. Sie werden mitsamt den freiwerdenden Parasiten in das Darmlumen oder die Drüsenschläuche abgestossen. Dort werden ausserdem auch noch freie Oozysten und andere Entwicklungsformen angetroffen. Die Zotten selbst sind in geringem Grade verlängert und zeigen eine leukozytäre Infiltration der Propria mucosa.

b) Gallengangskokzidiose.

Neben der Erkrankung des Darmes spielt bei der Kaninchenkokzidiose diejenige der Leber infolge ihres ausgesprochen chronischen Verlaufes eine grosse Rolle. Sie ist meist die notwendige Folge der vorausgegangenen Infektion des Darmes mit Kokzidien. Gewöhnlich wird das Mitergriffensein der Leber als Leberkokzidiose (Coccidiosis hepatis) bezeichnet; in Wirklichkeit handelt es sich jedoch um eine Erkrankung der intrahepatischen Gallengänge, so dass es sich empfiehlt, dafür die zutreffendere Bezeichnung „Gallengangskokzidiose" zu gebrauchen (Joest).

Entstehungsweise. Die Infektion der Gallenwege kommt dadurch zustande, dass die sogenannten Dauerformen der Kokzidien (Oozysten) mit der Nahrung oder dem Trinkwasser aufgenommen werden und in den Dünndarm gelangen. Dort werden durch Auflösung der Oozystenschale die in ihr enthaltenen Sporozoiten frei und gelangen mit grosser Wahrscheinlichkeit auf dem Wege des Ductus choledochus in das Gallengangsystem der Leber. In den Gallengängen selbst besiedeln sie die Epithelien und beginnen dort ihr Zerstörungswerk.

Es steht bis jetzt noch nicht einwandfrei fest, in welcher Weise das Aufwärtswandern der Parasiten im Ductus choledochus und in den Gallengängen vor sich geht. Mit grosser Wahrscheinlichkeit geschieht dies dadurch, dass die Sporozoiten eine aktive Bewegungsfähigkeit besitzen. Eine weitere Möglichkeit wäre die eines fortgesetzten Weiterwanderns der Infektion von Epithelzelle zu Epithelzelle in proximaler Richtung während der zunächst ungeschlechtlichen Vermehrung der Parasiten (Schizogonie), bei der aktiv bewegliche Merozoiten gebildet werden. Die dritte Möglichkeit endlich, dass Sporozoiten oder Merozoiten vom Darmepithel aus in die Schleimhaut eindringen und mit dem Pfortaderblut der Leber zugeführt werden, ist mit Rücksicht darauf, dass die Leberkokzidiose des Kaninchens eine „Gallengangskokzidiose" darstellt, von vornherein wenig wahrscheinlich.

Die in den Epithelien der Gallengänge eingedrungenen Kokzidien vermehren sich zunächst durch Schizogonie, später auch noch durch Sporogonie (Gamogonie). Die letztere Entwicklungsform beobachtet man hauptsächlich in den makroskopisch sichtbaren, herdförmigen Veränderungen der Gallengänge. Die neben der Sporogonie meist noch längere Zeit sich fortsetzende Schizogonie führt immer wieder zur Infektion der an die Stelle von zugrunde gegangenen Epithelien tretenden neugebildeten Epithelien sowie der neugebildeten Gallengänge. Diesem doppelten Vermehrungsvorgange ist es zuzuschreiben, dass die Gallengangskokzidiose in der Regel durch solch schwere chronische Veränderungen ausgezeichnet ist, wie dies beim Kaninchen zutrifft. Wahrscheinlich ist aber die längere Zeit andauernde Sporogonie (Gamogonie) in erster Linie für die Entstehung der schweren Gallengangsveränderungen verantwortlich zu machen.

Makroskopisches. Die Leber der mit Gallengangskokzidiose behafteten Kaninchen ist in den meisten Fällen etwas vergrössert und zeigt an ihrer Oberfläche grauweissliche bis graugelblichweisse Herde, die in der Mehrzahl auftreten und die Grösse eines Hirsekornes bis zu der einer Linse, ja sogar einer Haselnuss besitzen. Die Herde sind von glatter Serosa überzogen und treten nur wenig über die Oberfläche hervor. Bisweilen sind sie anscheinend regellos über die ganze Leberoberfläche verteilt, häufiger lassen sie jedoch eine ganz bestimmte Anordnung in der Art erkennen, dass sie reihenförmig nebeneinander liegen. In vielen Fällen sieht man solche reihenförmig angeordnete Herde zusammenfliessen, so dass kurze, gangartige Stränge unter der Leberkapsel sichtbar werden. Die Herde besitzen eine weichere Konsistenz als die des umgebenden Leberparenchyms (s. Abb. 26).

Auf Durchschnitten durch so veränderte Lebern kann man feststellen, dass die beschriebenen Herde in den oben genannten Grössen sowohl unmittelbar unter der Leberkapsel als auch zerstreut im Lebergewebe liegen und dass sie mit einer festen Bindegewebswand versehene

Gänge und Höhlen darstellen, die mit einer grauweissen bis graugelben, schmierigen, dickrahmigen, eiterähnlichen oder käseartigen Masse angefüllt sind. Durch die umgebende Bindegewebskapsel werden die, Abszessen oder erweichten tuberkulösen Veränderungen zum Verwechseln ähnelnden Herde, scharf gegen das umgebende Lebergewebe abgegrenzt. Dieselben eiterähnlichen Massen finden sich nach Felsenthal und Stamm häufig auch in den grossen Gallengängen und sogar in der Gallenblase.

Histologische Schnitte durch ausgesprochene Kokzidienknoten ergeben überaus charakteristische Bilder. Sie zeigen, dass es sich bei den genannten Knoten und gangartigen Strängen unter der Leberserosa um örtlich erweiterte Gallengänge handelt, deren Wand durch eine eigenartige Wucherung sowohl des Epithels als auch der bindegewebigen

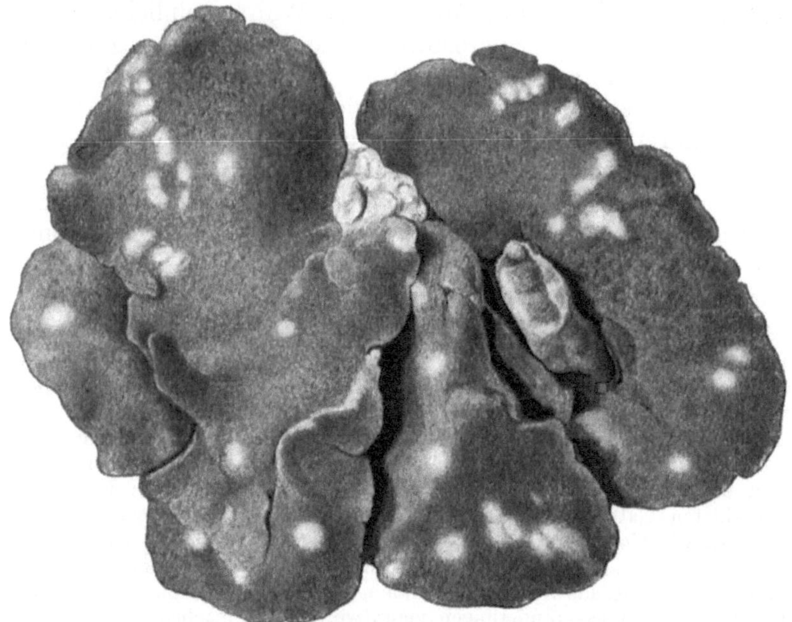

Abb. 26. Gallengangskokzidose beim Kaninchien. Leber mit multiplen „Kokzidienknoten"
in natürlicher Größe. (Aus Joest, Handbuch d. spez. pathol. Anat. d. Haustiere. Bd. 2,
Berlin 1921.)

Teile mehr oder weniger stark verdickt ist. Die epithelialen Wucherungen führen zur Entstehung von papillären Vorsprüngen, die in zum Teil weitverzweigten Verästelungen in das Lumen der Gallengänge von allen Seiten hineinragen oder dieses in Form von Scheidewänden durchziehen, so dass mehrkammerige Räume entstehen. Durch diese papillären Vorsprünge erhalten die Kokzidienknoten ein dem Cystadenoma papilliferum durchaus ähnliches Aussehen, als welches sie früher auch angesehen wurden (Schweizer, Joest, Abb. 27 und 28).

Das Bindegewebe der Gallengangswand, aus dem der Grundstock der papillären Vorsprünge gebildet wird, lässt einen ziemlich dichten fibrillären Bau und in der Regel eine bald mehr, bald weniger starke Infiltration erkennen. In der Wand und ihrer Umgebung können nach Heindl Riesenzellen vorkommen. Dagegen bildet das Vorhandensein von eosinophilen Zellen unter den infiltrierenden Bestandteilen eine Seltenheit (Heindl). In sämtlichen Epithelzellen der Kokzidienknoten, im besonderen derjenigen, die die papillären Wucherungen bekleiden, lassen sich mit grosser Regelmässigkeit Kokzidien nachweisen, und zwar entweder in Gestalt von Schizonten oder von Makro- oder Mikrogametozyten (den Vorstufen der Makro- und Mikrogameten). Bei jüngeren Knoten sind

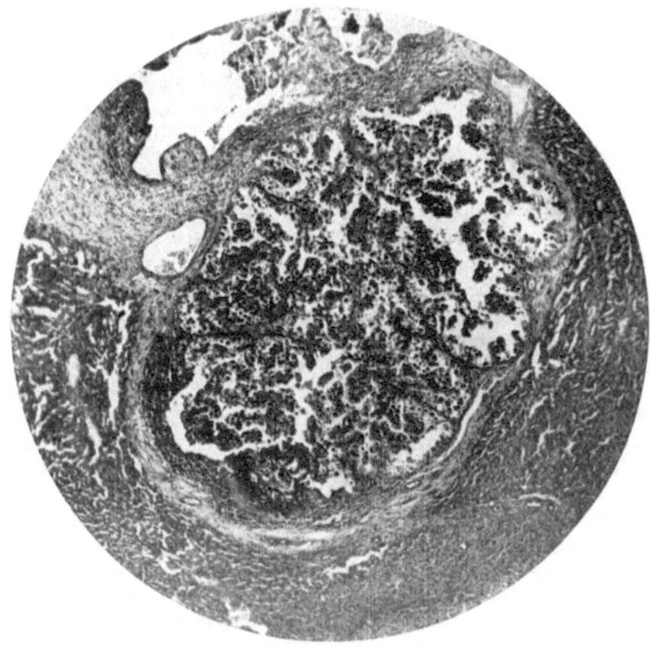

Abb. 27. Gallengangskokzidiose beim Kaninchen. Schnitt durch einen örtlich erweiterten Gallengang (Kokzidienknoten) mit bindegewebig verdickter Wand und papillären Wucherungen der Gallengangswand. Der Inhalt der Gallengangslichtung besteht aus Oozysten und jüngeren Entwicklungsstadien von Eimeria stiedae.

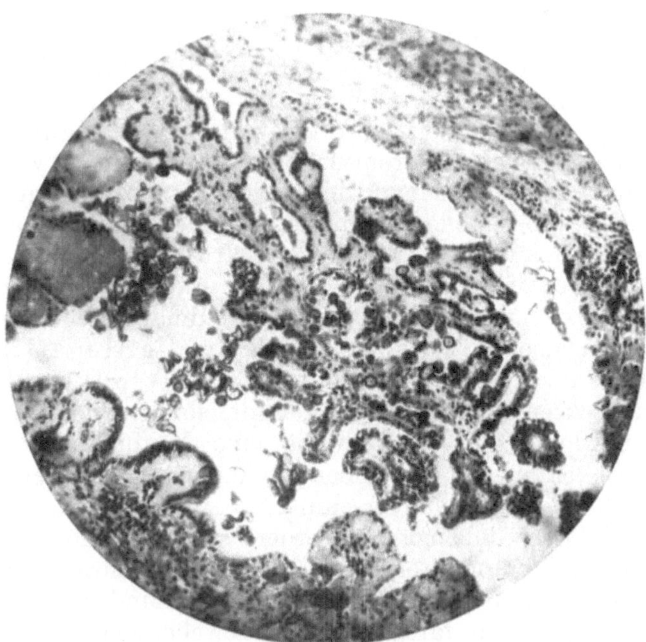

Abb. 28. Gallengangskokzidiose beim Kaninchen. Lumen eines erweiterten Gallenganges mit papillären Wucherungen der Wand. In und außerhalb der Epithelien zahlreiche Entwicklungsstadien, hauptsächlich Makrogameten und Oozysten.

die Schizonten, bei älteren die Gametozyten in der Überzahl. Sie treten innerhalb der Zellen gewöhnlich in der Einzahl, seltener in der Mehrzahl auf und zwar in Form von verhältnismässig grossen, kugeligen und ovoiden, fein oder grobgranulierten, mit undeutlichem bläschenförmigem Kern ausgestatteten, membranlosen Gebilden. Sie liegen im Zytoplasma der stark vergrösserten Zellen über dem Kern, der basalwärts verdrängt ist.

An den so befallenen Epithelzellen machen sich im Laufe der Zeit entweder infolge der immer mehr zunehmenden Grösse der Parasiten selbst oder der von ihnen gebildeten Stoffwechselprodukte Zerfallserscheinungen an den Kernen bemerkbar (Pyknose und Karyorrhexis). Auch das Zytoplasma und die Zellmembran verfallen dem Untergang. Auf diese Weise wird der von ihr eingeschlossene Parasit frei. Es kommt auch vor, dass die befallenen Epithelzellen abgestossen werden und dann zerfallen. Daneben wird stellenweise auch eine Nekrose der Epithelien beobachtet.

Die auf diese Weise frei gewordenen Gametozyten wandeln sich nun nach stattgefundener Befruchtung in Sporonten und Oozysten um, die die Kokzidienknoten in Massen ausfüllen und unter dem Mikroskop im ungefärbten Präparat schon deutlich hervortreten. Sie bilden neben Schizonten, freien Gametozyten und zerfallenden Epithelien den Hauptanteil des käsigen oder eiterähnlichen Inhalts der Kokzidienknoten. Im Verhältnis zu den Oozysten werden die Mikrogameten, Sporozoiten und Merozoiten sehr viel spärlicher angetroffen. Eiterzellen kommen im Inhalt der Kokzidienknoten nicht vor.

Die infolge der Parasiteninvasion abgestossenen und zugrunde gegangenen Epithelien der Gallengangswände werden in der Regel rasch wieder durch neugebildete ersetzt. Diese Epithelregeneration geht besonders in jüngeren Kokzidienknoten über das gewöhnliche Mass weit hinaus, so dass stellenweise kugelförmige Epithelhyperplasien entstehen. In älteren Knoten dagegen ist dies nicht der Fall. In diesen werden vielmehr die untergegangenen Epithelien nicht mehr ersetzt, so dass oft umfangreiche Epitheldefekte entstehen. Die in den jüngeren Knoten neugebildeten Epithelien werden innerhalb kurzer Zeit ebenfalls wieder von Kokzidien befallen dadurch, dass Merozoiten in diese eindringen, um sich innerhalb der Zellen zu Gametozyten umzuwandeln und sich zu Sporonten und Oozysten heranzubilden.

Von den Gallengängen aus gelangen die letzteren durch den Ductus choledochus in den Darm und von diesem mit dem Kot ins Freie, wo sie wieder zur Infektion neuer Tiere Veranlassung geben können.

Zusammenfassend handelt es sich bei der Gallengangskokzidiose um eine in der Regel chronische Cholangitis mit Erweiterung der betroffenen Abschnitte und charakteristischen Wucherungsvorgängen an der erkrankten Gallengangswand. Wenn die Erkrankung einen chronischen Verlauf nimmt, so wird sekundär auch noch das Leberparenchym in Mitleidenschaft gezogen dadurch, dass die Bindegewebsneubildung im Bereiche der chronisch entzündeten Gallengangswände auch auf das benachbarte Interstitium übergreift. Auf diese Weise entsteht bisweilen eine oft erhebliche Vermehrung des interlobulären, besonders des periportalen Bindegewebes, d. h. mit anderen Worten eine chronische interstitielle Hepatitis. Obwohl es nach den Untersuchungen von Heindl hierbei zur Ausbildung einer echten Zirrhose nicht kommt, so wird doch in dem neugebildeten interlobulären Bindegewebe eine Neubildung von Gallenkanälchen beobachtet, die mit hohem Zylinderepithel ausgestattet sind und das Aussehen von Drüsenquerschnitten besitzen. Auch die Epithelien dieser neugebildeten Gallengänge werden von Parasiten befallen und erleiden dieselben Veränderungen wie die oben beschriebenen. Mit der Dilatation der betroffenen Gallengänge und der Bindegewebsneubildung in deren Wand und im interlobulären Gewebe geht natürlicherweise eine Druckatrophie des benachbarten Leberparenchyms Hand in Hand. Mit dem Aufhören der Schizogonie kann es in seltenen Fällen zu einer Rückbildung der Kokzidienknoten und zu einer Heilung der Krankheit kommen. Nach dem Verschwinden der hüllenlosen Parasiten enthält der die Knoten ausfüllende Detritus nur noch beschalte und degenerierte Parasitenformen. Während der Inhalt der Knoten sich mehr und mehr eindickt und sogar verkalken kann, wandelt sich ihre Wand in ein dickschwieliges Narbengewebe um, das mehr oder weniger breite Züge auch zwischen die benachbarten Läppchen hineinsendet. Zum Schluss enthalten so veränderte Knoten überhaupt keine Parasiten mehr. Nach Heindl kann ein solcher Heilungsvorgang auch durch eine Nekrose des Epithels und des angrenzenden Bindegewebes der Gallengangswand angebahnt werden. In diesen Fällen entwickelt sich von den erhaltenen Wandbestandteilen aus Granulationsgewebe, das nach dem Lumen zu in die nekrotische Masse hinein- und vordringt und schliesslich eine vollständige Obliteration des erkrankten Gallengangsabschnittes herbeiführt.

Diagnose. Da die pathologisch-anatomischen Veränderungen bei der Kokzidiose sowohl im Darm als auch in der Leber überaus vielgestaltig sind, so empfiehlt es sich durch die histologische Untersuchung dieser Teile oder den mikroskopischen Nachweis der Kokzidien im Einzelfalle die Diagnose zu sichern. Für den mikroskopischen Nachweis der Kokzidien ist es zweckmässig, sich der Kochsalzanreicherungsmethode zu bedienen, die nach den Untersuchungen von Fülleborn, Nöller und Otten sowie Hobmaier auch für den Kokzidiennachweis, besonders im Kot überaus günstige Ergebnisse liefert. Erwähnt soll noch werden, dass Patterson mit der Komplementbindungsmethode bei Verwendung von Kochsalzextrakten aus kokzidienhaltigen Lebern zur Erkennung der Kokzidiose während des Lebens günstige Ergebnisse erzielt hat.

Anhang.

Die durch Kokzidien verursachte Nasenentzündung (Rhinitis coccidiosa).

Die Rhinitis coccidiosa ist in vielen Fällen mit der Darm- und Leberkokzidiose vergesellschaftet. Nicht selten soll sie als selbständige Krankheit auftreten, die enzootischen Charakter besitzt und durch eine hochgradige Entzündung der Schleimhaut der Nase und der Lider, seltener der Kopfhöhlen gekennzeichnet ist.

Geschichtliches. Früher wurden alle enzootischen Nasenentzündungen, die beim Kaninchen vorkommen, unter der Bezeichnung „bösartiger Schnupfen" zusammengefasst, ohne Rücksicht auf die Ätiologie dieser Krankheiten. Später, nachdem Zürn auf die durch Kokzidien verursachte Nasenentzündung hingewiesen hatte, wurden alle infektiösen Nasenentzündungen dieser zugezählt. Diese Zuzählung geschah aber zu Unrecht, denn es ist durch die neueren Forschungen erwiesen worden, dass der grösste Teil aller infektiösen Rhinitiden beim Kaninchen bakterieller Natur ist. Trotzdem spielt die Kokzidienrhinitis eine nicht untergeordnete Rolle.

Ätiologie und Pathogenese. Wie die Darm- und Leberkokzidiose, so wird auch die durch Kokzidien verursachte Rhinitis durch das Coccidium oviforme s. cuniculi (Eimeria Stiedae) hervorgerufen. In der Hauptsache findet man in der Nasenhöhle die auch als Coccidium perforans bezeichnete kleinere Form des Coccidium oviforme. In neuerer Zeit wird in Abrede gestellt, dass die Kokzidien an der Entzündung der Nasenschleimhaut ursächlich beteiligt sind. Der Kokzidienbefund wird vielmehr lediglich auf eine Verschmutzung von aussen her zurück-

geführt. (Diese Ansicht dürfte aber jedenfalls nicht zutreffen.) Die Einwanderung der Kokzidien in die Nasenhöhle erfolgt mit grosser Wahrscheinlichkeit durch beim Niesen und Ausprusten verspritzte Nasensekret-
tröpfchen kranker Tiere. Ausserdem können bei der Aufnahme von mit
Kokzidien verunreinigtem Futter die Parasiten in die Nasenhöhle gelangen. Feuchtigkeit der Aufbewahrungsräume, besonders der Streu
scheint auch hier dem Zustandekommen und Umsichgreifen der Krankheit
weitgehend Vorschub zu leisten. Wie bei der Darm- und Leberkokzidiose
zeigen die jungen Tiere eine ganz besondere Empfänglichkeit; während
diese hauptsächlich daran erkranken, kommen Erkrankungen bei älteren
Tieren sehr viel seltener oder gar nicht zur Beobachtung.

Klinische Erscheinungen. Sie besitzen grosse Ähnlichkeit mit denjenigen bei der
durch Bakterien verursachten ansteckenden Rhinitis (s. dort). Zunächst zeigt sich um die
Nasenlöcher geringes Nässen, aus dem sich in kürzester Zeit ein geringgradiger, schleimiger
Nasenausfluss entwickelt. Gleichzeitig beobachtet man häufiges, oft andauerndes Niesen
und Ausprusten.

Auch Greifbewegungen mit den Vorderpfoten nach der Nase werden nicht selten
wahrgenommen. Das Allgemeinbefinden der Tiere ist anfänglich keineswegs gestört;
die Tiere sind zu Beginn der Krankheit munter und zeigen gute Fresslust. Aber schon
nach wenigen Tagen fangen sie an zu trauern, verlieren den Appetit oder verweigern die
Nahrungsaufnahme ganz. Als Ausdruck des Schmerzes knirschen sie häufig mit den
Zähnen. Mit zunehmender Erkrankung wird auch der Nasenausfluss reichlicher, er ist
nicht mehr klar und schleimig, sondern zeigt eiterige Beschaffenheit.

In vielen Fällen bleibt die Erkrankung nicht allein auf die Nasenhöhle beschränkt, sondern sie greift auch auf die Lidbindehaut und
die Mundhöhle über, an denen ebenfalls katarrhalische und eiterige
Entzündungsvorgänge sich abspielen. In selteneren Fällen kann es endlich
auch zur Miterkrankung des Mittelohres kommen. Eine solche
zeigt sich durch schiefe Kopfhaltung, Taumeln, Rollbewegungen und
Krämpfe bei Einwirkung äusserer Reize an. Gegen Ende der Krankheit
wird, wenn dies nicht von vornherein der Fall ist, auch der Darm mitergriffen (durch Abschlucken schleimig-eiteriger Massen aus der Nasen-,
Mund- und Rachenhöhle). Es entsteht ein schwerer unstillbarer Durchfall, der, verbunden mit allgemeinem Kräfteverfall, in kürzester Zeit
den Tod der befallenen Tiere zur Folge hat.

Pathologische Anatomie. Bei der Sektion findet man die Schleimhaut der Nasenhöhle, in fortgeschritteneren Fällen auch die der Mund-
und Rachenhöhle hochgradig gerötet, bei chronischem Verlauf auch
geschwollen und mit umfangreichen, schleimig-eiterigen Massen, die oft
die ganze Nasenhöhle und den Rachenraum ausfüllen, belegt.

Diagnose und Differentialdiagnose. Die Diagnose Kokzidienrhinitis wird durch den mikroskopischen Nachweis der Kokzidien in dem
eiterig-schleimigen Sekret der Nase und der Augen gesichert. Ein weiteres
Unterscheidungsmerkmal von der bakteriellen Rhinitis (Brustseuche)
ist durch die zu Beginn der Krankheit nur geringgradige Störung des
Allgemeinbefindens, den geringen Temperaturanstieg sowie durch das
Fehlen von Lungenentzündungen gegeben. Beim Speichelfluss, der
beim Kaninchen ebenfalls als selbständige Krankheit auftreten kann,
entleert sich ein schaumiger Speichel nur aus dem Munde. Kokzidien
sind nicht nachweisbar. Auch findet man an den Lippen und zum Teil
auf der Mundschleimhaut kleine, weissliche Knötchen und Bläschen,
die übrigen Schleimhäute, besonders die Nasenschleimhaut zeigen aber

hierbei keine Veränderungen. Bei der Ohrräude, die in letzter Linie differentialdiagnostisch in Betracht zu ziehen ist, fehlen katarrhalische und eiterige Entzündungen an den Kopfschleimhäuten vollständig. Sie kann auch durch den Nachweis der Milben, in den übrigens sehr charakteristischen Veränderungen des Gehörganges leicht von der Kokzidienrhinitis unterschieden werden (s. bei Ohrräude).

Meningo-Encephalomyelitis bei Kokzidiose.

Bekanntlich beobachtet man bei mit Darmkokzidiose behafteten jungen Kaninchen neben den allgemeinen Krankheitssymptomen nicht selten konvulsive und paralytische Erscheinungen. Nach Galli-Valerio soll die **Obduktion** solcher Kaninchen neben dem Vorliegen einer starken Darminfektion mit Eimeria Stiedae Hyperämie und Ödem der Meningen sowie des Gehirns und Rückenmarks ergeben. Kulturell und in Schnitten können nach Galli-Valerio Keime nicht ermittelt werden.

Histologisch ist die Pia nach Galli-Valerio mit Rundzellen infiltriert. Im Gehirn und Rückemnark sind die Gefässe stark erweitert, mit roten Blutkörperchen angefüllt und zum Teil von Rundzelleninfiltrationen umgeben. Daneben finden sich stets auch noch kleine Hämorrhagien. Die Veränderungen sind in den Vorderhörnern des Rückenmarks offenbar am stärksten ausgeprägt, sie sollen sehr an diejenigen bei der Hundestaupe und bei der Poliomyelitis infectiosa acuta erinnern.

Die **Ursachen** dieser Meningo-Encephalomyelitis führt Galli-Valerio auf die Einwirkung der den Kokzidien zukommenden toxischen Eigenschaften zurück. Solange nicht umfassende Nachprüfungen dieser Untersuchungsergebnisse vorliegen, werden sie mit Vorsicht aufzunehmen sein. Bis jetzt ist jedenfalls von einer toxischen Wirkung der Kokzidien nichts bekannt, sie müsste sonst auch bei der Leberkokzidiose zum Ausdruck kommen. Die Entzündung des Gehirns und seiner Häute könnte höchstens in der Weise erklärt werden, dass durch die Veränderungen der Darmschleimhaut dort befindlichen bakteriellen Toxinen oder Bakterien selbst der Eintritt in die Blutbahn eröffnet wird (Reichenow).

Prophylaxe und Therapie der Kokzidiose. Durch die Kenntnis der natürlichen Infektionsquellen sind die vorbeugenden Massnahmen bereits vorgeschrieben. In erster Linie ist zu verhindern, dass Futter, das reichlich Kokzidienzysten enthält, verabreicht wird. Die Aufnahme von geringen Mengen wird in der Regel ohne Schaden vertragen. Weiterhin müsste der Tilgung von Ratten in Kaninchenstallungen grössere Beachtung geschenkt werden wie bisher. Beim Ausbruche der Krankheit in einem Bestande haben sich als weitere Massnahmen zweckentsprechend erwiesen: Absonderung der kranken Tiere, gründliche Reinigung des Stalles und der Stallgeräte, Futterwechsel (Übergang zur Trockenfütterung) (Reichenow).

Sämtliche Versuche, die Krankheit mit Arzneimitteln zu heilen, haben bis jetzt zu praktisch brauchbaren Ergebnissen nicht geführt.

Schrifttum.

Augwin, The vet. rec. Vol. 20. p. 248. 1908. — *Altara,* Nuova veterin. 1924. S. 144. — *Brault* et *Loeper,* Journ. de physiol. et de pathol. gén. Tome 6. p. 821. 1907. — *Brügge* und *Heinke,* Dtsch. tierärztl. Wochenschr. 1921. Jg. 29. S. 41. — *Délamare,* Bull. de la soc. de pathol. exot. Tome 18. p. 633. 1925. — *Engel,* Tierärztl. Rundschau. Jg. 25. S. 225. 1919. — *Felsenthal* und *Stamm,* Virchows Arch. f. pathol. Anat. u.

Physiol. Bd. 132. S. 36. 1893. — *Flad*, Inaug.-Diss. Giessen 1920. — *Freytag*, Sächs. Vet.-Ber. 1920. S. 65. — *Fülleborn*, Arch. f. Schiffs- u. Tropenhyg. Bd. 24. S. 174. 1920. — *Galli-Valerio*, Zentralbl. f. Bakteriol., Parasitenk. u. Infektionskrankh., Abt. I, Orig., Bd. 76. S. 511. 1915. — *Grosse*, Dtsch. tierärztl. Wochenschr. 1921. S. 414. — *Guillebeau*, Schweiz. Arch. f. Tierheilk. Bd. 58. S. 596. 1926. — *Hadley*, Arch. f. Protistenkunde. Bd. 23. S. 7. 1911. — *Hardenbergh*, Zentralbl. f. Bakteriol., Parasitenk. u. Infektionskrankh. Abt. I. Ref. Bd. 77. S. 474. 1924. — *Hartmann*, Praktikum der Protozoologie. 2. Aufl. Jena 1911. — *Heindl*, Inaug.-Diss. Bern 1910. — *Johne*, Sächs. Vet.-Ber. 1881. S. 60. — *Kaupp*, Journ. of the Americ. med. assoc. Vol. 56. p. 194. 1920. — *Kitt*, Dtsch. landwirtschaftl. Presse 1917. S. 25. — *Königs*, Der Kaninchenzüchter. Jg. 27. S. 801. — *Labbé*, Arch. de zool. exp. et gén. Tome 4. Sér. 3. p. 517. 1896. — *Lucet*, Cpt. rend. de l'acad. des sciences, Paris. Tome 157. p. 1091. 1913. — *Derselbe*, Bull. de la soc. centr. de méd. vét. Tome 67. p. 446. 1913. — *Martou*, Rev. vét. 1909. p. 201. — *Metzner*, Arch. f. Protistenkunde. Bd. 2. S. 13. 1903. — *Nieschulz*, Dtsch. tierärztl. Wochenschr. 1923. S. 245. — *Noeller* und *Otten*, Berl. tierärztl. Wochenschr. 1921. S. 481. — *Ottolenghi* und *Pabis*, Zentralbl. f. Bakteriol., Parasitenk. u. Infektionskrankh., Abt. I, Orig. Bd. 69. S. 538. 1913. — *Patterson*, Zentralbl. f. Bakteriol., Parasitenk. u. Infektionskrankh., Abt. I. Ref. Bd. 77. S. 288. 1924. Brit. journ. of exp. pathol. Vol. 4. p. 1. 1923. — *Panizza*, Clin. veterin. rez. prat. settim. 1910. p. 81. — *Pérard*, Zentralbl. f. Bakteriol., Parasitenk. u. Infektionskrankh., Abt. I. Bd. 79. S. 172. 1925. Cpt. rend. hebdom. des séances de l'acad. des sciences. Tome 178. p. 2131. 1924. — *Derselbe*, Ibidem. Ref. Bd. 82. S. 123. 1926. Ann. de l'inst. Pasteur. Tome 39. p. 952. 1925. — *Derselbe*, Ibidem. Ref. Bd. 80. S. 225. 1925/26. Cpt. rend. hebdom. des séances de l'acad. des sciences. Tome 179. p. 1436. 1924. — *Pfeiffer*, Die Kokzidienkrankheit der Kaninchen. Berlin: Hirschwald 1892. — *Raebiger*, Zeitschrift f. Ziegenzucht 1920. S. 261. — *Derselbe*, Dtsch. tierärztl. Wochenschr. 1918. S. 379. — *Raebiger* und *Spiegl*, Dtsch. tierärztl. Wochenschr. 1919. S. 270. — *Dieselben*, Kaninchenzucht Sachsen-Anhalt. 1919. S. 20. — *Railliet* et *Lucet*, Bull. de la soc. zool. franç. Tome 16. p. 246. 1891. — *Rautmann*, Dtsch. tierärztl. Wochenschr. Bd. 23. S. 193. 1915. — *Reich*, Arch. f. Protistenkunde. Bd. 28. S. 1. 1913. — *Reichenow*, In Prowazek-Nöller, Handbuch der pathologenen Protozooen. Leipzig 1921. — *Remy*, Ann. de méd. vét. Tome 39. p. 465. 1890. — *Reuter*, Geflügel-börse 1919. S. 795. — *Rudowsky*, Zentralbl. f. Bakteriol., Parasitenk. u. Infektionskrankh., Abt. I, Orig., Bd. 87. S. 427. 1922. — *Saul*, Ibidem. Abt. I, Orig., Bd. 88. S. 548. 1922. — *Simond*, Ann. de l'inst. Pasteur. Tome 5. p. 545. 1897. — *Schlegel*, Zeitschr. f. Infektionskrankh., parasitäre Krankh. u. Hyg. d. Haustiere. Bd. 20. S. 310. 1920. — *Smith*, Journ. of med. research. Vol. 23. p. 407. 1910. — *Seebandt*, Inaug.-Diss. Hannover 1920. — *Sustmann*, Tierärztl. Rundschau 1912. S. 432. 1919. S. 225. — *Derselbe*, Münch. tierärztl. Wochenschr. 1914. S. 1001. — *Derselbe*, Dtsch. tierärztl. Wochenschr. 1921. S. 248. — *Derselbe*, Berl. tierärztl. Wochenschr. 1917. S. 375. — *Derselbe*, Der Kaninchenzüchter 1918. S. 370. Ref. Tierärztl. Rundschau 1918. — *Tyzzer*, Journ. of med. research. Vol. 7. H. 3. 1902. — *v. Wasielewsky*, Studien und Mikrophotogramme zur Kenntnis der pathogenen Protozoen. Leipzig 1904. — *Wiedemann*, Münch. tierärztl. Wochenschr. 1916. S. 872. — *Zürn*, Die kugel- und eiförmigen Psorospermien als Ursache von Krankheiten bei Haustieren. Leipzig 1878. — *Derselbe*, Vortrag f. Tierärzte 1878. I. 2.

Toxoplasmose.

Die Toxoplasmose ist eine, namentlich in tropischen und sub-tropischen Ländern bei Kaninchen und anderen Säugetieren sowie bei Vögeln beobachtete Infektionskrankheit, die durch Toxoplasmen hervor-gerufen wird. Sie spielt in manchen Ländern, so in Brasilien eine bedeutende Rolle und bildet für die Kaninchenbestände eine Gefahr wie die Kokzidiose oder die Rhinitis contagiosa (Kraus).

Geschichtliches. Im Jahre 1908 wurde von Splendore eine ansteckende Krankheit bei Kaninchen in Brasilien beschrieben, bei der ätiologisch eigenartige Parasiten nachgewiesen werden konnten. In demselben Jahre wurden von Nicolle und Manceau (1908) beim Ctenodactylus gondi, einem Nagetier in Tunis, ähnliche Parasiten gefunden und mit dem Namen Toxoplasma gondii belegt. In den folgenden Jahren ist die Krankheit beim Kaninchen von verschiedenen Autoren beobachtet und beschrieben worden. (Carini 1909, Bourret 1911, Saceghem 1916, Kraus 1926 u. a.)

Vorkommen. Toxoplasmose beim Kaninchen wurde bis jetzt festgestellt in Brasilien, Argentinien, in Senegal und im Kongostaat. Über ihr Auftreten bei Kaninchen in Deutschland liegen Mitteilungen nicht vor, obwohl sie hier bei Vögeln (Mayer, Nöller) wiederholt beobachtet wurde. In England ist sie bei wildlebenden Nagern (1914) festgestellt worden.

Ätiologie. Toxoplasma cuniculi (Splendore) besitzt die grösste Ähnlichkeit mit Toxoplasma gondii. Es weist eine Länge von 5—9 μ und eine Breite von 2—4 μ auf. Die bei den übrigen Tieren nachgewiesenen Toxoplasmenformen zeigen, was ihre Grösse und ihre morphologischen Merkmale anbetrifft, solch weitgehende Ähnlichkeiten, dass ihre Unterscheidung nicht möglich ist. Ob es sich bei diesen verschiedenen Formen um verschiedene Arten oder nur um Spielarten einer Art handelt, müssen weitere Forschungen ergeben.

Die Toxoplasmen leben frei oder in bestimmten Zellen der befallenen Tiere. Nach den Untersuchungen von Laveran kommt ihnen in frischem Zustande eine geringe Eigenbewegung zu, die sie befähigt, in die Zellen einzudringen. Von diesen werden besonders die Monozyten und polynukleären Leukozyten, dann aber auch Bindegewebszellen und Zellen epithelialer Herkunft (Endothelzellen, Parenchymzellen) befallen. Die intrazellulären Formen sind in der Regel etwas kleiner als die freien; im übrigen besitzen sie aber beide gemeinsame Eigenschaften. Sie sind rundlich oder länglich, im freien Zustand häufig bogen- oder halbmondförmig. Das eine Ende ist spitz, während das andere mehr abgerundet erscheint. Diesem genähert liegt auch in der Regel der runde, kompakte Kern, in dem selten das Kernkörperchen deutlich zu sehen ist. Neben den Einzelformen kommen auch zusammengeballte Gruppen von 2, 4, 8 und noch mehr Parasiten vor (schizogonisches Stadium). Der Durchmesser einer solchen Gruppe, die von manchen Autoren als „enzystierte Formen" aufgefasst werden, kann bis zu 25 μ betragen. In den Zellen liegen die Parasiten im Protoplasma, wo sie ebenfalls sowohl in der Einzahl als auch gruppenweise angetroffen werden.

Bei Anwendung der Giemsafärbung färbt sich der Kern der Toxoplasmen rot, während ihr Plasma blaue Farbe (bisweilen mit Chromatinpartikelchen) annimmt.

Die **Vermehrung der Toxoplasmen** geschieht sowohl durch einfache Längsteilung (Zweiteilung) als auch durch Schizogonie. Letztere soll nach Chatton und Blanc hauptsächlich in den fixen Zellen der inneren Organe, erstere besonders in den beweglichen Blutzellen angetroffen werden.

Die **künstliche Züchtung** der Toxoplasmen ist bis jetzt trotz mehrfacher Versuche nicht gelungen.

Widerstandsfähigkeit. Nach den Angaben von Nicolle und Conor sollen die Toxoplasmen im Kadaver rasch zugrunde gehen. Mesnil und Sarrailhé konnten dagegen mit der Peritonealflüssigkeit einer infizierten Maus noch 30 und 50 Stunden nach ihrem Tode eine Infektion erzielen. Zweistündiges Erwärmen auf 48,5⁰ C. tötet die Parasiten sicher ab. Bei Einwirkung von destilliertem Wasser während der Dauer von 15′ werden sie ebenfalls abgetötet, während sie dagegen bei Einwirkung artfremden Serums ihre Virulenz nicht verlieren. In Verdünnungen bis 1: 100 000 erweisen sich die Parasiten noch als infektiös.

Natürliche Ansteckung. Über die Art und Weise der natürlichen Übertragung sind bis jetzt sichere Tatsachen nicht bekannt. Es wird allgemein angenommen, dass Insekten (Stomoxys-Arten) dabei eine Rolle spielen. Auch Zecken sind als Vermittler der Infektion beschuldigt worden. Neuere Beobachtungen von Kraus in Sao Paolo sprechen gegen die Übertragung durch fliegende Insekten; sie weisen vielmehr auf die Möglichkeit hin, dass Hautparasiten der Tauben, unter denen die Toxoplasmose weit verbreitet ist, als Überträger der Krankheit in Betracht kommen.

Die **künstliche Übertragung** gelingt sowohl durch subkutane, intravenöse und intraperitoneale Impfung mit Verreibungen der parasitenhaltigen Organe, sowie der meist reichlich vorhandenen Peritonealflüssigkeit an Toxoplasmose erkrankter und verendeter Kaninchen. Mesnil und Sarrailhé haben experimentell den Nachweis erbracht, dass sie auch durch die gesunde, intakte Schleimhaut (Mundschleimhaut, Konjunktiva und Vaginalschleimhaut) eindringen können. Durch die äussere Haut vermögen die Parasiten dagegen nicht einzudringen. Carini und Maciel ist bei der Taube auch eine Fütterungsinfektion gelungen. Möglicherweise spielt diese unter natürlichen Verhältnissen eine Rolle.

Für die **künstliche Infektion** ist noch die Tatsache beachtenswert, dass sich nicht alle Tierarten, u. a. auch solche, die für eine natürliche Infektion empfänglich sind, anstecken lassen. Ausserdem hängt der Erfolg der künstlichen Übertragung bisweilen sehr von der Art und Weise der Einverleibung des Impfmaterials ab. So gelingt beispielsweise die Übertragung des Toxoplasma cuniculi wohl auf Tauben, nicht aber auf Meerschweinchen, weisse Ratten und Hunde (Carini). Was den Einfluss der Art und Weise der Impfung auf das Haften der Infektion anbetrifft, so haben Laveran und Marullaz festgestellt, dass Kaninchen und Mäuse durch intravenöse Einverleibung des Toxoplasma gondii viel leichter infiziert werden können als durch intraperitoneale.

Beim Kaninchen nimmt die Krankheit nach der intravenösen Infektion einen sehr akuten Verlauf. Die Tiere zeigen Appetitmangel, blasse Verfärbung der Schleimhäute, Abmagerung und gegen das Ende der Krankheit Lähmungen der Hinterhand. Epidemiologisch beachtenswert ist die von Chatton und Blanc festgestellte Tatsache, dass die Erkrankung hauptsächlich an die kalte Jahreszeit und zwar an die Monate Oktober bis Februar gebunden ist.

Pathologische Anatomie. Die an Toxoplasmose verendeten Kaninchen zeigen in der Regel eine auffallende Abmagerung. In der Bauchhöhle findet sich meist eine grössere Menge seröser Flüssigkeit. Von den inneren Organen zeigen Leber, Milz und Darm die hauptsächlichsten Veränderungen. Die Leber ist meist erheblich geschwollen, von normaler Konsistenz. Bisweilen findet man ihre Oberfläche mit kleinen, weisslichen Knötchen bedeckt, die weitgehende Ähnlichkeit mit Miliartuberkulose besitzen. Bei älteren Kaninchen werden jedoch diese miliaren Herdchen häufig vermisst (Laveran und Marullaz); die Leber besitzt dann ein marmoriertes Aussehen. Die Milz befindet sich im Zustande hochgradiger Schwellung, sie kann um das Mehrfache vergrössert sein und eine weiche, ja sogar breiige Konsistenz aufweisen. Die Darmwand ist stark hyperämisch, die Gefässe sind gefüllt und die verdickte Schleimhaut ist häufig mit linsengrossen Geschwüren bedeckt, in denen die Parasiten in grosser Zahl nachgewiesen werden können. Auch die Gekröselymphknoten befinden sich im Zustande starker Hyperämie und Schwellung. Nieren und Pankreas lassen, abgesehen von mehr oder weniger stark ausgeprägtem Blutreichtum, abnorme Veränderungen nicht erkennen.

Auch in der Brusthöhle wird häufig ein blutig-seröses Exsudat angetroffen. In den blutreichen Lungen befinden sich bisweilen bronchopneumonische Herde und dieselben miliaren Knötchen wie in der Leber. Auch Knochenmark und Zentralnervensystem sollen bisweilen in Mitleidenschaft gezogen sein.

Nach den von Laveran und Nattau-Larrier sowie von Walzberg (beim Zeisig) vorliegenden **histologischen Untersuchungen** der veränderten Organe handelt es sich bei den Leberknötchen um nekrotische Zellherde im Bereiche von thrombosierten Kapillaren. Später beobachtet man eine Ansammlung von eosinophilen Leukozyten sowie das Auftreten fibrösen Gewebes im Zentrum der Herde. Im übrigen zeigen Leber und Milz starken Blutreichtum. Die Parenchymzellen und besonders die mononukleären Leukozyten dieser Organe beherbergen die Toxoplasmen in grosser Zahl. Im Darm sind nach Walzberg die Lymphspalten der Tunica propria, der Submukosa, der Muskularis und der Subserosa mit Toxoplasmen angefüllt. Auch in den Lungen, deren Kapillaren häufig thrombosiert sind, sollen sie in grossen Mengen enthalten sein.

Nach Arantes sind auch die Neurogliazellen sowie die Muskelfasern Sitz von zum Teil zahlreichen, in Nestern liegenden Parasiten; diese Befunde konnten von Walzberg bei mit Toxoplasmose behafteten Zeisigen in Deutschland nicht bestätigt werden.

Diagnose. Sie kann durch den Nachweis der charakteristischen Toxoplasmen, die in den genannten Organen und ausserdem in den Lymphknoten, Nieren und Knochenmark, im Herzblut (in geringer Zahl) und mit Leichtigkeit in Ausstrich-, Schnitt- und Abklatschpräparaten auffindbar sind, mit Sicherheit gestellt werden. Bei Abstrichen aus der Darmschleimhaut können sich unter Umständen Verwechslungen mit Kokzidienmerozoiten ergeben.

Schrifttum.

Bourret, Bull. de la soc. de pathol. exot. Tome 4. p. 373. 1911. — *Carini*, Bull. de la soc. de pathol. exot. Tome 2. p. 465. 1909. — *Derselbe*, Bull. de la soc. de pathol. exot. Tome 4. p. 518. 1911. — *Carini* et *Maciel*, Bull. de la soc. de pathol. exoth. Tome 6. p. 681. 1913. Tome 7. p. 112. 1914. — *Chatton* et *Blanc*, Arch. de l'inst. Pasteur de Tunis. Tome 10. p. 1 et 281. 1917/18. — *Doflein*, Lehrbuch der Protozoenkunde. 4. Aufl. Jena 1916. — *Knuth* und *du Toit*, Tropenkrankheiten der Haustiere. Leipzig 1921. — *Kraus*, Seuchenbekämpfung. Jg 3, S. 150. 1926. — *Laveran*, Bull. de la soc. de pathol. exot. Tome 6, p. 294. 1913. — *Derselbe*, Bull. de la soc. de pathol. exot. Tome 8, p. 58. 1915. — *Laveran et Marullaz*, Bull. de la soc. de pathol. exot. Tome 6, p. 249. 1913. — *Dieselben*, Bull. de la soc. de pathol. exot. Tome 6, p. 460. 1913. — *Laveran et Nattau-Larrier*, Bull. de la soc. de pathol. exot. Tome 6, p. 158. 1913. — *Mesnil et Sarrailhé*, Cpt. rend. des séances de la soc. de biol. Tome 74, p. 325. 1913. — *Nicolle et Conor*, Arch. de l'inst. Pasteur Tunis. p. 106. — *Dieselben*, Bull. de la soc. de pathol. exot. Tome 6, p. 160. 1913. — *Nicolle et Manceaux*, Arch. de l'inst. Pasteur Tunis. Tome 2, p. 97. 1908. — *Nöller, in Prowazek-Nöller*, Handbuch der pathog. Protozoen. Bd. 2, S. 907. 1920. — *Saceghem*, Bull. de la soc. de pathol. exot. Tome 9, p. 432. 1916. — *Splendore*, Bull. de la soc. de pathol. exot. Tome 2, p. 462. 1909. — *Derselbe*, Revista da soc. Scient. de Sao Paulo. Vol. 3, Nr. 10—12. 1908. — *Walzberg*, Zeitschr. f. Infektionskrankh., parasitäre Krankh. u. Hyg. d. Haustiere. Bd. 25, S. 19. 1923.

Anaplasmenartige Gebilde bei normalen Kaninchen.

Anaplasmenartige Randkörperchen in den roten Blutzellen von gesunden Kaninchen und Meerschweinchen sind von Tibadi in Sardinien, sowie von Laveran und Franchini in Frankreich ermittelt worden. Sie besitzen in morphologischer und färberischer Hinsicht weitestgehende Ähnlichkeit mit dem Anaplasma marginale von Theiler. Solche Gebilde stellen auch bei anderen Nagetieren (Ratten und Mäusen) einen ausserordentlich häufigen Befund dar (Bruce und seine Mitarbeiter, Jowett, Koidzumi, Laveran und Franchini u. a.).

Sie wurden von Joest und Jähnichen auch bei an Osteomalazie, von Schaaf bei an infektiöser und sekundärer Anämie leidenden Pferden angetroffen.

Sämtliche Untersucher sind sich darüber einig, dass diese Gebilde mit echten Anaplasmen und mit der Anaplasmose nichts zu tun haben. Wenn es sich hierbei überhaupt um belebte Gebilde handelt — was bis jetzt keineswegs erwiesen ist — so kommt ihnen beim Kaninchen eine pathogene Bedeutung jedenfalls nicht zu.

Experimentell ist es gelungen, bei Kaninchen durch Einspritzung von destilliertem Wasser ähnliche Gebilde zu erzeugen.

Nach fast allgemein geteilter Ansicht sind die genannten anaplasmenartigen Gebilde den zuerst von Howell (1890) bei Katzen und später von Jolly (1905) bei anderen Tieren und besonders bei Embryonen gefundenen, jetzt als Howell-Jollysche Körperchen bekannten, gleichzustellen.

Schrifttum.

Howell, Journ. of morphol. Vol. 4. 1890. — *Jolly,* Cpt. rend. des séances de la soc. de biol. 1905, p. 528 et 593. — *Joest und Jähnichen,* Berlin. tierärztl. Wochenschr. 1914, S. 149. — *Jowett,* Journ. of comp. pathol. a. therapeut. Tome 24, p. 40. 1911. — *Koidzumi,* Zentralbl. f. Bakteriol., Parasitenk. u. Infektionskrankh., Abt. I. Orig. Bd. 65, S. 337. 1912. — *Knuth* und *du Toit,* Tropenkrankheiten der Haustiere. Leipzig 1921. — *Laveran et Franchini,* Bull. de la soc. de pathol. exot. 1914, p. 580. — *Schaaf,* Arch. f. wiss. u. prakt. Tierheilk. Bd. 51, S. 512. 1924. — *Tibadi,* Pathologica 1914, p. 261.

Enzootische Enzephalomyelitis.
(Ansteckende Gehirn- und Rückenmarksentzündung).

Die hier in Rede stehende Enzephalitis ist eine enzootisch auftretende, früher wohl schon beobachtete, ansteckende Erkrankung des Zentralnervensystems des Kaninchens, auf die man aber erst in den letzten Jahren durch die experimentelle Enzephalitis-, Herpes- und Poliomyelitis-Forschung erneut aufmerksam wurde und die in diesem Zusammenhang eine ganz besondere Bedeutung erlangt hat.

Die ersten Beobachtungen über diese Krankheit sind bereits im Jahre 1917 von Bull aus London mitgeteilt worden. Dieser Mitteilung schliessen sich an diejenigen von Oliver in San Francisco im Jahre 1922, von Twort und Archer in England im gleichen Jahre, von Bonfiglio in Rom im Jahre 1923/24 und von Mc Cartney in Nordamerika. Weiterhin wurde die Krankheit beobachtet und näher studiert von Wright und Craighead (im Zusammenhang mit Versuchen, die Poliomyelitis epidemica mit Hilfe von Flöhen auf Kaninchen zu übertragen), von Levaditi und seinen Mitarbeitern in Frankreich (1923), sodann von Doerr und Zdansky in der Schweiz und von Jahnel und Illert, Pette, Plaut und Mulzer u. a. in Deutschland.

Wenn demnach die Krankheit in verschiedenen Gegenden des In- und Auslandes vorkommt, so scheint sie doch keineswegs die Verbreitung zu besitzen, die ihr von manchen Forschern zugesprochen wird. Sie müsste sonst an den Stellen, an denen besonders ausgedehnt über experimentelle Enzephalitis gearbeitet wird, auf Grund der zahlreichen histologischen

Untersuchungen von Kaninchengehirnen bereits viel früher und wiederholt festgestellt worden sein. Dies ist aber nicht der Fall, denn in Paris, Basel und in Stockholm ist sie jahrelang nicht beobachtet worden. Auch Spielmeyer, Nissl, Kling und seine Mitarbeiter, die Hunderte von Kaninchengehirnen histologisch untersucht haben, sind niemals auf spontane Enzephalitiden gestossen. In gleicher Weise konnte Verfasser, der im Zusammenhang mit den gemeinsam mit Zwick und Witte ausgeführten experimentellen Arbeiten über die Bornasche Krankheit des Pferdes mehrere Hunderte von Kaninchengehirnen histologisch untersucht hat, niemals Spontanenzephalitiden auffinden. Es muss allerdings zugegeben und in Rechnung gezogen werden, dass die Spontanenzephalitis häufig einen latenten Verlauf nehmen kann, der eine Erkennung intra vitam auf Grund des klinischen Befundes nicht gestattet. Aus diesem Grunde ist es nicht ausgeschlossen, dass systematisch durchgeführte Untersuchungen des Liquors (an dem bestimmte, wenn auch nicht konstante Veränderungen vorkommen) in zahlreichen und grösseren Kaninchenzuchten verschiedener Gegenden doch eine weitere Verbreitung ergeben möchten.

In Tierbeständen, in denen die Seuche einmal Eingang gefunden hat, scheint sie nur einen kleineren Prozentsatz der Tiere zu befallen. So fand sie Oliver in San Francisco bei 20 % seiner Tiere, Bonfiglio in Rom bei 25 unter 79 und Pette bei 5 unter 120 Tieren. Auch bei den von Jahnel und Illert sowie denjenigen von Plaut und Mulzer beobachteten Erkrankungen handelt es sich nur um vereinzelte Fälle während einer Beobachtungszeit von mehreren Jahren.

Ätiologie. Bis jetzt ist es noch nicht einwandfrei erwiesen, welcher Art das dieser Krankheit zugrunde liegende infektiöse Agens ist. Wright und Craighead ist es zuerst gelungen, in den bei der spontanen Enzephalitis im Gehirn und in den Nieren auftretenden pathologisch-anatomischen Veränderungen parasitäre Gebilde darzustellen, die sie für ein Protozoon (Mikrosporid) oder die Entwicklungsform eines solchen halten. Diese Gebilde sind später von Doerr und Zdansky, Levaditi und seinen Mitarbeitern, Bonfiglio sowie von Cowdry, Goodpasture, Verratti, Sala und da Fano ebenfalls beobachtet und näher beschrieben worden. Der mit der Bezeichnung **„Encephalitozon cuniculi"** belegte Mikroorganismus, der von Levaditi und seinen Mitarbeitern als Erreger der Kaninchenenzephalitis angesehen wird, findet sich nach Wright und Craighead, Levaditi, Doerr und Zdansky besonders im Bereich der subkortikalen Knötchen im Gehirn, in der Nähe von Epithelioid- und Riesenzellen (s. Abb. 29). Er ist häufig in grösserer Zahl in zystenartige Hohlräume eingeschlossen, die zwar scharf begrenzt sind, eine eigentliche Wand aber nicht erkennen lassen. Daneben wird er auch eingeschlossen in Makrophagen und zum Teil auch isoliert angetroffen.

Über die Grösse der Parasiten gehen die Angaben auseinander. Ihre Länge bewegt sich zwischen $1—4\,\mu$; ihre Breite beläuft sich nach Levaditi auf $1—1,5\,\mu$. Im übrigen besitzen sie eine länglich-ovale, birnen-, sichel- oder kahnförmige Gestalt mit runden oder konischen Ecken und scharfer, glatter, membranartiger Begrenzung.

Was ihre Färbbarkeit anbetrifft, so sind sie in Hämatoxylinpräparaten entweder gar nicht sichtbar oder sie treten nur als blassblaue, bisweilen auch stärker lichtbrechende Gebilde hervor. Löfflers Methylenblau nehmen sie dagegen leicht an und färben sich damit nicht nur scharf, sondern gewähren auch einen Einblick in ihre innere Struktur

(Kern und Membran). Zur Darstellung in Schnittpräparaten eignet sich am besten eine Färbung mit Karbolfuchsin und Methylenblau (Vorfärbung mit vierfach verdünntem Karbolfuchsin, Beizung und Entfärbung mit unverdünntem Formalin, Gegenfärbung mit Methylenblau). Die Mikroorganismen färben sich hierbei rot bis violett, die Zellkerne blau. Im allgemeinen scheinen die Mikroorganismen nicht streng azidophil zu sein, denn bei Vorfärbung mit einem basischen Farbstoff wird auch dieser festgehalten. Bei der Färbung nach Mann, die sich ebenfalls gut eignet, treten die Parasiten als rote, bei der Färbung nach Giemsa als blaugrüne Gebilde hervor. Der Gramfärbung gegenüber verhalten sie sich grampositiv bis gramnegativ.

Ausser im Gehirn finden sich die Parasiten auch in den Knötchen der Nierenrinde innerhalb von Epithelien oder frei in den Harnkanälchen und sogar im Harne.

Wenn es auch nach dem Aussehen und der Färbbarkeit der genannten Parasiten sowie ihrem hauptsächlichen Vorkommen im Bereiche der

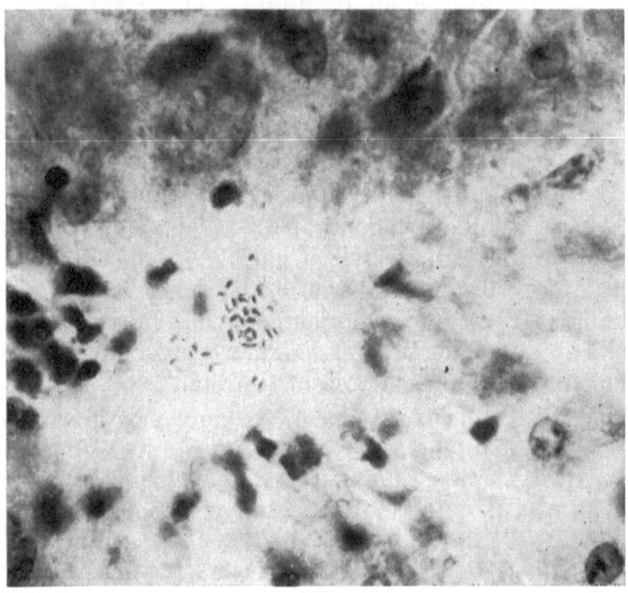

Abb. 29. Enzootische Enzephalitis beim Kaninchen. Histologischer Schnitt durch ein entzündliches Granulom im Gehirn. Im nekrotischen Zentrum zahlreiche Exemplare des „Encephalitozoon cuniculi". (Nach Pette, Hamburg.)

pathologisch-anatomischen Veränderungen viel für sich hat, sie als Erreger der Krankheit anzusprechen, so steht der endgültige Beweis für ihre ursächliche Bedeutung bis jetzt noch aus. Es ist auch eine auffällige Tatsache, dass die Parasiten bei weitem nicht in allen Fällen angetroffen werden. Indessen lässt sich dieser Umstand auch nicht als Beweis gegen ihre Erregernatur anführen, denn, da bis jetzt über den Entwicklungsgang der Parasiten so gut wie nichts bekannt ist, wissen wir nicht, ob alle ihre Entwicklungsstadien sichtbar gemacht werden können.

Züchtung. Versuche, den Erreger auf künstlichen Nährböden zu züchten, sind bis jetzt negativ verlaufen. Nach Levaditi, Nicolau und Schoen sollen sich nach Einsaat von mikrosporidienhaltigen Gehirnteilen in Spezialnährböden (deren Zusammensetzung leider nicht angegeben ist) die Sporen scheinbar vermehrt haben.

Glyzerinresistenz. Nach den Angaben von Doerr und Zdansky darf es als sicher erwiesen gelten, dass die beschriebenen Parasiten, in Hirnsubstanz eingeschlossen, monatelang der Einwirkung von Glyzerin widerstehen können.

Es wird eine im Interesse der gesamten Enzephalitisforschung liegende Aufgabe der nächsten Zeit sein, das Wesen der spontanen Kaninchenenzephalitis weiter zu erforschen und einer völligen Klarstellung zuzuführen.

In **epidemiologischer Hinsicht** verdient erwähnt zu werden, dass Pette die Krankheit nur während der Frühjahrsmonate beobachtet hat. Jahnel und Illert begegneten ihren Fällen im September. Leider liegen in den Arbeiten der übrigen Forscher Angaben über die Zeit des hauptsächlichsten Auftretens der Krankheit nicht vor, so dass bestimmte Anhaltspunkte in der Richtung der Epidemiologie nicht gewonnen werden können.

Die Ansichten über den **natürlichen Infektionsmodus** gehen dahin (Levaditi und seine Mitarbeiter), dass die Erreger mit dem Harn in die Aussenwelt gelangen, dort das Futter befeuchten und mit diesem — also auf intestinalem Wege — auf andere Kaninchen übertragen werden können. Diese Annahme der Verbreitung durch den Harn ist durchaus einleuchtend, nachdem es Levaditi und seinen Mitarbeitern gelungen ist, die Mikrosporidien in den Nieren und im Urinsediment nachzuweisen. Eine Kontaktinfektion scheint nach Pette nicht in Frage zu kommen. Es ist aber die Möglichkeit in Betracht gezogen worden, dass die Erreger häufig latent im Gehirn saprophytieren können und erst bei Einwirkung besonderer Reize aktiviert werden. (In diesem Sinne müssen auch die Jahnel-Illertschen Fälle verwertet werden, bei denen erst nach Zuführung grösserer Mengen von Proteinsubstanzen ·die Enzephalitis zur Entwicklung kam.)

Die **künstliche Übertragung** auf Kaninchen gelingt nach intrazerebraler Einverleibung von Harnsediment oder Rückenmarksemulsion von kranken Kaninchen (Wright und Craighead). Durch Verimpfung von Hirnsubstanz bzw. Liquor auf andere Kaninchen konnte auch Pette auf intratestikulärem Wege bei diesen wiederum pathologische Veränderungen im Liquor hervorrufen und den Prozess in Passagen unter Entstehung eines typischen und charakteristischen Krankheitsbildes weiterführen. Ausserdem ist es Levaditi und seinen Mitarbeitern gelungen, durch intraperitoneale Verimpfung von mikrosporidienhaltigem Kaninchengehirn die Krankheit auf Mäuse zu übertragen. Sie vermochten nach 2 Wochen im Peritonealexsudat der Mäuse, in den Zellen des Peritoneums sowie in den Kupfferschen Sternzellen der Leber die Mikrosporidien wiederum nachzuweisen. Nachdem aber bei einem nicht unbeträchtlichen Prozentsatz von unvorbehandelten Mäusen sich ebenfalls mikrosporidienhaltige Zysten von ganz ähnlichem Aussehen wie diejenigen bei der Kaninchenenzephalitis vorfinden (Cowdry und Nicholson, Levaditi und seine Mitarbeiter) dürfte diesen Übertragungsversuchen auf Mäuse eine Bedeutung nicht zukommen.

In **klinischer Hinsicht** ist die spontane, ebenso wie die experimentell erzeugte Kaninchenenzephalitis eine Krankheit, die in einem grossen Teil der Fälle einen durchaus latenten Verlauf nimmt. Auf der anderen Seite werden aber Fälle beobachtet, die ausgesprochen chronisch und schleichend verlaufen, zunächst aber mit Symptomen einhergehen, die ebenfalls nicht im geringsten den Verdacht auf eine Erkrankung des Zentralnervensystems hervorrufen. So finden sich Tiere, bei denen nur subnormale Temperaturen, Haarausfall, katarrhalische Erscheinungen sich vorfinden, Symptome, die auch im Zusammenhang mit anderen Krankheiten vorkommen können. Nur bei einem verhältnismässig kleinen Prozentsatz treten besonders gegen Ende der Krankheit zerebrale Erscheinungen hervor, und zwar in Form allgemeiner Trägheit, Fressunlust, fortdauernder Schläfrigkeit, Tremor des Kopfes, Zittern, Krämpfen und schlaffen Paresen, die mehr oder weniger ausgesprochen und sowohl allgemein als auch lokalisiert sein können.

Während die Mehrzahl der Autoren von einem chronischen, gutartigen, nicht zum Tode führenden **Verlauf der Krankheit** berichtet, sprechen Wright und Craighead von einem akuten, mit hoher Sterblichkeitsziffer, und Twort und Archer geben an, dass ihre Tiere meist unter den Erscheinungen der Urämie verendeten.

Aus diesen Angaben geht hervor, dass sowohl die klinischen Symptome als auch der Krankheitsverlauf so wenig charakteristisch sind, dass ständige Anhaltspunkte für eine sichere klinische Diagnose nicht gewonnen werden können. Dagegen wird eine Erkennung der Spontanenzephalitis häufig ermöglicht durch die Plautsche Methode der Liquoruntersuchung (Subokzipitalstich). Im Liquor von an Spontanenzephalitis erkrankten Kaninchen findet sich nämlich nach den Untersuchungen von Twort, Bonfiglio, Jahnel und Illert sowie von Pette eine auffallende Pleozytose und Globulinvermehrung. Da aber auch diese Liquorveränderungen, wie Jahnel und Illert gezeigt haben, ausserordentlich grossen Schwankungen unterworfen sind, so besitzen auch sie für die Diagnose intra vitam nur bedingten Wert.

So stellte sich u. a. heraus, dass monatelang unter Liquorkontrolle gestandene Tiere mit stets negativem Befund plötzlich Liquorveränderungen aufwiesen, ohne dass sie in der Zwischenzeit mit enzephalitiskranken Stallgenossen in nähere Berührung gekommen waren. Auch wurden Tiere beobachtet, die stets einen normalen Liquorbefund gezeigt hatten, bei denen aber die histologische Untersuchung des Gehirns trotzdem das Vorhandensein entzündlicher Veränderungen ergab.

Ein solches Verhalten des Liquors ist durchaus nicht verwunderlich, wenn man berücksichtigt, dass eine entzündliche Zellvermehrung in diesem doch nur als Ausdruck einer Meningitis angesehen werden kann. Wenn zwar diese Meningitis in einer grossen Zahl der Fälle einen regelmässigen Begleitbefund bei der Spontanenzephalitis darstellt, so kann sie zweifellos — worauf beispielsweise Mac Cartney hinweist — bisweilen auch fehlen. Beim Vorliegen eines rein enzephalitischen Prozesses ohne Ergriffensein der Meningen darf aber eine Liquorveränderung im Sinne einer Lymphozytose nicht erwartet werden. (Das Fehlen von meningitischen und dementsprechend von entzündlichen Liquorveränderungen wird übrigens sowohl bei der epidemischen Enzephalitis des Menschen (Stern) als auch bei der Bornaschen Krankheit des Pferdes (eigene Beobachtungen) nicht selten beobachtet.

Auch die Untersuchung des Liquors enzephalitiskranker Kaninchen in anderer Richtung (Gesamteiweissgehalt, Globulinwerte, kolloidchemisches Verhalten, Zuckergehalt u. a.) ergibt keinerlei konstante oder typische Werte, im Gegenteil ziemliche Unregelmässigkeiten, so dass es bis jetzt nicht gelungen ist, ein für die spontane Kaninchenenzephalitis auch nur einigermassen charakteristisches Liquorsyndrom aufzufinden. Auf Grund eines negativen Liquorbefundes darf demnach das Vorliegen der Spontanenzephalitis keineswegs ausgeschlossen werden. Ihr Nichtvorliegen kann höchstens vermutet werden, wenn in dem betreffenden Bestande Spontaninfektionen bisher nicht vorgekommen sind.

Im übrigen erweisen sich auch gelegentliche Temperatursteigerungen sowie das Auftreten einer Blutleukozytose als inkonstant und diagnostisch nicht verwertbar (Jahnel und Illert).

Um nach Möglichkeit zu vermeiden, dass bereits spontan hirnkranke Kaninchen zu Enzephalitisversuchen herangezogen werden, ist es aber trotzdem ratsam, den Liquor der Tiere vor Einstellung in den Versuch fortlaufend zu kontrollieren.

Pathologisch-histologisch lassen sich im Gehirn und Rückenmark entzündliche Veränderungen nachweisen, die in allen Fällen ziemlich gleichartig sind und sich nur in ihrer Stärke voneinander unterscheiden. Sie bestehen in der Mehrzahl der Fälle in meningealen Infiltraten von vorwiegend lymphozytärem Charakter, die sich bald mehr, bald weniger diffus über das ganze Gehirn verteilt vorfinden. Die Gehirn-, weniger die Rückenmarksgefässe zeigen von Fall zu Fall in wechselnder Intensität adventitielle und zum Teil auch perivaskuläre Rundzelleninfiltrate, durch die das Bild einer regelrechten Einscheidung der Gefässe hervorgerufen wird (s. Abb. 30, 31). Auch bei diesen vaskulären und perivaskulären Infiltraten beherrschen mononukleäre Elemente völlig das Bild. Dem Charakter der zugrunde liegenden Enzephalitis nach besteht hier eine völlige Übereinstimmung mit der epidemischen Enzephalitis und der Bornaschen Krankheit, wenn auch

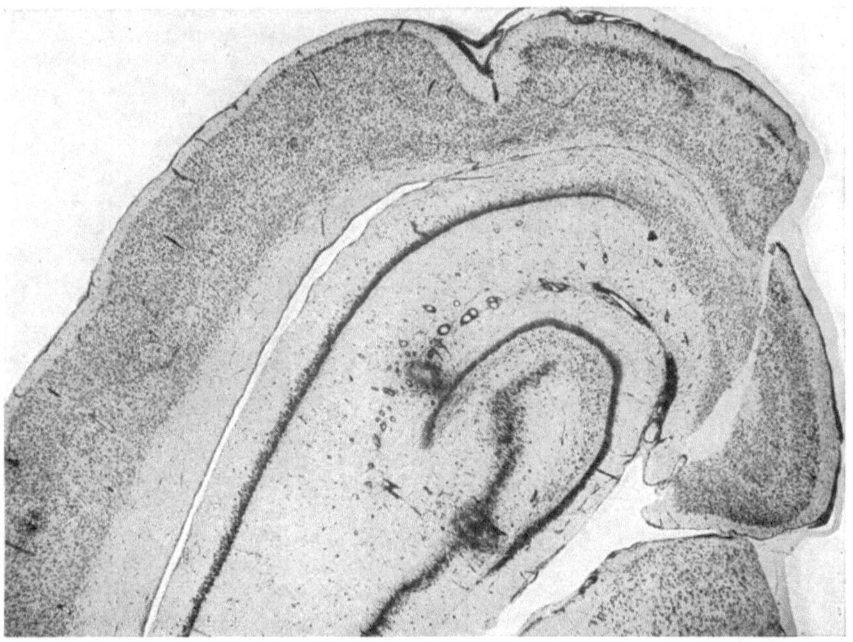

Abb. 30. Enzootische Enzephalitis beim Kaninchen. Histologischer Schnitt durch das Gehirn (Übersichtsbild). Vaskuläre und perivaskuläre Infiltrate. Entzündliche Granulome. (Nach Pette, Hamburg.)

die topischen Verhältnisse der Entzündung von jenen in manchem abweichen. So sollen nach Oliver die entzündlichen Veränderungen in der Hirnrinde besonders stark ausgeprägt sein und nach dem Hirnstamm zu allmählich abnehmen.

Es ist — was nebenbei erwähnt sein soll — bei der spontanen Kaninchenenzephalitis eine auffallende Beobachtung, dass die entzündlichen Veränderungen im Gehirn sehr stark sein können in Fällen, bei denen die klinischen Erscheinungen ganz zurücktreten. Entzündliche Veränderungen im Gehirn und klinische Hirnbefunde zeigen keinerlei Parallelismus. Im Gegenteil ist die klinische Reaktionsfähigkeit im Verhältnis zur pathologischhistologischen Grundlage eine oft auffallend geringe.

Die pathologisch-histologischen Veränderungen beschränken sich nun nicht auf das Gefässsystem allein. Einen besonders charakteristischen Befund bilden neben den Gefässveränderungen kleine eigentümliche Knötchen, die hauptsächlich in der Rinde und im subkortikalen Mark sowohl in den vorderen als auch in den hinteren Abschnitten verstreut

auftreten und die bei Toluidinbehandlung bereits mit blossem Auge
erkennbar werden. Histologisch handelt es sich bei diesen Knötchen
um entzündliche Granulome, die einen typischen Zellaufbau erkennen
lassen. Sie liegen stets in unmittelbarer Nähe von kleinsten Gefässen,
so dass bestimmte Beziehungen zwischen ihnen und dem Gefässsystem
zu bestehen scheinen. Die feinere Struktur der Granulome lässt einen
peripherischen Ring aus Lymphozyten erkennen, auf die nach innen
eine Zone von gleichförmigen, grossen, epithelioiden Zellen folgt, die
nach Ansicht von Veratti und Sala sowie von Stern vorzugsweise
aus wuchernden Gefässwandzellen hervorgegangen sind (s. Abb. 31).
Wenn der Prozess längere Zeit besteht, kommt es nicht selten zur Ent-

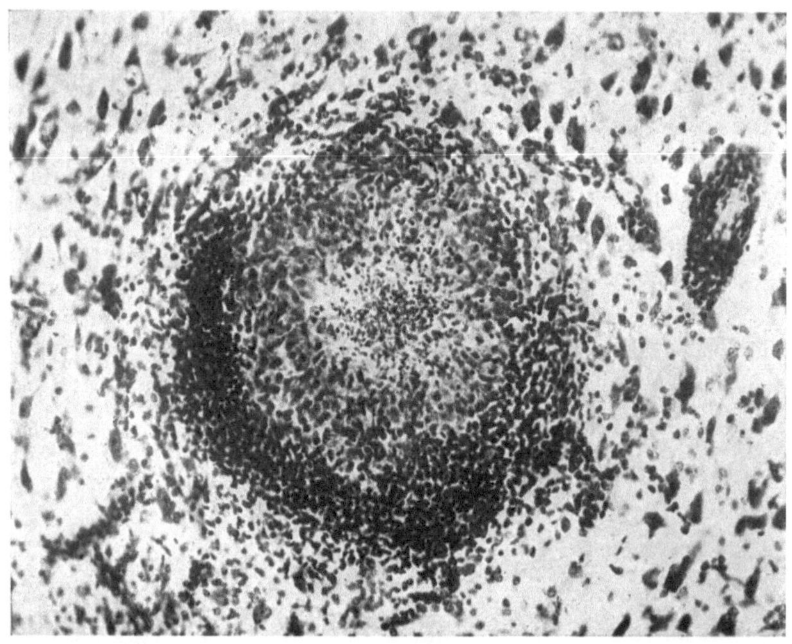

Abb. 31. Enzootische Enzephalitis beim Kaninchen. Histologischer Schnitt durch ein
entzündliches Granulom im Gehirn mit peripherischem Lymphozytenwall und nach
innen anschliessender Epithelioidzellenzone. (Nach Pette, Hamburg.)

stehung von zentralen Nekrosen (s. Abb. 32). Die Trennung der einzelnen
Gewebsbestandteile lässt sich nicht in allen Fällen in solch strenger
Weise durchführen. Im einzelnen Falle werden Granulome in den verschiedensten Entwicklungsstadien angetroffen, von beginnenden Zellanhäufungen bis zu den im Zentrum nekrotischen Herden. In unmittelbarer Nachbarschaft dieser eigentümlichen Granulome, die allem Anschein
nach mesodermaler Herkunft sind, lassen sich häufig auch noch Veränderungen des ektodermalen Gewebes sowohl reaktiver als auch degenerativer
Art feststellen. In diesen Granulomen werden auch die oben beschriebenen Parasiten (Encephalitozoon cuniculi) am häufigsten angetroffen
(s. Abb. 29). Seltener kommen sie auch frei ausserhalb der Granulome vor.
        Ähnliche Veränderungen wie die beschriebenen finden sich ausser
im Gehirn hauptsächlich auch in der Leber und in den Nieren, besonders

in der Nierenrinde, wo sie zwischen den abführenden Tubuli gelegen sind (Wright und Craighead, Pette, Twort u. a.). Auch bei diesen handelt es sich um herdförmige und streifenförmige Zellansammlungen lymphozytären Charakters. In denjenigen der Nieren sind von Wright und Craighead u. a. ebenfalls die Parasiten in den Epithelien und Harnkanälchen nachgewiesen worden. In den übrigen Organen der Brust- und Bauchhöhle ist der Nachweis der Granulome bis jetzt nicht gelungen.

Die beschriebenen Granulome kommen nun keineswegs in allen Fällen von Spontanenzephalitis vor. Sie werden im Gegenteil nur in einem verhältnismässig kleinen Prozentsatz angetroffen. Es ist deshalb

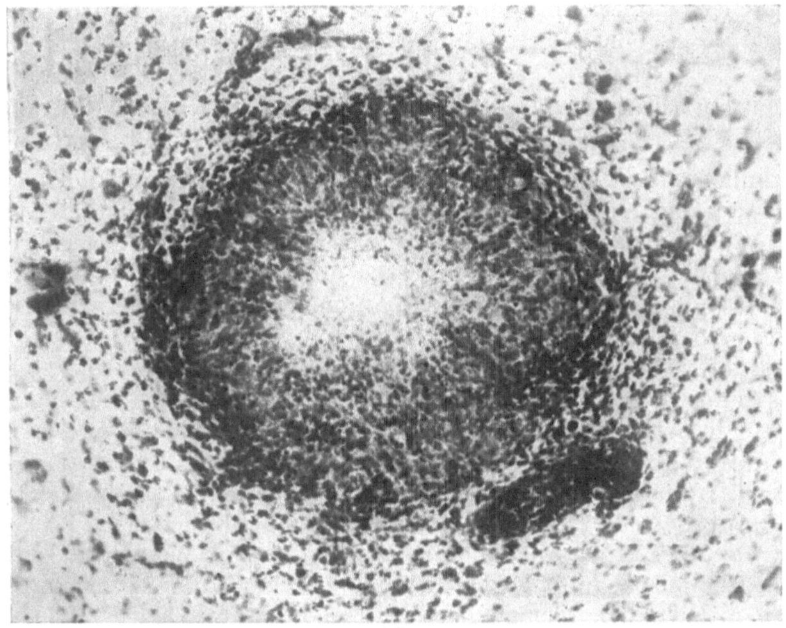

Abb. 32. Enzootische Enzephalitis beim Kaninchen. Histologischer Schnitt durch ein entzündliches Granulom im Gehirn. Peripherischer Lymphozytenwall, nach innen anschliessende Epithelioidzellenzone. Zentrale Nekrose. (Nach Pette, Hamburg.)

vorläufig nicht möglich, auf ihnen eine Abgrenzung gegenüber etwaigen anderen Enzephalitisformen beim Kaninchen aufzubauen. Wenn auch auf Grund des jeweiligen Vorhandenseins oder Fehlens der beschriebenen Veränderungen sowie gewisser klinischer Unterschiede und des Verlaufs der Krankheit die Möglichkeit nahe gelegt wird, dass es sich hierbei vielleicht um ursächlich und anatomisch verschiedene Spontanenzephalitiden handelt, so liegen doch bis jetzt zwingende Gründe für eine solche Annahme nicht vor. Solange nicht durch weitere umfassende Untersuchungen über die Spontanenzephalitis sichere Anhaltspunkte für das Vorkommen verschiedener Hirnentzündungen beim Kaninchen gewonnen werden können, ist es viel naheliegender, eine ursächlich einheitliche Erkrankung anzunehmen, die wir nur in verschiedenen Stadien oder Abarten auftreten sehen.

Dadurch wird jedoch nichts an der Tatsache geändert, dass die Spontanenzephalitis bis jetzt nicht in allen Fällen mit Sicherheit von Enzephalitiden anderer Ursachen unterschieden werden kann, im besonderen von solchen experimenteller Natur. (Es sei denn, dass die letzteren durch besondere spezifische Veränderungen ausgezeichnet sind, wie z. B. die Bornasche Krankheit durch Ganglienzelleinschlüsse, durch die die Spezifität der erzeugten Impfkrankheit beim Kaninchen einwandfrei erwiesen ist.) Da in allen anderen Fällen, bei denen solche spezifische und pathognomonische Veränderungen vermisst werden, nicht die Möglichkeit besteht, die spontane Kaninchenenzephalitis im Einzelfalle mit Sicherheit auszuschliessen, so kann diese unter Umständen für die experimentelle Bearbeitung der verschiedensten Fragestellungen (Übertragung menschlicher und tierischer Infektionskrankheiten, experimentelle Vergiftungen u. a.) eine nicht zu unterschätzende Fehlerquelle abgeben.

Verwandtschaftliche Beziehungen der Kaninchenenzephalitis zu anderen Enzephalitiden.

Ähnliche Gebilde, wie das „Enzephalitozoon cuniculi" haben F. H. Lewy und Kantorowicz auch bei der nervösen Hundestaupe beobachtet und beschrieben. Neuerdings wird sogar auch die Tollwut zu dieser Erregergruppe, den Mikrosporidien („Encephalitozoon rabiei, Glugea lyssae") gerechnet (Manouélian und Viala, Levaditi, Nicolau und Schoen). Ein abschliessendes Urteil über diese Befunde kann aber erst auf Grund umfangreicher Nachprüfungen gefällt werden. Was die Zusammenhänge mit der Encephalitis lethargica des Menschen anbetrifft, so nehmen verschiedene Autoren an, dass die Spontanenzephalitis beim Kaninchen und die durch das Klingsche und Thalheimersche Enzephalitisvirus erzeugten Enzephalitiden dieselbe Krankheit darstellen. Auf diese und andere noch im Flusse befindlichen und durchaus ungeklärten Fragen, die mitten in das zur Zeit aktuelle Gebiet der menschlichen Enzephalitis- und Herpesforschung hineinführen, kann in diesem Rahmen nicht näher eingegangen werden.

Schrifttum.

Bender, Zentralbl. f. d. ges. Hyg. Bd. 12, S. 627. 1926. — *Bonfiglio*, Journ. of policlinico 1923/24. Boll. d. R. accad. med. di Roma 1850. — *Derselbe*, Estr. dal. Policlinico. 1923. — *Bull*, Journ. of exp. med. Vol. 25, p. 557. 1924. — *Mc Cartney*, Journ. of exp. med. Vol. 39, I. — *Cowdry and Nicholson*, Journ. of the Americ. med. assoc. Vol. 82, p. 545. 1924. — *Doerr und Zdansky*, Schweiz. med. Wochenschr. Jg. 53, Nr. 14, S. 349. — *Doerr*, Ref. auf der 11. Tagung der Deutschen Vereinigung für Mikrobiologie in Frankfurt. Zentralbl. f. Bakteriol., Parasitenk. u. Infektionskrankh. Bd. 97, Heft 4/7. 1926. — *Goodpasture*, Journ. of infect. dis. Vol. 34, p. 428. 1924. — *Hoff*, Zeitschr. f. d. ges. exp. Med. Bd. 44, H. 3/4. — *Joest*, Klin. Wochenschr. Jg. 5, Nr. 6. 1926. — *Jahnel und Illert*, Klin. Wochenschr. Jg. 2, Nr. 37/38. 1923. Jg. 2, Nr. 14. 1923. Jg. 3, Nr. 18. 1924. — *Jahnel*, Psychiatr.-neurol. Wochenschr. Jg. 27, Nr. 45. 1925. — *Derselbe*, Zeitschr. f. d. ges. Neurol. u. Psychiatrie. Bd. 1e, H. 1/2. 1925. — *Levaditi et Nicolau*, Cpt. rend. des séances de la soc. de biol. Tome 89, p. 775. — *Levaditi, Nicolau et Schoen*, Cpt. rend. hebdom. des séances de l'acad. des sciences. Tome 177, Nr. 20, p. 985. — *Dieselben*, Cpt. rend des séances de la soc. de biol. Tome 89, p. 984; Tome 89, p. 1157. Cpt. rend. hebdom. des séances de l'acad. des sciences. Tome 178, p. 256. 1924. Cpt. rend. des séances de la soc. de biol. Tome 90. — *Dieselben*, Bull. de l'inst. Pasteur. Tome 19. 1921. — *Dieselben*, Journ. of the Americ. med. assoc. Vol. 82, p. 545. 1924. — *Manouélian et Viala*, Ann. de l'inst. Pasteur. Tome 38,

Nr. 3, p. 258. 1924. — *Misch*, Virchows Arch. f. pathol. Anat. u. Physiol. Bd. 172, S. 158. — *Oliver*, Journ. of infect. dis. Vol. 30, p. 91. 1922. — *Pette*, Ärztl. Verein. Hamburg, Sitzungsber. vom 9. 12. 1924. Ref. Zentralbl. f. d. ges. Neurolog. u. Psych. Bd. 11, H. 5/6. 1925. — *Derselbe*, 20. Jahresvers. nordd. Psychiater. Kiel 25. 10. 1924. Zentralbl. f. d. ges. Neurolog. u. Psych. Bd. 11, H. 5/6, S. 345. 1925. — *Derselbe*, Klin. Wochenschr. Jg. 4, Nr. 27. 1925 — *Derselbe*, Klin. Wochenschr. Jg. 4, Nr. 6. 1925. — *Derselbe*, Dtsch. Zeitschr. f. Nervenheilk. Bd. 89. 1926. — *Derselbe*, Klin. Wochensehr. Jg. 4, Nr. 25. 1925. — *Plaut*, Zeitschr. f. d. ges. Neurol. u. Psychiatrie. Bd. 66. 1921. — *Plaut, Mulzer und Neuburger*, Münch. med. Wochenschr. 1924. Nr. 51, 1923, Nr. 47. — *Schuster*, Klin. Wochenschr. Jg. 4, Nr. 12. 1925. — *Smith and Florence*, Journ. of exp. med. Vol. 41, p. 25. 1925. — *Stern*, Ref. auf der 11. Tagung der Deutschen Vereinigung für Mikrobiologie in Frankfurt. Zentralbl. f. Bakteriol., Parasitenk. u. Infektionskrankh., Abt. I. Bd. 97, Beiheft S. 94. 1926. — *Twort*, The veterinary journ. Vol. 78, p. 194. 1922. — *Twort and Archer*, The veterinary journ. Vol. 78, p. 367. 1922. — *Veratti e Sala*, Ref. Zentralbl. f. d. ges. Hyg. Bd. 9, S. 33 u. 244. 1924. — *Wright and Craighead*, Journ. of exp. med. Vol. 36, p. 135. — *Zwick und Seifried*, Berlin. tierärztl. Wochenschr. Nr. 9. 1925. — *Zwick, Seifried* und *Witte*, Zeitschr. f. Infektionskh., parasit. Krankh. u. Hyg. d. Haust. Bd. 30, S. 42. 1926.

II. Invasionskrankheiten.

A. Entozoen und die durch sie hervorgerufenen Krankheiten.

Leberegelkrankheit (Distomatose).

Nach den früheren Mitteilungen von Francesco Redi, Cini und Railliet sowie neueren von De Does, Sohns, Szinitzin, Braun, Zürn u. a. kommt die unter den Haustieren sehr verbreitete Distomatose auch bei Kaninchen (und besonders bei Feldhasen) vor. In Gegenden, in denen die Krankheit unter den grösseren Haustieren gehäuft auftritt, sollen nach Szinitzin auch Massenerkrankungen bei Kaninchen beobachtet werden.

Mit dem **Vorkommen** der Distomatose ist überall zu rechnen, besonders aber in feuchten und sumpfigen Gegenden mit Ausnahme von an der Meeresküste liegenden Weiden, deren salzhaltiges Wasser gewisse Entwicklungsformen der Distomen abzutöten pflegt. Die Verbreitung der Leberegel deckt sich im allgemeinen mit dem Vorkommen einer gewissen Schneckenart (Limnaea truncatula), die der Leberegelbrut als Zwischenwirt dient und nur in feuchten und sumpfigen Gegenden lebt. Aus diesem Grunde erlangt die Krankheit in nassen Jahrgängen eine weit stärkere Verbreitung als in trockenen. Ausser Limnaea truncatula kommen auch noch andere Schnecken als Zwischenwirte in Frage, so Limnaea peregra (Leuckart), Limnaea stagnalis, Limnaea palustris (Nöller und Sprehn).

Ätiologie. Die Leberegel gehören zu der Familie der Trematoden (Plattwürmer); sie besitzen eine längliche Form, am Vorderende zwei Saugnäpfe und sind zwittergeschlechtig. Die beim Kaninchen auftretende Krankheit wird hauptsächlich durch das Distomum hepaticum (Fasciola hepatica) hervorgerufen. Das Auftreten des Distomum lanceolatum (Fasciola lanceolata, Dicrocoelium lanceolatum, s. dentriticum) muss ausserdem in Betracht gezogen werden.

Was die Grössenverhältnisse anbetrifft, so ist das Distomum hepaticum 20—30 mm lang und 8—13 mm breit, von blattförmiger Gestalt, mit rückwärts gerichteten Stacheln. (Nach Sohns soll es beim Kaninchen in kleinerer Form vorkommen. Das grösste Exemplar war 20×4 mm. Die Eier sind bräunlich oder grünlich gelb, oval, 130—140 μ lang, 70—90 μ breit und an einem Pole mit einem kleinen Deckel versehen.)

Distomum lanceolatum ist dagegen nur 8—10 mm lang und 1,5—2,5 mm breit, schlank und lanzettförmig; seine schwarzbraunen, ebenfalls mit einem Deckel aufspringenden Eier besitzen eine Länge von 37—40 μ und eine Breite von 22—30 μ.

Der **Entwicklungsgang** des Distomum hepaticum ist kurz folgender (s. Abb. 33):

1. Ei (im Endwirt in grosser Zahl abgelegt und mit dem Kot ins Freie entleert).

2. Miracidium (bewimperte freilebende Larve, die in einen geeigneten Zwischenwirt (am besten die Süsswasserschnecke Limnaeus trunculatus) gelangt, dort ihr Wimperkleid abwirft und dann

3. eine Sporozyste (darmloser Keimschlauch) darstellt, aus deren Keimballen in 2—4 Wochen

4. Redien, d. h. mit Darm versehene Zwischenformen hervorgehen.

Aus diesen bilden sich im Verlaufe von weiteren 4—6 Wochen

5. kaulquappenähnliche Zerkarien, die bereits mit zwei Saugnäpfen, einem verzweigten Darm und einem langen Ruderschwanz ausgestattet sind. Nach Verlassen

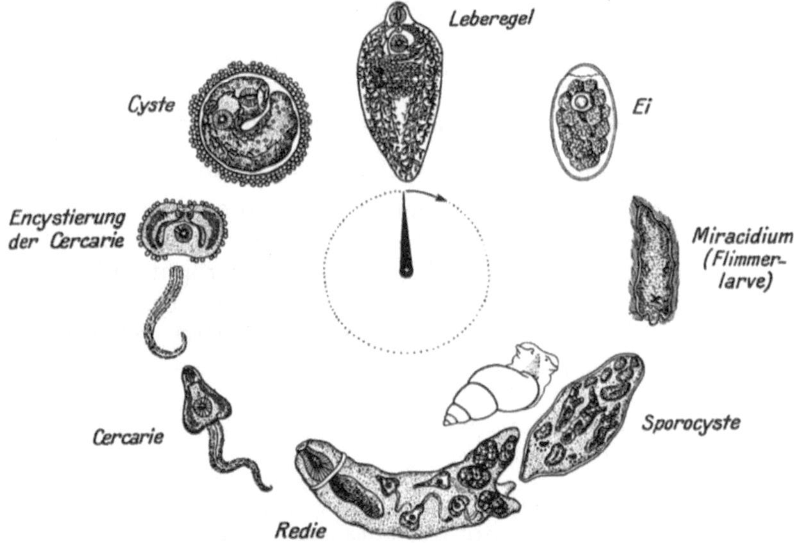

Abb. 33. Schema des Entwicklungskreises des Leberegels. (Nach Nöller, Berlin.)

der Redie und der Zwischenwirtschnecke schwimmen sie entweder frei im Wasser oder heften sich an feuchte Gegenstände (Blätter, Grashalme usw.), wo sie sich

6. zu sandkörnerähnlichen Zysten verwandeln. Diese werden mit dem Wasser oder Futter von einem geeigneten Wirtstier aufgenommen, in dem die Entwicklung

7. zum geschlechtsreifen Leberegel stattfindet.

Aus einem Ei geht stets eine Vielheit von Leberegeln hervor. Die von einem einzelnen Leberegel während seiner Lebensdauer abgelegte Zahl von Eiern beläuft sich nach Leuckart auf viele Tausende. Der Entwicklungsgang von Distomum lanceolatum ist noch nicht ganz geklärt.

Widerstandsfähigkeit. Die Distomeneier können ihre Keimfähigkeit in der freien Natur von einem Jahr zum anderen behalten, weil sie durch den sie beherbergenden Dünger, Mist und Kot gegen zu starke Kälteeinwirkungen und zu starkes Austrocknen geschützt sind. Letztere Einwirkung sowie Fäulnis töten sie in wenigen Tagen ab. Die eingekapselten Zerkarien sind gegen Kälte widerstandsfähiger. Sie vertragen eine Temperatur von 4—6° Kälte und bleiben mehrere Wochen, ja sogar Monate, an feuchten Orten entwicklungsfähig. Vollständige Austrocknung tötet sie dagegen in kürzester Zeit. Nach

Ercolani und Perroncito sind Kochsalzlösungen für Embryonen und Zerkarien stark giftig. Durch eine 2%ige Lösung werden sie in 5', durch eine 1%ige in 20—35' und durch eine $\frac{1}{4}\%$ige in 20' getötet. Noch giftiger wirkt der gelöschte Kalk; nach den Untersuchungen von Railliet, Moussu und Henry sollen Mirazidien selbst in 5%igen Lösungen, nach denjenigen von Marek in Kalkwasser augenblicklich abgetötet werden (Hutyra und Marek).

Natürliche Ansteckung. Da Kaninchen in den seltensten Fällen ein freier Auslauf gewährt wird, so sind die Möglichkeiten der Weideinfektion gering. Es darf daher angenommen werden, dass in der Mehrzahl der Fälle die Infektion im Stalle erfolgt, wo sie gewöhnlich durch Verfütterung von zerkarienhaltigem Grünfutter, unter Umständen auch durch frisches, von sumpfigen und moorigen Wiesen gewonnenes Heu vermittelt wird. In normalen Jahrgängen ist für die Ansteckung nur solches Grünfutter gefährlich, das von nassen, sumpfigen Wiesen und der Umgebung von langsam fliessenden und stagnierenden Gewässern stammt. In feuchten Jahrgängen dagegen wird nicht nur die Ansteckungsfähigkeit solcher Wiesen erhöht, sondern es werden auch noch bisher verschonte Gebiete angesteckt dadurch, dass mit dem Regen- und Überschwemmungswasser Distomeneier, Zerkarien sowie Limnäen dorthin verschleppt werden.

Was die Jahreszeit anbetrifft, in der die Verhältnisse für eine Infektion am günstigsten liegen, so entwickeln sich in normalen Jahren aus den den Winter überdauerten oder durch den im Frühjahr erfolgten Weidegang anderer Distomenträger (Rinder, Schafe, Hasen) verstreuten Eier erst etwa zwischen Juli und August ansteckungsfähige Zerkarien, deren Entwicklung aber bei Trockenheit grosse Störungen erfährt. Erst bei reichlichen Niederschlägen in der Herbstzeit sind die günstigsten Bedingungen für die Entwicklung der Distomenbrut und damit auch für die Infektion durch Vermittlung des Grünfutters gegeben. In sehr nassen Jahren befinden sich aber bereits im Juni eingekapselte Zerkarien in grossen Mengen an den Wiesengräsern und Pflanzen.

Künstliche Ansteckung und Pathogenese. Aus den künstlichen Infektionsversuchen, die von Szinitzin an Kaninchen angestellt wurden, geht hervor, dass die mit der Nahrung aufgenommenen eingekapselten Zerkarien im Darm von ihrer Hülle befreit werden und aktiv die Darmwand durchbohren. In der Bauchhöhle kriechen sie zunächst auf den verschiedenen Organen 4—14 Tage lang umher, wobei sie sich aus den oberflächlich liegenden Blutkapillaren der Organe ernähren. Vom 4. Tage an sammeln sie sich nach und nach auf der Oberfläche der Leber an, bohren sich in diese ein und dringen in die Gallengänge vor. 14 Tage nach der Fütterung sind sämtliche Zerkarien aus der Bauchhöhle verschwunden. In den ersten 4 Tagen wurden nie junge Distomen in der Leber angetroffen, sondern nur in der Bauchhöhle, ähnlich wie bei den von Sohns beschriebenen spontanen Fällen von Distomatose bei Kaninchen und Meerschweinchen. Aus dieser Tatsache lässt sich auch der Befund Leuckarts erklären, dem es nicht gelang, die Distomenbrut in der Leber kurz nach der Verfütterung nachzuweisen.

Über die **Entstehungsweise** der Distomatose sind die Meinungen geteilt. Auf Grund des Ausfalls der künstlichen Infektionsversuche scheint die Berechtigung vorzuliegen, auch unter natürlichen Verhältnissen einen solchen Infektionsweg — wenigstens beim Kaninchen — anzunehmen. Die nachher zu beschreibenden pathologisch-anatomischen Veränderungen bei der spontanen Kaninchendistomatose sprechen für diese Annahme. Im Gegensatz dazu steht die allgemein verbreitete Ansicht, dass das

Eindringen der jungen Parasiten in die intrahepatischen Gallengänge
in der Hauptsache auf dem Wege des Ductus choledochus erfolgt. Wie
bereits von Joest erwähnt wird, bilden die neuen Versuche von Ciurea
für diese Auffassung eine ganz wesentliche Stütze.

Ciurea konnte bei seinen Fütterungsversuchen mit Zysten von
mehreren Distomidenformen (Opisthorchis felineus u. a.) feststellen, dass
Larven dieser Distomen bereits 3 Stunden nach der Fütterung in der
Gallenblase der Versuchstiere anzutreffen waren, von wo aus sie ihre
Wanderungen nach den intrahepatischen Gallengängen begannen, in
denen sie nach kurzer Zeit (bei Clonorchis sinensis schon in 12 Tagen)
zu geschlechtsreifen Parasiten heranwachsen.

Die Tatsache des schnellen Hineingelangens der Parasiten in die
Gallenblase lässt sich nicht anders erklären als durch Einwanderung
auf dem Wege des Ductus choledochus. Eine weitere Möglichkeit der
Infektion ist die, dass die jungen Parasiten beim Einbohren in die Darmwand in kleine Venen gelangen und mit dem Pfortaderblut der Leber
zugetragen werden. Dieser Weg hat am meisten für sich und ist wohl
auch am besten begründet (Lutz, Compes).

Welche der drei genannten Möglichkeiten unter natürlichen Bedingungen nun auch die am meisten zutreffende sei, wichtig ist jedenfalls
zu wissen, dass die Distomatose des Kaninchens in einer besonderen Form
sich darbietet, die bis zu einem gewissen Grade von der Distomatose der
übrigen Haustiere abweicht.

Pathologisch-anatomischer Befund. Nach Braun-Becker beobachtet man bei an Distomatose verendeten Kaninchen Abmagerung, Bauch-
und Brusthöhlen-Wassersucht, bisweilen auch ödematöse Anschwellungen
und ikterische Verfärbung der Schleimhäute sowie Hepatitis, Veränderungen, wie sie auch bei der Distomatose der übrigen Haustiere vorkommen. Auch nach den Angaben von Sohns besteht meistens, besonders
wenn die Tiere zu Beginn der Krankheit verendet oder getötet worden
waren, eine mehr oder weniger ausgebreitete Hepatitis. Die Leberoberfläche sieht bisweilen aus, als ob sie mit Exsudatflocken bedeckt
wäre. Bei näherem Zusehen und besonders unter dem Mikroskop stellen
sich diese jedoch als junge Distomen von 1—3 mm Länge und etwa $\frac{1}{2}$ mm
Breite heraus. Wenn sich im Leberparenchym selbst Distomen an-
gesiedelt haben, so sind es ebenfalls immer diese kleinen Formen.

Neben den Leberveränderungen finden sich beim Kaninchen ausgesprochene Blutaustritte in der Brust- und Bauchhöhle sowie in
der Subkutis, die sich vom Kinn bis zur Schambeinfuge erstrecken
können. In der Kutis können ausserdem Bohrgänge von einer Länge
bis zu 6—7 cm festgestellt werden. Sie sind gekennzeichnet durch eine
Reihe von Blutungen, die an ihren Enden stets Distomen beherbergen.
Auch im Bindegewebe, im Bereiche der Wirbelsäule werden Distomen
angetroffen.

Die Lungen sind häufig der Sitz von erbsengrossen, mit Luft oder
Blut gefüllten Höhlen, in denen der Nachweis der Distomen nur in den
seltensten Fällen gelingt. Sohns führt dies als Beweis dafür an, wie
schnell die Parasiten ihren Platz wechseln können. Die in den Lungen
gegrabenen Bohrgänge setzen sich nicht selten auf den Thorax, zwischen
die Interkostalräume fort, wo ihre Spur in der Regel verloren geht. Die

beim Kaninchen im Verlauf der Distomatose beobachteten Lähmungserscheinungen deuten darauf hin, dass die jungen Distomen, wie beim Meerschweinchen, möglicherweise auch in das Zentralnervensystem (Gehirn und Rückenmark) verschleppt werden.

Die **Diagnose** muss durch den Nachweis der Parasiteneier im Kot oder der Parasiten selbst gesichert werden.

Sonstige Distomen in der Leber.

Ausser dem Leberegel (Fasciola hepatica) wird in der Kaninchenleber auch noch das Vorkommen von Opisthorchus felineus (Distomum felineum) beobachtet.

Als Zwischenwirte für Distomum felineum kommen nach den Untersuchungen von Ciurea eine Reihe von Süsswasserfischen in Betracht (Karpfen, Schleihe, Barbe, Blei, Blicke, Plötze, Aland und Rotauge). Von diesen spielen Aland und Schleihe als Vermittler der Infektion die Hauptrolle. Die 26—30 μ langen Eier sind am einen Pol mit einem Deckel, am anderen mit einem kleinen Vorsprunge versehen.

Nach Guerrini sind die durch Opisthorchus felineus hervorgerufenen Veränderungen beim Kaninchen durch eine ausgesprochene Cholangitis und Pericholangitis gekennzeichnet. Bei starker Invasion werden Erweiterung der Gallengänge sowie chronische interstitielle Hepatitis beobachtet.

Nach den von Ciurea an Hunden und Katzen angestellten Fütterungsversuchen sollen die Larven bereits von der 3. Stunde an in der Gallenblase nachzuweisen sein. In dieser sollen sie sich nach 10 Stunden massenhaft ansammeln und von dort aus in die Gallengänge der Leber einwandern.

Aus den überaus spärlichen Angaben in der Literatur darf der Schluss gezogen werden, dass der Opisthorchusinfektion beim Kaninchen eine untergeordnete Bedeutung zukommt.

Schrifttum.

Braun-Becker, Kaninchenkrankheiten. Leipzig: Michaelis 1919. — *Ciurea*, Zeitschr. f. Infektionskrankh., parasitäre Krankh. u. Hyg. d. Haustiere. Bd. 18. S. 301, 345. 1917. — *Fiebiger*, Die tierischen Parasiten der Haus- und Nutztiere. 1923. — *Fröhner-Zwick*, Spez. Pathologie und Therapie der Haustiere. 1922. — *Guerrini*, Zeitschr. f. Infektionskrankh., parasitäre Krankh. u. Hyg. d. Haustiere. Bd. 14. S. 262. 1913. — *Hutyra* und *Marek*, Spez. Pathologie und Therapie der Haustiere. Bd. 2. 1922. — *Joest*, Handb. der spez. Patholog. Anat. der Haustiere. Bd. 2. 1921. — *Nöller*, Die Leberfäule (Leberegelkrankheit) unserer Haustiere. Jena: G. Fischer 1925. — *Sohns*, Dtsch. tierärztl. Wochenschr. 1916. S. 130. — *Stiles* und *Hassal*, Veterinary magaz. Bd. 1. S. 736. 1894. — *Szinitzin*, Zentralbl. f. Bakteriol., Parasitenk. u. Infektionskrankh. Bd. 74. S. 280. — *Zürn*, Die Krankheiten des Kaninchens. Leipzig 1894.

Bandwürmer und Bandwurmseuche.

Bandwürmer werden beim Kaninchen nicht so häufig angetroffen wie beim Hasen. Bisweilen können sie jedoch — besonders wenn sie in grösserer Zahl im Darmkanal auftreten — auch beim Kaninchen zu seuchenhaften Erkrankungen und gehäuften Todesfällen Veranlassung geben.

Ätiologie. An anoplozephalen Tänien kommen vor:

Cittotaenia goezei (Ctenotaenia pectinata). 40—80 cm lang, ziemlich grosser Kopf.

Cittotaenia leuckarti. Bis 80 cm lang. Breiter Hals, kleiner Kopf.

Ein neuer Bandwurm beim Kaninchen, Cittotaenia mosaica, ist von Hall in Amerika beschrieben (1909).

Andrya cuniculi (Taenia rhopalocephala), 60—180 cm lang, 8 mm breit. Dünner Hals, kleiner Kopf. Geschlechtsöffnung etwas hinter der Mitte des Seitenrandes.

Andrya wimerosa (Anoplocephala wimerosa), kaum 1 cm lang, 1,5 mm breit, kein Hals, dicker Kopf. Besitzt ungefähr 10 Glieder, die an ihrem hinteren Rande mit Fransen versehen sind. Geschlechtsöffnungen befinden sich seitlich. Sie münden am hinteren Winkel aus.

Erscheinungen und pathologisch-anatomische Veränderungen. Die bei der Bandwurmseuche durch die genannten Tänien hervorgerufenen Veränderungen bestehen in akuten und chronischen Darmkatarrhen, schweren Entzündungszuständen und Verstopfungen (durch Verlegung der Darmpassage). Bisweilen finden sich auch Tänien in der Bauchhöhle, ohne dass Perforationsstellen nachzuweisen wären (Railliet). In anderen Fällen kommen aber im Anschluss an die Durchbohrung der Darmwandungen auch Peritonitiden zur Beobachtung. Nicht selten werden im Zusammenhange mit der Bandwurmseuche bei den damit behafteten Tieren epileptische und epileptiforme Krämpfe beobachtet. Die im Verlaufe der Krankheit immer mehr zunehmende Anämie und Kachexie, nicht selten vergesellschaftet mit allgemeiner Hydrämie führen in der Mehrzahl der Fälle zum Tode.

Die **Diagnose** muss durch den Nachweis von Tänienproglottiden im Kote, am besten aber durch die Obduktion eines verendeten Tieres, gesichert werden.

Schrifttum.

Böhm, In *Stang-Wirth,* Tierheilk. u. Tierzucht. Lieferung 6. S. 101. 1926. — *Braun-Becker,* Kaninchenkrankheiten 1919. — *Fiebiger,* Die tierischen Parasiten. Wien 1922. — *Hall,* Proc. U. S. nat. mus. 34; Ref. in Exp. Stat. rec. Vol. 11. p. 84. — *Hutyra-Marek,* Spez. Pathologie und Therapie der Haustiere. 1922. 6. Aufl. — *Lucet,* Rec. d. méd. vét. 1897. — *Neumann,* Maladies parasitaires. 1892. — *Railliet,* Zool. méd. 1895.

Bandwurmfinnen.

Zystizerkose (Cysticercus pisiformis).

Die Zystizerkose des Kaninchens wird durch den Cysticercus pisiformis, der Finne der Taenia serrata des Hundes, hervorgerufen. Das Vorkommen dieses Blasenwurmes wird sowohl bei Feldhasen als auch bei in grösseren Zuchten und Laboratorien gehaltenen Kaninchen häufig beobachtet. Er ruft bei diesen Tieren in der Regel eine schwere, meist tödlich endigende Krankheit hervor, die dadurch, dass sie in den meisten Fällen gehäuft auftritt, oft ein seuchenähnliches Massensterben junger Hasen und Kaninchen zur Folge hat.

Entstehungsweise. Der Cysticercus pisiformis gelangt dadurch in den Körper des Wirtstieres, dass der beschalte Embryo, die sogenannte

Onkosphära mit der Nahrung aufgenommen und vom Darm aus durch das Pfortaderblut der Leber zugeführt wird, in deren Kapillaren er stecken bleibt. Die auf diese Weise in die Leber eingeschwemmten nicht-hepatophilen Onkosphären bleiben nun nicht an der Stelle, an der sie sich in der Leber festgesetzt hatten, liegen, um dort die Umwandlung in den Blasenwurm (Cysticercus pisiformis) durchzumachen, sie suchen vielmehr — während bereits die Zystizerkusbildung beginnt — durch aktive Wanderung im Leberparenchym unter die Leberkapsel zu gelangen. Das subseröse Gewebe und zwar nicht nur dasjenige der Leber, sondern auch dasjenige benachbarter Organe, im besonderen des Netzes, des Mesenteriums, seltener des Bauchfells und des subpleuralen Gewebes, stellt nämlich die Lieblingssitze der Onkosphären dar, offenbar weil ihnen dort die günstigsten Bedingungen für ihre Weiterentwicklung geboten werden. Wenn es den Onkosphären gelingt, auf ihrer Wanderung im Leberparenchym die Leberkapsel zu erreichen, so siedeln sie sich teils unter dieser an, teils durchbohren sie diese, um frei in der Peritoneal-höhle aufzutreten oder in das subseröse Gewebe des Netzes, Mesenteriums und Bauchfells einzudringen und dort sich anzusiedeln. Ein anderer Teil der Onkosphären geht aber, nachdem er kürzere oder längere Zeit vergebens das Lebergewebe durchwandert und dort örtliche Zerstörungen in Form von Bohrgängen hervorgerufen hat, zugrunde, ohne dass es zu völliger Ausbildung der Blasen kommt. Diese können innerhalb des Lebergewebes höchstens Hirsekorn- bis Hanfkorngrösse erreichen.

Die von Leuckart angestellten Fütterungsversuche gewähren einen besonders schönen Einblick in die **Entwicklungsverhältnisse des Parasiten** innerhalb des Kaninchenkörpers. Sie sollen deshalb kurz hier Erwähnung finden.

Nach diesen Versuchen können bereits 24 Stunden nach der Fütterung die Onko-sphären der Taenia serrata im Pfortaderblut der Kaninchen nachgewiesen werden. Am 4. Tage nach der Fütterung treten die länglichen, in der Entwicklung befindlichen jungen Parasiten, die in zystenähnlichen Höhlen und Gängen gelegen sind, in der Leber als multiple, submiliare, punktförmige, weisse Knötchen hervor. Diese vergrössern sich rasch, besitzen am 7. Tage bereits einen Durchmesser von 1 mm und geben der Leber ein der Miliar-tuberkulose durchaus ähnliches Aussehen.

Schon 15 Tage nach der Fütterung werden neben diesen Knötchen an der Leber-oberfläche zahlreiche, subserös gelegene, 4—5 mm lange und $1/3$ mm breite, geschlängelte, weissliche „Striemen" sichtbar, die den jungen Zystizerkus als höchstens $1^1/_2$ mm langen Parasiten enthalten. Ein Teil dieser „Striemen", die nichts anderes darstellen als Bohr-gänge, endigt mit einer Durchbrechung der Leberserosa. Die Parasiten erreichen dem-nach schon nach der 3. Woche die Leberoberfläche.

26 Tage nach der Fütterung sind nach Leuckart die Bohrgänge in der Leber nicht nur weiter und länger, sondern die Mehrzahl von ihnen ist nach der Leberober-fläche zu durchgebrochen. Die Bohrgänge sind dann meist leer; einzelne der jungen Zystizerken werden beim Ausschlüpfen aus den Bohrgängen angetroffen, der grössere Teil lässt sich dagegen in Form von langgestreckten, 2—5 mm grossen Gebilden ohne Saugnäpfe und ohne Haken frei in der Peritonealhöhle nachweisen.

32 Tage nach der Fütterung sind die Bohrgänge in der Leber grösstenteils entleert, farblos und narbig zusammengezogen. Die in der Bauchhöhle sich befindlichen Zysti-zerken stellen bereits 6—8 mm grosse, langgestreckte, flaschenförmige Gebilde mit voll-ständig entwickeltem Kopf dar.

42 Tage nach der Fütterung werden sie mit vollständig ausgebildetem Kopf im Netz angetroffen, wo sie 75 Tage nach der Fütterung als fast haselnussgrosse Blasen in die Erscheinung treten.

Pathologische Anatomie. Bei fortgeschrittener Zystizerkose kann in der Bauchhöhle ein sehr charakteristischer Befund erhoben werden. Unter der Leberserosa, im Netz (s. Abb. 34, 36), in seltenen Fällen auch am Mesenterium, am Peritoneum und in den Lungen, ausnahmsweise im Gehirn, findet man multiple, erbsen- bis haselnussgrosse, längliche, meist flaschenförmige, selten kugelige, 6—13 mm lange und 4—6 mm breite, in traubigen Konglomeraten angeordnete Blasen, die nicht selten, sowohl am ventralen Leberrand als auch besonders im Netz mit kurzen Stielen versehen sind. Nach vorsichtiger Entfernung der dünnen peritonealen Umhüllung kommt der eigentliche Zystizerkus als zartwandige, glashelle, mit einer klaren Flüssigkeit schlaff gefüllte Blase zum Vor-

Abb. 34. Multiples Auftreten des Cysticercus pisiformis im Netz eines Kaninchens.

schein, an deren Innenseite der etwa hirsekorngrosse, eingestülpte, dünnhalsige und weisslich aussehende Skolex erkennbar ist. Dieser lässt sich bei Anwendung von Druck leicht ausstülpen. Er besitzt einen Hakenkranz vom Aussehen desjenigen der Taenia serrata (s. Abb. 35).

Die Blasenwand des Cysticercus pisiformis zeigt nach Joest im allgemeinen denselben Aufbau wie diejenige des Cysticercus tenuicollis und des unilokulären Echinokokkus. Sie besteht demnach aus zwei Schichten: einer äusseren, lamellär geschichteten, chitinartigen, stark ausgebildeten Kutikula und einer inneren Keim- oder Parenchymschicht. Diese unterscheidet sich von derjenigen des Echinokokkus dadurch, dass sie stets einen Skolex, aber auch nur einen einzigen hervorbringt.

Auch die Kapsel (Wirtskapsel, „Balg") des Cysticercus pisiformis, die zum grössten Teil vom subserösen Gewebe gebildet wird, verhält sich nach Joest im allgemeinen ebenfalls wie diejenige des Echinococcus unilocularis. Sie besteht auch hier aus drei Schichten (innere Fibroblasten- und Riesenzellenschicht, intermediäre Rundzellenschicht und äussere Bindegewebsschicht), die sämtliche in regelloser, oft gruppenweiser Verteilung eosinophile Leukozyten enthalten. Zwischen dieser Kapsel und der Blasenwand der Finne befindet sich — ebenso wie bei der Echinokokkenblase — ein schmaler Spalt, der sogenannte „perizystäre Lymphraum", in dem eine geringe Menge seröser Flüssigkeit enthalten ist.

Bei starker Invasion führt die Erkrankung infolge der durch die jungen Parasiten im Lebergewebe hervorgerufenen Veränderungen (Blutungen, narbenartige Zustände) sowie der im Anschluss an die Einwanderung der Parasiten in die Bauchhöhle entstandenen peritonitischen Erscheinungen zum Tode der befallenen Tiere. Sterben die infizierten Tiere aber nicht, so kommt es zur Entwickelung mehr oder weniger zahlreicher ausgebildeter Finnen an den beschriebenen Stel-

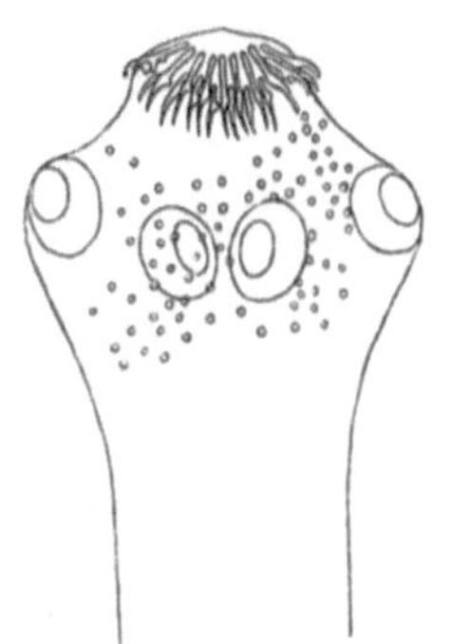

Abb. 35. Kopf von Cysticercus pisiformis. (Aus Olt-Ströse, Wildkrankheiten. Neudamm 1914.)

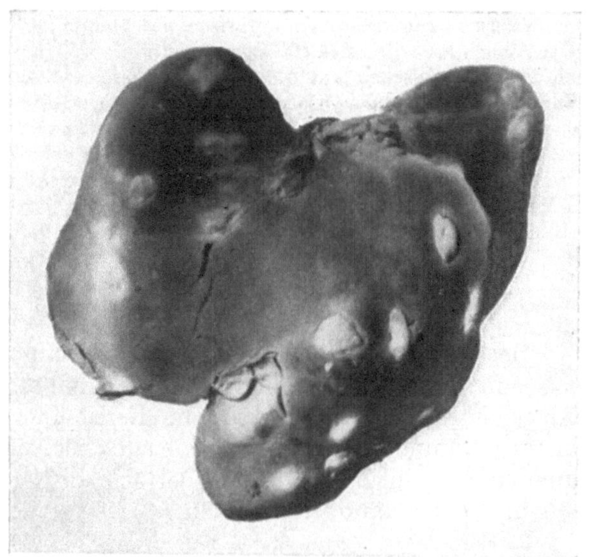

Abb. 36. Leber mit Cysticercus pisiformis. (Nach einem Präparat aus der Sammlung Olt, Giessen.)

len, die ihrerseits höchstens durch ihren Grössenumfang auf die benachbarten Organe eine schädigende Wirkung auszuüben vermögen. Die durch die unter der Leberserosa sitzenden Blasen bedingten Veränderungen bestehen lediglich in lokalen, muldenförmigen Vertiefungen und Eindrücken der Leberoberfläche (Druckatrophie). Daneben finden sich bei der ausgebildeten Zystizerkose im Leberparenchym noch die Spuren der früheren Bohrgänge der Zystizerken und ausserdem lassen sich bisweilen an der Leberkapsel (neben den ausgebildeten Blasenwürmern) auch noch Rückstände der ehemaligen Durchbruchsstellen erkennen.

An den gestielten Zystizerkusblasen kommt es nach Joest infolge Stieldrehung bisweilen zu hochgradiger Stauungshyperämie mit Nekrose des Parasiten und hämorrhagischer Veränderung der ganzen Blase, wodurch diese ein hämatomähnliches Aussehen gewinnt. Eine Eigenart des Eindringens des Cysticercus pisiformis ist aber besonders die, dass die Parasiten häufig absterben und dann zur Bildung von hanfkorn- bis erbsen-

grossen und noch grösseren käsig oder käsig-kalkigen, von Serosa und
einer Bindegewebskapsel überzogenen Herden, nicht nur an der Leberoberfläche, sondern auch an den genannten übrigen Organen Veranlassung
geben. Einen solchen käsigen Herd von über Walnussgrösse konnte Verfasser vor kurzem unter der der Leber zugewandten Serosa des Magens
bei einem mit hochgradiger Zystizerkose behafteten Kaninchen feststellen.

Solche Herde werden leicht für Prozesse anderer Natur gehalten,
im besonderen besteht die Möglichkeit zur Verwechslung mit der Pseudotuberkulose. Früher sprach man in solchen Fällen von „Zestoden-
tuberkulose“.

Schrifttum.

Braun, Die tierischen Parasiten des Menschen. Würzburg 1915. — *Fiebiger*,
Die tierischen Parasiten der Haus- und Nutztiere. Wien u. Leipzig 1923. — *Joest*, Handbuch der pathologischen Anatomie der Haustiere. Bd. 2. 1921. — *Derselbe*, Zeitschr.
f. Infektionskrankh., parasitäre Krankh. u. Hyg. d. Haustiere. Bd. 2. S. 10. 1906. —
Joest und *Felber*, Zeitschr. f. Infektionskrankh., parasitäre Krankh. u. Hyg. d. Haustiere. Bd. 4. S. 413. 1908. — *Kitt*, Spez. pathol. Anatomie der Haustiere. Bd. 2. 1924.
— *Leuckart*, Die Blasenbandwürmer und ihre Entwicklung. Giessen 1856. Die Parasiten
des Menschen. Leipzig 1879—1886. — *Schöppler*, Zentralbl. f. Bakteriol., Parasitenk.
u. Infektionskrankh., Abt. I, Orig. Bd. 82. S. 468. 1919.

Coenurosis.

Coenurus serialis.

Der Coenurus serialis ist beim Kaninchen und Hasen in Frankreich und in Italien ziemlich weit verbreitet. In Deutschland scheint
er dagegen seltener vorzukommen. Es ist aber anzunehmen, dass, nachdem die Kaninchenzucht in der Nachkriegszeit eine weite Verbreitung
gefunden hat, in Zukunft häufiger wie bisher mit seinem Vorkommen
auch in Deutschland zu rechnen ist.

Geschichtliches. Zum ersten Male wurde der Coenurus serialis des Kaninchens
im Jahre 1828 von Blainville in Frankreich beobachtet. Später ist sein Vorkommen
wiederholt in Frankreich und Italien beschrieben worden (Galli-Valerio, Lucet,
Henry u. a.), und in neuerer Zeit wurde er von M. Ziegler auch in Deutschland in einem
Kaninchenbestande festgestellt.

Der Coenurus serialis unterscheidet sich dadurch vom Coenurus
cerebralis, dass er — abgesehen von seinem Auftreten bei anderen Zwischenwirten — 3—4mal grössere Skolezes besitzt, die meist eine reihenweise
oder serienweise (daher die Bezeichnung „serialis“) Anordnung an der
Innenseite der Blasenwand erkennen lassen. Beim Coenurus cerebralis
sind dagegen die kleineren Kopfanlagen entweder einzeln oder nur in
kleineren, unregelmässigen Gruppen, an der inneren Blasenwand verteilt,
vorhanden.

Perroncito, der den Coenurus serialis in Italien festgestellt hat,
die von Blainville beschriebene reihenförmige Anordnung der Skolezes
aber nicht nachweisen konnte, hält diesen Blasenwurm mit dem
Coenurus cerebralis gleich. Es gelang ihm allerdings nicht, durch
Verfütterung von Proglottiden der Taenia serialis an ein Lamm und an
Kaninchen den Coenurus serialis zu erzeugen. An dem Unterschiede
der beiden Coenurusblasen und Bandwürmer (Taenia serialis — Multizeps
Goeze — unterscheidet sich im wesentlichen nur durch die grösseren
Skolezes von Taenia coenurus) wird nach wie vor festgehalten.

Im besonderen sind die Onkosphären der Taenia serialis noch dadurch ausgezeichnet, dass sie im Gegensatz zu denjenigen von Taenia cerebralis keine Neurophilie, sondern eine ausgesprochene Vorliebe für das intermuskuläre und subseröse Bindegewebe besitzen. Dort setzen sie sich fest und entwickeln sich zu Blasenwürmern von Haselnuss- bis Hühnereigrösse.

Das Eindringen der Parasiten in den Organismus geschieht in der Weise, dass mit der Nahrung oder dem Trinkwasser Eier der Taenia serialis, die im Darme des Hundes schmarotzt, in den Magen und Darm des Zwischenwirtstieres gelangen. Dort werden die Wurmembryonen (Onkosphären) frei, bohren sich in die Darmwand ein und kommen auf diese Weise auch in kleine venöse Gefässe (Pfortaderäste). Mit dem Lungenvenenblut werden sie dem linken Herzen und damit dem arteriellen Blutkreislauf zugetragen, auf welchem Wege sie rein mechanisch ihren Lieblingsstellen zugeführt werden. Es ist anzunehmen, dass die Onkosphären mit dem Blutstrom ausser an diese auch in andere Organe gelangen und dort zurückgehalten werden. Allem nach gehen sie aber dort zugrunde, weil sie an jenen Stellen nicht den geeigneten Boden zu ihrer Entwicklung finden.

Dagegen wandeln sich die in das intermuskuläre und subseröse Bindegewebe gelangten Onkosphären in wenigen Wochen zu mehr oder weniger grossen Blasenwürmern um.

Der allgemeine Gesundheitszustand der mit Coenurus serialis behafteten Tiere ist in der Regel nicht gestört.

Auch die Untersuchung des Blutes von an Coenurus serialis leidenden Kaninchen ergibt keine Abweichungen von der Norm; im besonderen keine Vermehrung der eosinophilen Leukozyten (Ziegler).

Pathologisch-anatomisch finden sich die Blasenwürmer zahlreich an

Abb 37. Coenurus serialis beim Kaninchen. Coenurusblase auf der kaudalen Fläche des Vorarms nach Entfernung von Haut, Hautmuskel und Bindegewebskapsel der Coenurusblase. Reihenförmige Anordnung der Skolezes. (Nach M. Ziegler, Zeitschr. f. Infektionskrankheiten, parasitäre Krankh. u. Hyg. d. Haustiere. Bd. 24, Berlin 1923.)

den verschiedensten Körperstellen in Form von prall gefüllten, derben Zysten, die etwa Walnuss- bis Hühnereigrösse besitzen. Sie liegen bald einzeln, bald dicht beisammen an der unteren Seite des Halses, im Bereiche sowohl der Vorder- als auch der Hinterextremitäten und auch an anderen Stellen der Körper- und Bauchmuskulatur, wo sie die Haut, die über den Knoten leicht verschiebbar ist, stark vorwölben (s. Abb. 37).

An den abgezogenen Tieren lässt sich feststellen, dass die Zysten mehr oder weniger über die Oberfläche der Muskulatur hervorragen.

Dies trifft besonders an den Stellen zu, an denen sie sich im Bindegewebe unter den Hautmuskeln oder den oberflächlichen Körpermuskeln entwickeln. Auf diese Weise wird häufig der Eindruck erweckt, als hätten sie sich in der Subkutis entwickelt; da aber die Zysten von der Basis bis ungefähr zur Mitte herauf mit dünnen Muskelschichten bedeckt sind (Ziegler), ist deutlich erkennbar, dass die Entwicklung zwischen den Muskeln, die stark auseinander geschoben werden, stattfindet. An anderen Stellen liegen die Zysten tiefer in der Muskulatur; überall treten sie aber zwischen den auseinandergedrängten Muskelteilen zu einem grösseren oder kleineren Teil an die Oberfläche. Nach Ziegler werden solche Zysten in beträchtlicher Grösse auch im subperitonealen Gewebe, den Muskeln aufgelagert, angetroffen. Henry fand bei einem Kaninchen ein kindskopfgrosses Exemplar von Coenurus serialis in der Lumbalgegend, durch das eine starke Vergrösserung des Abdomens bedingt und Trächtigkeit vorgetäuscht wurde.

Die übrigen Organe der Brust- und Bauchhöhle sind völlig frei von Veränderungen.

Die Zysten besitzen eine länglich-ovale Form und lassen sich verhältnismässig leicht von der umgebenden Muskulatur loslösen. Nach Durchtrennung der äusseren bindegewebigen Zystenwand, der sog. Wirtskapsel, tritt die eigentliche, nicht sehr prall gefüllte Wurmblase, die dem Coenurus cerebralis sehr ähnelt, hervor. Sie liegt völlig frei in der Wirtskapsel, deren innere Wand ebenso wie die Oberfläche der Blase eine glatte und feuchte Beschaffenheit aufweist. Die Wand der Blase selbst, die sehr dünn und leicht einreissbar ist, lässt die Skolezes, die in Reihen hintereinander und nebeneinander in Form von parallel und konvergierend verlaufenden Streifen angeordnet sind, meist deutlich erkennen. Ihr Auftreten beschränkt sich in der Regel auf das obere Drittel des Blasenumfangs. Je nach der Länge enthält ein solcher Streifen 30—50 Skolezes hintereinander in der Längsrichtung, während in der Breite nur 2—5 nebeneinander liegen. Wenn auch die überwiegende Mehrzahl der Blasen diese streifenförmige Anordnung der Skolezes in deutlicher Weise zeigt, so kommt es bisweilen vor, dass diese weniger auffallend hervortritt und die Anordnung wie beim Coenurus cerebralis mehr haufen- oder gruppenförmigen Charakter besitzt (Perroncito).

Die Skolezes sind mit einem dünnen Hals versehen. Sie besitzen einen deutlichen Hakenkranz mit etwa 26—32 Haken und ausserdem vier deutlich sichtbare Saugnäpfe. Was die Parasitenblase anbetrifft, so enthält diese eine klare helle Flüssigkeit. Zur Bildung von Tochterblasen an ihr scheint es nicht gerade selten zu kommen (Railliet, Ziegler). Diese entstehen z. T. in beträchtlicher Zahl an der Aussenseite der Mutterblasen, besitzen Erbsen- bis Bohnengrösse und lassen ebenfalls bereits Skolezes erkennen. (Die Tochterblasenbildung, die beim Coenurus cerebralis nicht beobachtet wird, ist diesem gegenüber von Railliet als weiteres Unterscheidungsmerkmal herangezogen worden.)

Histologisch besteht die Wirtskapsel aus einer dünnen Schicht wellig verlaufender Bindegewebsfibrillen; zwischen ihnen und den Bindegewebskernen finden sich in spärlicher Zahl eosinophile Zellen in unregelmässiger, zum Teil gruppenförmiger Verteilung. Zwischen der Wirtskapsel und der Parasitenmembran ist nach den Untersuchungen von **Ziegler** ein schmaler Spalt vorhanden, den **Joest** erstmalig auch bei den Echinokokken beobachtet und als perizystären Lymphraum bezeichnet hat. An der in der Nachbarschaft der Blasen gelegenen Muskulatur lassen sich ausser einer geringen Druckatrophie der unmittelbar anliegenden Muskelfasern wesentliche Veränderungen nicht feststellen.

Von **Ziegler** mit Blasenwürmern (von Coenurus serialis) bei zwei 7 Wochen alten Hunden angestellte Fütterungsversuche ergaben bereits nach 4 Wochen das Vorhandensein von zahlreichen Bandwürmern im ganzen Dünndarm. Sie besassen eine Länge von 70—100 cm. Da die Proglottiden dieser Bandwürmer reife Eier noch nicht enthielten, blieb ein von **Ziegler** damit angestellter Fütterungsversuch ohne Ergebnis.

Nach den von **Henry** und **Ciuca** bei Kaninchen angestellten Fütterungsversuchen mit Eiern der Taenia serialis siedeln sich die Finnen nicht nur in der Körpermuskulatur, sondern auch im Herzmuskel an. Schon im Beginn ihrer Entwicklung bringen sie ein Toxin hervor, das auf das umgebende Gewebe eine nekrotisierende Wirkung ausübt. Auch Fernwirkungen dieses Toxins sollen beobachtet werden. Sie äussern sich in einem allgemeinen Ödem des subkutanen und subserösen Bindegewebes.

Antikörper gegen die Zystenflüssigkeit (komplementbindende, anaphylaktische sowie Präzipitine) treten meist 19—25 Tage nach der Infektion auf, ausnahmsweise sind sie schon am 9. Tage p. i. nachweisbar. Bei Tieren, die keine Parasiten mehr beherbergen, findet sich bisweilen ebenfalls ein antikörperreiches Serum. Hierbei handelt es sich um abgeheilte Fälle. Die Antikörper können auch ganz fehlen.

Coenurus cerebralis.

Coenurus cerebralis, die Finne der im Darm des Hundes (vor allem der Schäferhunde) schmarotzenden Taenia coenurus (Multiceps multiceps) wird beim Kaninchen nur ganz ausnahmsweise angetroffen (s. **Hutyra** und **Marek**). Der gewöhnliche Sitz der Coenurusblasen (Quesen) ist das Gehirn, seltener das Rückenmark. Die **Einwanderung** dorthin geschieht auf dem Blutwege, und zwar in derselben Weise wie beim Coenurus serialis. Es finden indessen in der Regel nur die ins Zentralnervensystem gelangten Onkosphären der Taenia coenurus einen günstigen Boden für ihre Entwicklung. Die in anderen Organen abgelagerten gehen ausnahmslos zugrunde. Im Gegensatz zu denjenigen der Taenia serrata sind diese hier demnach ausgesprochen neurophil (**Joest**).

Pathologische Anatomie. Die in die Hirnhäute oder ins Gehirn gelangten Onkosphären können vor ihrer Entwicklung zum Blasenwurm noch aktiv wandern und dabei Bohrgänge sowie lokale entzündliche Veränderungen (zum Teil eitriger Natur) verursachen. Der ausgebildete Coenurus stellt Blasen von verschiedener Grösse dar, die mit wasserklarer Flüssigkeit gefüllt sind und an der Innenfläche ihrer durchsichtigen Wand die hirsekorngrossen, in unregelmässigen Gruppen gelagerten Skolezes beherbergen. Je nach Grösse und Sitz der Blasen im Gehirn bedingen sie entsprechende Druckatrophien der umgebenden Hirnsubstanz, die sich klinisch in vielseitigen zerebralen Störungen äussern können. **Byerley** entfernte aus der Orbitalhöhle eines Kaninchens eine Zyste, die er als Coenurusblase bestimmte. Er nimmt an, dass die Infektion durch einen im Gehöft gehaltenen Hund vermittelt wurde.

Die Coenurusblasen können auch absterben und verkalken. Sie treten dann als käsig-kalkige, mörtelartige, weissliche oder grauweissliche Herde in die Erscheinung.

Schrifttum.

Byerley, The vet. rec. Vol. 18. p. 234, 243. 1905. — *Braun-Becker*, Kaninchen-krankheiten. Leipzig 1919. — *Fiebiger*, Die tierischen Parasiten der Haus- und Nutz-tiere. Wien u. Leipzig 1923. — *Gedoelst*, Synopsis de Parasitologie de l'homme et des animaux domest. Liem. Brouxelles 1911. — *Henry* et *Ciuca*, Ann. de l'inst. Pasteur 1916. p. 365. — *Henry*, Bull. de la soc. centr. de méd. vét. 1909. p. 297. — *Hutyra* und *Marek*, Spezielle Pathologie und Therapie d. Haust. Jena 1922. 6. Aufl. — *Joest*, Handb. der Spez. Pathologischen Anatomie d. Haust. Bd. 2. Berlin 1921. — *Lucet*, Rec. de méd. vét. 1897. p. 633. — *Neumann*, Traité des maladies parasitaires et microbiennes des animaux domestiques. Paris 1892. — *Railliet*, Bull. de la soc. centr. de méd. vét. 1889. — *Ziegler*, Zeitschr. f. Infektionskrankh., parasitäre Krankh. u. Hyg. d. Haustiere. Bd. 24. S. 140. 1923. — *Zürn*, Die tierischen Parasiten auf und in dem Körper unserer Haussäugetiere. Weimar 1882. S. 139. — *Derselbe*, Kaninchen-krankheiten 1894.

Echinokokkenkrankheit (Echinokokkosis).

Echinokokkose beim Kaninchen wird nach den Angaben von Braun, Fiebiger und Zürn ebenfalls beobachtet. Ihr Vorkommen gehört jedoch ebenso wie dasjenige des Coenurus cerebralis zu den grössten Seltenheiten.

Die Echinokokkose wird durch die Finnen (Blasenwürmer) der Taenia echinococcus hervorgerufen. Dieser 3—4gliederige Bandwurm lebt im Darme des Hundes. Seine mit dem Kote dieses Wirtstieres abgehenden reifen Glieder enthalten die entwicklungsfähigen beschalten Onkosphären (Embryonen oder Eier).

Die **Invasion von Kaninchen** wird durch Futter oder Trinkwasser vermittelt, das mit solchen Proglottiden oder Onkosphären verunreinigt ist. (Zur Aufnahme proglottiden- oder embryonenhaltigen Futters oder Trinkwassers wird bei Kaninchen, die in grösseren Züchtereien oder Laboratorien gehalten werden, im allgemeinen selten Gelegenheit ge-geben sein.)

Pathogenese. Nach Auflösung der die Onkosphären umgebenden Schale im Magen oder im Dünndarm, bohren sich diese aktiv unter Benutzung ihrer Haken in die Darmschleimhaut ein, gelangen in kleine Kapillaren und Venen und werden mit dem Pfortaderblut zunächst der Leber zugetragen, in deren Kapillaren sie zum grössten Teil stecken bleiben. Ein Teil der Onkosphären passiert jedoch die Pfortaderkapillaren und gelangt durch das rechte Herz in die Lungen; selten werden Onko-sphären in den grossen Blutkreislauf verschleppt und in andere Organe (Gehirn) getragen.

Pathologische Anatomie. Leber und Lungen bieten den Onko-sphären die günstigsten Bedingungen zu ihrer Weiterentwicklung. (Eine Wanderung in diesen Organen vor der Entwicklung wird nicht beobachtet.) Dort wandeln sie sich — wie aus den von Dévé und Leuckart an Schweinen ausgeführten Fütterungsversuchen hervorgeht — in 4 Wochen zu miliaren Knötchen, in 8 Wochen bereits zu Bläschen und nach etwa 20 Wochen zu haselnussgrossen, immer grösser werdenden Blasen um. Die Wand dieser Blasen ist verhältnismässig zart und besteht aus 2 Schichten: einer äusseren lamellär gebauten Chitinschicht und einer inneren Keim- oder Parenchymschicht. Die ganze Blase ist von einer vom Wirtstier gebildeten Kapsel (Wirtskapsel) umgeben. Zwischen dieser und der Blasenwand befindet sich der perizystäre Lymphraum. Die in den Blasen enthaltene Flüssigkeit ist wasserklar oder etwas gelblich. Innerhalb der Blase erzeugt die Parenchymschicht in vielen Fällen (nicht immer) Brutkapseln und Kopfanlagen (sterile und fertile Zysten). Ausserdem entstehen zwischen den Schichten der Kutikula aus abgesprengten Teilen der Parenchymschicht Tochter- und sogar Enkelblasen, die sich entweder nach aussen (in den perizystären Lymphraum) oder nach innen (in die Blasen oder Zysten) hinein entwickeln, sich ganz von der Mutterblase loslösen können und denselben Bau zeigen wie die Mutterblasen. (Näheres darüber s. Joest, Handbuch der pathol. Anatomie der Haustiere 1921.)

Die in der Leber und in den Lungen lokalisierten Echinokokkenblasen wölben meist die Oberfläche dieser Organe buckelig vor. Sie verursachen Störungen allgemeiner Art erst dann, wenn sie in diesen Organen in beträchtlicher Zahl auftreten und einerseits eine starke Abnahme der sie enthaltenden Organparenchyme, anderseits durch ihre Grösse Druckerscheinungen auf die benachbarten Organe im Gefolge haben.

Die durch sie bedingten Störungen bestehen in Ikterus durch Kompression von Gallengängen, in Aszites durch Druck auf Hohlvene und Pfortader, in erschwertem Atmen, in Verdauungsstörungen infolge von Acholie und daran anschliessender Abmagerung.

Ausser in den genannten Organen kommen Echinokokkenblasen in anderen Organen, so beispielsweise im Gehirn, höchst selten zur Beobachtung.

Durch intrazerebrale Injektionen von Onkosphären in einen Seitenventrikel konnte Dévé beim Kaninchen Echinokokkenblasen zur Entwicklung bringen, die auf den dritten Ventrikel, auf das Infundibulum und durch den Hypophysenschaft auf das Innere des Hinterlappens übergegriffen hatten.

Die **klinische Diagnose** der Echinokokkenkrankheit beim Menschen und bei Tieren mit Hilfe der Präzipitation und der Komplementbindung hat sich als nicht absolut zuverlässig erwiesen.

Der **mikroskopische Nachweis** der charakteristischen Echinokokken-Skolezes am toten Tier sichert die Diagnose in allen Fällen.

Schrifttum.

Braun-Becker, Kaninchenkrankheiten. Leipzig 1919. — *Dévé*, Zentralbl. f. Bakteriol., Parasitenk. u. Infektionskrankh., Abt. I, Ref. Bd. 74. S. 534. 1923. — *Fiebiger*, Die tierischen Parasiten der Haus- und Nutztiere. 1923. — *Fröhner-Zwick*, Spez. Pathologie und Therapie der Haustiere 1922. — *Hutyra* und *Marek*, Spez. Pathologie und Therapie der Haustiere 1922. — *Joest*, Handb. d. spez. pathol. Anatomie d. Haustiere. Bd. 2. 1921. — *Joest* und *Felber*, Ztschr. f. Infektionskrankh., parasitäre Krankh. u. Hyg. d. Haustiere. Bd. 4. S. 413. 1908. — *Pfeiler*, Zeitschr. f. Infektionskrankh., parasitäre Krankh. u. Hyg. d. Haustiere. Bd. 11. S. 70. 1912. — *Zürn*, Kaninchenkrankheiten 1894.

Nemathelminthes (Rundwürmer).

Aus der Gattung Strongyloides kommt beim Kaninchen im Darme Strongyloides longus (Grassi und Segré) vor. Wie alle Angiostomiden zeichnet sich die Gattung Strongyloides durch zwei Entwicklungsformen aus, nämlich eine parasitierende, hermaphroditische und eine im Freien lebende, getrennt geschlechtliche Form.

Parasitische Form, bis zu 6 mm lang. Sehr dünner Körper, weiblicher Habitus. Vorderende etwas verschmälert; Hinterende in eine kurze Schwanzspitze auslaufend. Oberfläche quergestreift. Ösophagus lang ($^1/_5$ der Körperlänge); Vulva im hinteren Körperdrittel, von Papillen umgeben. Eier 40 μ lang, 20 μ breit.

Nach Grassi und Gonder ist die **Entwicklung** besonders bei niedriger Wintertemperatur eine direkte, d. h. die aus den Eiern entschlüpften Larven wachsen direkt zur Filariidenform heran; während der Sommertemperatur tritt dagegen in der Regel die zweigeschlechtige Rhabditisgeneration auf.

Die **Ansteckung** geschieht entweder mit der Nahrungsaufnahme oder durch Eindringen der Larven in die unversehrte Haut, wie dies Gonder experimentell festgestellt hat. Auch die Untersuchungen und Experimente von Leichtenstern und Fülleborn sprechen für den letzteren Infektionsmodus. Die Larven gelangen dann auf dem Blutwege in die Lungen und von da über die Bronchien und den Pharynx in den Ösophagus und in den Magen und Darm.

Beim Kaninchen kommt Strongyloides longus eine grosse pathogene Bedeutung nicht zu. Massenbefall kann aber bisweilen zu schweren Darmkatarrhen mit anschliessender Anämie und Kachexie Veranlassung geben. Auch können durch das Eindringen der Larven in die Haut Ausschläge entstehen.

Schrifttum.

Fiebiger, Die tierischen Parasiten. 1923. — *Fülleborn,* Arch. f. Schiffs- u. Tropenhyg. 1914. — *Gonder,* Arb. a. d. Reichsgesundheitsamte Berlin. Bd. 25. S. 485. 1907. — *Leichtenstern,* Zentralbl. f. Bakteriol., Parasitenk. u. Infektionskrankh., Abt. 1, Orig. Bd. 25. S. 226. 1899. — *Reisinger,* Wien. tierärztl. Monatsschr. 1915.

Filariidae (Fadenwürmer).

Physocephalus sexalatus (Spiroptera sexal).

Als Hauptwirtstier dieses Parasiten ist das Haus- und Wildschwein sowie der Esel und das Dromedar zu betrachten. Neuerdings ist er jedoch von Hobmaier auch beim Feldhasen gefunden worden. Da die von Hobmaier bei Kaninchen angestellten Fütterungsversuche zu einem positiven Ergebnis geführt haben, muss auch das Kaninchen als geeignetes Wirtstier für diesen Parasiten bezeichnet werden. Mit dessen spontanem Auftreten in diesem Wirtstier ist deshalb zu rechnen.

Physocephalus sexalatus ($\male$ 6—9, $\female$ 13—19 mm lang, Zwirnsfadendicke) lebt als Imago teilweise in die Magenschleimhaut eingebohrt. Auch im Anfangsteil des Dünndarms soll er auftreten können. Die Eier werden in embryoniertem Zustande abgelegt.

Über den **Entwicklungsgang** dieses Parasiten war bis vor kurzem noch nichts Näheres bekannt. Erst neuere Untersuchungen von Hobmaier haben ergeben, dass sich die Entwicklung der invasionsfähigen Larven nicht direkt, sondern in einem Zwischenwirt, nämlich einem Käfer (Geotropus stercorarius) vollzieht.

Durch Austrocknung werden die Larven schnell zerstört; in feuchter Umgebung und besonders im Wasser sind die reifen Embryonen dagegen befähigt, monatelang auszudauern.

Natürliche Ansteckung. Die reifen Larven gelangen meistens durch Aufnahme des sie enthaltenden Zwischenwirtes in den Körper der Endwirtstiere. Unter günstigen Bedingungen (Feuchtigkeit) vermag aber die Larve den Tod ihres Zwischenwirtes wochenlang zu überdauern und ist imstande, durch direkte Aufnahme mit dem Futter oder Trinkwasser eine Infektion bei geeigneten Endwirtstieren herbeizuführen. Endlich können die Larven auch von sogenannten Gelegenheitswirten (falschen Wirten) aufgenommen werden. In diesen unterbleibt ihre Weiterentwicklung; sie können sich aber lebensfähig erhalten und unter Umständen ebenfalls zur Infektion von echten Wirtstieren Veranlassung geben.

Die **Dauer der Entwicklung** vom Tage der Invasion an bis zur Geschlechtsreife und Eiablage beträgt beim Kaninchen 10—12 Wochen. Nicht alle Larven entwickeln sich jedoch zu geschlechtsreifen Würmern. Solche, die in andere Organe sich verirren (s. später), bleiben von der Weiterentwicklung ausgeschlossen, trotzdem sie sich noch längere Zeit am Leben erhalten.

Wie bei anderen Endwirten, so bewirken die Physocephali auch beim Kaninchen lokale und allgemeine **Krankheitserscheinungen.** Während die Primärläsionen im allgemeinen gut vertragen werden, ändert sich das Wohlbefinden der Tiere, sobald die Imagines herangereift sind. Das Körpergewicht fällt in kurzer Zeit erheblich, die Fresslust lässt mehr und mehr nach und schliesslich gehen die Tiere an Kachexie zugrunde. Bei geringgradigem Befall kann der Verlauf auch ein milderer sein.

Pathologisch-anatomisch verursachen die Embryonen auf der Magenschleimhaut des Kaninchens zunächst kleine, unregelmässig begrenzte Blutungsflecken, besonders in der Fundusgegend. Der Sitz der Embryonen selbst ist die Grenzschicht der Mukosa, die Submukosa, seltener die Subserosa. Sie können auch die Magenwand durchbohren, um sich in der Leber, im Zwerchfell, ja sogar in den Lungen festzusetzen. Überall wo die Würmer sich ansiedeln, entstehen kleine, runde, durchscheinende, mit dem blossen Auge deutlich sichtbare (Nematoden-) Knötchen. Diese lokalen Veränderungen treten aber erst mit der Geschlechtsreife der Würmer auf. Im übrigen enthält der Magen fadenziehenden Schleim und den grössten Teil der Würmer.

Histologisch entsprechen die Veränderungen der Magenschleimhaut dem Bilde einer schweren verschorfenden Gastritis. In allen Wandschichten der Schleimhaut, besonders aber in der Submukosa finden sich zahlreiche Wurmzysten und Wurmknötchen, die zum Teil einen Embryo enthalten, zum Teil aber verödet und mit Granulationsgewebe ausgefüllt sind. Die Drüsenschläuche sind teilweise rückgebildet und das Bindegewebe zwischen ihnen ist gewuchert.

Die **Diagnose** kann gegebenenfalls durch den Nachweis der Eier im Kote mit Hilfe der üblichen Methoden und Anreicherungsverfahren gesichert werden. Die Eier besitzen grosse Ähnlichkeit mit denjenigen von Arduenna strongylina.

Schrifttum.

Foster, M., U. S. Departement of Agricult. Bull. Vol. 158. p. 1. — *Hobmaier, M.,* Münch. tierärztl. Wochenschr. 1924. S. 1094. — *Derselbe,* Münch. tierärztl. Wochenschr. 1925. S. 361 ff.

Trichotrachelidae (Haarwürmer).

Trichocephaliasis. (Peitschenwürmer im Darm).

Der beim Kaninchen vorkommende Trichocephalus unguiculatus ist — wie die übrigen Trichocephaliden — dadurch ausgezeichnet, dass er einen fadendünnen, sehr feinen Vorderleib besitzt, während dagegen der hintere Teil des Körpers walzenförmig verdickt ist. Die weiblichen Exemplare können in der Form mit einer Hetzpeitsche verglichen werden; die Männchen weichen von dieser Form insofern ab, als ihr Hinterende spiralenförmig aufgerollt und mit einer Bursa ausgestattet ist (s. Abb. 38).

Aus den Eiern, die Zitronenform besitzen, entwickelt sich im Freien nach Monaten ein Embryo. Die **Infektion** erfolgt durch Aufnahme embryonenhaltiger Eier mit den Nahrungsmitteln oder mit dem Trinkwasser. Im Verdauungskanal schlüpfen die Embryonen aus und entwickeln sich dort innerhalb kurzer Zeit zu geschlechtsreifen Peitschenwürmern.

Beim Kaninchen besiedeln die Parasiten mit grosser Vorliebe den Blinddarm, wo sie mit dem Kopfende der Schleimhaut fest anhaften, ohne dort — wenn sie in geringer Zahl vorhanden sind — nennenswerte Störungen hervorzurufen. Ein massenhaftes Befallensein führt aber nicht selten

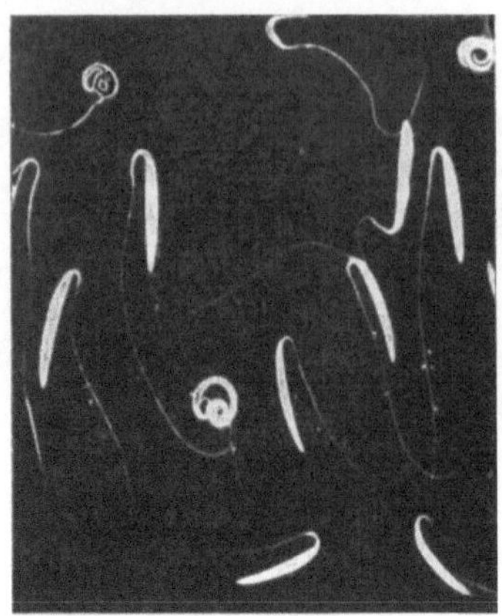

Abb. 38. Trichozephalen beim Kaninchen.

zur Entstehung eines mehr oder minder schweren Katarrhs der Schleimhaut (Typhlitis). Ausserdem sollen die Trichocephalen, wenn sie in grosser Zahl auftreten, eine toxische Wirkung ausüben und zu schweren anämischen Zuständen der befallenen Tiere Veranlassung geben.

Schrifttum.

Fiebiger, Die tierischen Parasiten der Haus- und Nutztiere sowie der Menschen. Wien und Leipzig 1923. — *Joest,* Handbuch der Pathologischen Anatomie d. Haust. Bd. 2. 1922. — *Kitt,* Spez. Pathologische Anatomie d. Haust. Bd. 2. 1923.

Strongylidae.

Strongylidiasis. Magenwurmseuche.

Im Magen der Kaninchen, noch häufiger aber in demjenigen der Feldhasen, werden bisweilen blutsaugende Strongyliden in grosser Zahl angetroffen. Sie geben in nicht seltenen Fällen die Ursache für seuchenhaft auftretende Erkrankungsfälle mit tödlichem Ausgang ab.

Geschichtliches. Moniez hatte bereits im Jahre 1880 in der Mukosa des Magens bei Hasen und Kaninchen einen Nematoden gefunden, den er als Spiroptera beschrieb. Er hat sich aber durch das Auffinden geschlechtsreifer Exemplare überzeugen können, dass er es mit einer Strongylusart zu tun hatte.

Ätiologie. Die Magenwurmseuche wird hervorgerufen durch:

1. Strongylus strigosus (Graphidium strigosum).

♂ 8—16 mm; ♀ 11—20 mm lang. Blutroter, fadenförmiger Körper. Mund nackt. ♂ Bursa quastenförmig, leicht zweilappig (s. Abb. 39). Hinterrippen entspringen von einem langen gemeinsamen Stamme; sie sind in zwei Äste geteilt, von denen der innere zwei längere Papillen, der äussere nur eine besitzt. Spikula 1—2 mm lang, mit den zerschlitzten Enden konvergierend.

♀ Schwanzende konisch, stumpfe Spitze. Vulva von einem dicken Fortsatz bedeckt. Körper verjüngt sich an dieser Stelle unvermittelt. Ablage der Eier im Zustande der Furchung.

2. Trichostrongylus retortaeformis (wahrscheinlich identisch mit Strongylus instabilis, gracilis und Strongylus colubriformis).

♂ 4—5 mm lang. Bursa zweilappig, ziemlich breit, Mittellappen undeutlich. Zwei kurze gewundene, löffelförmige Spikula mit kahn- oder schuhförmigem Beistück (Abb. 40).

♀ 4,5—6,5 mm; Vulva etwa in der Körpermitte, längsgestellt. Eier elliptisch: 80×45 μ.

Vorkommen: Hauptsächlich Nordafrika, Frankreich, Ägypten.

3. Trichostrongylus probolorus und vitrinus (selten).

Vorkommen: Ägypten, Nordamerika.

Die **Infektion** wird mit grosser Wahrscheinlichkeit durch das Trinkwasser vermittelt, in dem aus den elliptischen, 106 μ langen, zur Zeit der Ablage gefurchten Eiern rhabditisartige Embryonen ausschlüpfen.

Pathologische Anatomie. Die der Seuche erlegenen Tiere sind auffallend abgemagert. Ausserdem zeigen sie hochgradige Anämie, Hydrämie und Bauchwassersucht. Im Magen und im oberen Duodenum finden sich massenhaft haarfeine, blutigrote Strongyliden, die zum Teil so

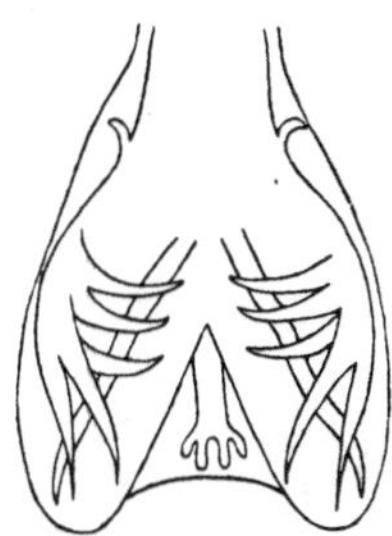

Abb. 39. Bursa von Strongylus strigosus. (Nach von Linstow: Aus Olt -Ströse, Wildkrankheiten. Neudamm 1914.)

Abb. 40. Bursa von Strongylus retortaeformis. (Nach von Linstow: Aus Olt-Ströse, Wildkrankheiten. Neudamm 1914.)

dicht sitzen können, dass auf 1 qcm der Magenschleimhaut 6 und noch mehr Exemplare sich angesaugt haben (Schlegel). Die Saugstellen erscheinen als punktgrosse, blutige Erosionen, um die herum die durch entzündliche Schwellung verdickte Magenschleimhaut blutigrot bis schwarzrot verfärbt ist. In schwereren Fällen kann sogar (nach in der Literatur niedergelegten Beobachtungen) eine siebartige Durchlöcherung der Magenschleimhaut durch die daran sich festsaugenden Parasiten zustande kommen.

An den übrigen Abschnitten des Darmkanals, ebenso wie an den anderen Organen der Brust- und Bauchhöhle, werden ausser den oben genannten Veränderungen solche anderer Art nicht wahrgenommen.

Die **Todesursache** ist entweder auf die durch die Parasiten hervorgerufenen kachektischen und anämischen Zustände oder auf eine im Anschluss an die Perforation der Magenschleimhaut entstandene Peritonitis zurückzuführen. Auch von den Parasiten ausgehende toxische Einwirkungen spielen für die gehäuften Todesfälle eine Rolle. Endlich wird auch durch die mechanischen Läsionen der Darmschleimhaut sekundären bakteriellen Infektionen Tür und Tor geöffnet.

Die **Diagnose** der Krankheit während des Lebens stützt sich auf den Nachweis der Wurmeier im Kote mit Hilfe einer der gebräuchlichen Anreicherungsmethoden.

Schrifttum.

Casparius, Jahrb. des Instituts f. Jagdk. Bd. 1. S. 178. — *Fiebiger,* Die tierischen Parasiten der Haus- und Nutztiere sowie des Menschen. 2. Aufl. 1923. — *Hutyra* und *Marek,* Spez. Pathologie und Therapie d. Haust. Bd. 2. 6. Aufl. 1922. — *Kitt,* Spez. Pathologische Anatomie d. Haust. 1923. — *Looss,* Zentralbl. f. Bakteriol., Parasitenk. u. Infektionskrankh., Abt. I, Orig. Bd. 39. S. 409. 1905. — *Moniez,* Ellenberger-Schuetz, Jahresb. Jg. 9. S. 83. 1899. — *Schlegel,* Zeitschr. f. Tiermed. Bd. 18. S. 380/381. 1915.

Lungenstrongylose.
Syn. Lungenwürmerkrankheit, Lungenwurmkrankheit, Lungenwurmseuche.

Das Auftreten von Lungenwürmern aus der Familie der Strongyliden stellt bei unseren Haustieren ein überaus häufiges Vorkommnis dar. Da die durch diese Parasiten hervorgerufenen Erkrankungen meist seuchenhaften, epizootischen Charakter annehmen und in einem grossen Teil der Fälle den Tod der Wirtstiere herbeiführen, so ist der durch sie verursachte wirtschaftliche Schaden oft ein ganz bedeutender. Auch unter dem Wildstande treten bisweilen ähnliche Massenerkrankungen auf und richten nicht selten beträchtliche Verheerungen an. So werden gerade auch unter Hasenbeständen in manchen Gegenden alljährlich

Abb. 41. Bursa von Strongylus commutatus. (Nach von Linstow: Aus Olt-Ströse, Wildkrankheiten. Neudamm 1914.)

Abb. 42. Bursa von Strongylus rufescens. (Nach von Linstow: Aus Olt-Ströse, Wildkrankheiten, Neudamm 1914.)

erhebliche Verluste beobachtet. Aber auch bei wilden und zahmen, in Zuchten und Laboratorien gehaltenen Kaninchen sieht man in regenreichen Jahrgängen zur Zeit der Grünfütterung gehäufte Erkrankungs- und Todesfälle infolge Strongylideninvasion auftreten.

Ätiologie. Der bei Feldhasen und Kaninchen vorkommende Strongylus (Synthetocaulus) commutatus besitzt einen haarförmig dünnen, infolge Durchscheinens des braunen Darmkanals, braungefärbten Körper mit abgerundetem, abgeplattetem Vorderende und nacktem Munde.

Länge: ♂ 18—30 mm, ♀ 28—50 mm.

♂ Bursa sehr klein und abgerundet (s. Abb. 41). Hinterrippen vereinigen sich in einem breiten Stamme. Spikula dick und breit. Anfangsteil marmoriert. Jedes Spikulum besteht aus einer Mittelrippe, von der zwei im Winkel zueinander stehende Seitenlamellen ausgehen. Diese sind mit quergestellten Chitinborsten ausgestattet. Ausserdem Vorhandensein von akzessorischen Chitinstücken in Form von sichelförmigen Gebilden.

♀ Schwanzende mit stumpfer Spitze; Vulva dicht vor dem After. Ablage der Eier im Zustande der Furchung. Embryonen ohne Schwanzstachel, mit geradem, spiessartigem Schwanzfortsatz (Fiebiger).

Nach den Angaben Mareks soll beim Kaninchen ausser Strongylus commutatus auch noch Strongylus rufescens (Synthetocaulus rufescens) (s. Abb. 42) vorkommen. Eine grössere Bedeutung kommt diesem Parasiten jedoch nicht zu. Er soll übrigens nach Müller und Richter mit Strongylus commutatus identisch sein.

Entwicklungsgang und Pathogenese der Lungenwürmer im allgemeinen.

Die in den offenen Luftwegen sich befindlichen geschlechtsreifen Würmer sowie deren Eier und Embryonen werden teilweise durch den Husten der Wohntiere ausgestossen, teilweise werden sie aber mit dem Sputum abgeschluckt und gelangen durch den Darmkanal mit dem Kot ins Freie. Da bis jetzt alle Versuche, die darauf abzielten, die Strongylidenembryonen von einem Tier auf das andere direkt zu übertragen (Leuckart, Schlegel, Jeanmaire, Schöttler, Knuth, Ströse u. a.) zu einem positiven Ergebnis nicht geführt haben, wird man zu der Annahme gezwungen, dass die auf obige Weise ins Freie gelangten Embryonen dort eine Weiterentwicklung durchmachen. Ob diese in einem Zwischenwirt erfolgt (Schnecken, Regenwürmer, Insekten) oder ob eine direkte Entwicklung durch eine freilebende Generation stattfindet, ist bis jetzt nicht sicher entschieden.

(Von v. Linden und Zenneck angestellte Züchtungsversuche in sterilisierter, mit Grassamen bestellter Erde, die für die letztere Möglichkeit sprechen, sind von Richters nicht bestätigt worden.) Wie dem auch sei, so ist jedenfalls sicher, dass die Embryonen ihre Invasionsfähigkeit erst nach Ablauf dieser, ausserhalb des Wirtstieres erfolgenden Entwicklung erlangen.

Es ist nicht sehr wahrscheinlich, dass die sich so entwickelnden Larven, die mit dem Futter oder dem Trinkwasser von den Wirtstieren aufgenommen werden, eine selbsttätige Wanderung in die Rachenhöhle und in die Luftwege antreten, wie dies früher angenommen wurde. Auch die früher geltende Ansicht (Zürn, Spinola, Csokor), die Wurmbrut könne beim Einatmen des eingetrockneten und durch die Tiere nachträglich aufgewühlten Schlammes von Pfützen und Sümpfen unmittelbar in die Luftwege gelangen, hat wenig für sich, besonders im Hinblick auf das Kaninchen, bei dem eine solche Möglichkeit häufig überhaupt nicht gegeben ist.

Die Beobachtung von Joest über das Auftreten zahlreicher Wurmknötchen in der Darmschleimhaut bei einer durch Strongylus micrurus verursachten Enzootie bei Rindern, diejenige von Neuveu-Lemaire über die intrauterine Strongylideninvasion zweier Lämmer, weiterhin die Untersuchungen von Nieberle und Martin über die Pathogenese der Lungenstrongylose des Schafes sprechen vielmehr dafür, dass die Larven vom Darme des Wirtstieres aus auf dem Blutwege (Pfortaderkreislauf) in die Lungen gelangen. Die Tatsache, dass v. Linden kleine Wurmlarven kurz nach ihrer Einwanderung auch im Herzblut, in der Leber und in den geschwollenen Lymphknoten nachweisen konnte, muss ebenfalls in obigem Sinne gedeutet werden. Ausserdem legt ja die Entwicklungsgeschichte von Askaris für diejenige der Strongyliden einen Analogieschluss nahe.

In den Lungen werden die Larven im respiratorischen Kapillarnetz abgefangen, aus dem sie schnellstens auswandern, um in den durch sie erzeugten roten Knötchen ihre Weiterentwicklung (vielleicht bis zur Geschlechtsreife) durchzumachen (Nieberle). Von hier aus beginnen sie dann zu wandern, mit dem Endziel, die Bronchien zu erreichen. Gelingt ihnen dies nicht (bei einem Teil ist dies immer der Fall), so werden sie — nahezu auf dem Stadium der geschlechtlichen Ausbildung angelangt — im Lungenparenchym oder unter der Pleura abgekapselt, wo sie, wie das sie umgebende Gewebe, allmählich der Nekrose anheimfallen (Wurmknoten).

Die im Bronchiallumen angekommenen Larven dagegen wachsen dort vollends zu geschlechtsreifen Würmern heran. Nach erfolgter Begattung schreitet das Weibchen zur Ablage der Eier, die in der Hauptsache in den Alveolen vor sich geht. Die aus den Eiern freiwerdenden Embryonen führen nun nicht nur zur Erweiterung der Alveolen, sondern auch zu Wucherungsvorgängen des Alveolarepithels und zur Bildung von makroskopisch sichtbaren lobulären Herden und Knötchen. Später entwickeln sich die verschiedenen Stadien der Lungenentzündung mit Ergriffensein einzelner Läppchen oder ganzer Lappen. Andererseits entstehen durch die starke Anhäufung der geschlechtsreifen Würmer in den Bronchien schwere Bronchitiden und Bronchiektasien. Die massenhafte Anhäufung der Strongyliden in grösseren Bronchialästen kann deren völlige Verstopfung sowie den unmittelbaren Tod durch Erstickung im Gefolge haben. Mit der aktiven und passiven (Hustenstösse) Auswanderung der Embryonen aus den Brutherden und Bronchien (die geschlechtsreifen Würmer verschwinden allmählich auch) ist schliesslich der Kreislauf der Entwicklung beendet.

Die **Widerstandsfähigkeit** der Wurmbrut ist unmittelbar nach dem Freiwerden der Embryonen aus den Eiern am geringsten, sie gehen unter der Einwirkung der Fäulnis und Trockenheit schnell zugrunde. In Wasser und im Kote können sie sich dagegen wochenlang lebend erhalten. Noch grössere Widerstandsfähigkeit erlangen aber die Larven nach den Häutungen. Diese bleiben im Wasser monatelang und selbst nach längerer Zeit dauernder Eintrocknung lebensfähig.

Antiparasitären Stoffen gegenüber besitzen sowohl die Larven als auch die geschlechtsreifen Würmer nur eine sehr geringe Resistenz.

Natürliche Ansteckung. Bei grösseren Haustieren geschieht diese in der Mehrzahl der Fälle auf verseuchten Weiden durch Aufnahme der an den Gräsern haftenden und im Wasser sich befindlichen Larven. Da diese für die Entwicklung eines gewissen Feuchtigkeitsgrades bedürfen, so sind nasse Jahre mit viel Regenfall besonders gefährlich für das Auftreten der Seuche. Aber auch sumpfige, moorige und Überschwemmungswiesen bieten günstige Bedingungen für die Entwicklung der Wurmbrut. Da letztere der Austrocknung lange Zeit zu widerstehen vermag, so kann die Krankheit in verseuchten Gegenden nach mehrjähriger Trockenheit zwar vorübergehend aufhören, um bei Wiedereintritt nasser Jahre erneut aufzutreten. Neben der Weideinfektion werden gelegentlich auch Stallinfektionen beobachtet. Bei Kaninchen kommen nur diese in Betracht, weil wir bei ihnen — abgesehen von einem meist engbegrenzten Auslauf — einen eigentlichen Weidegang nicht kennen. Die Infektion wird in diesem Falle durch Grünfutter vermittelt, das von bereits verseuchten oder von solchen Wiesen stammt, die mit wurmbruthaltigem Kot (Schafe, Wild und andere Wurmträger) gedüngt wurden. Ausserdem besteht die Möglichkeit, dass die Embryonen selbst im Stallboden oder in der Einstreu eine Entwicklung durchmachen und dort wieder neue Tiere infizieren können. Endlich ist auch daran zu denken, dass von infizierten Wiesen stammendes Trockenfutter zu Stallinfektionen Veranlassung geben kann.

Eine unmittelbare Ansteckung von Tier zu Tier findet nicht statt. Trotzdem bilden kranke Tiere eine ständige Infektionsgefahr für ihre Stallgenossen, weil die mit dem Auswurf und dem Kote in die Aussenwelt beförderten Embryonen unter Umständen schon nach kurzer Zeit infektionsfähig werden können.

Die günstigste Zeit der Wurmbrutaufnahme fällt auf das Frühjahr, zu Beginn der Grünfütterung. Aber auch im Sommer und noch im Spätherbst, besonders in regnerischen Jahren, besteht die Möglichkeit der Ansteckung durch infiziertes Futter oder Wasser. Nach Docter sollen sich Feldhasen hauptsächlich im Herbst infizieren.

Die **Krankheitserscheinungen** bei der Lungenstrongylose des Kaninchens sind ganz von dem Grade der Erkrankung abhängig. In einer Reihe von Fällen treten Merkmale, die auf das Vorhandensein von Lungenwürmern hinweisen, überhaupt nicht in die Erscheinung, und häufig wird die Seuche erst bei Gelegenheit der Sektion zufällig als Begleitbefund festgestellt. Bei ganz hochgradigen und fortgeschrittenen Erkrankungsfällen werden jedoch auffallendes öfteres Niesen und Husten, dünnflüssiger, schleimiger Ausfluss aus den Nasenöffnungen, erschwertes Atmen, rauhes und struppiges Fell sowie Erscheinungen allgemeiner Schwäche und zunehmender Abmagerung beobachtet.

Der **Verlauf der Krankheit** kann ein akuter oder chronischer, auf längere Zeit sich erstreckender sein. Dies hängt wesentlich von dem Grade des Befalls, d. h. der Menge der aufgenommenen Embryonen und der natürlichen Widerstandskraft der befallenen Tiere ab. Durch die bisweilen eintretende Abkapselung von Wurmherden (Bildung von Wurmknötchen) in den Lungen kann die Krankheit wesentlich verlängert, unter Umständen sogar zum Stillstand und zur Ausheilung gebracht werden. Dies gehört aber nicht zu den häufigsten Vorkommnissen; die Sterblichkeitsziffer ist vielmehr im allgemeinen eine ziemlich hohe. Junge und schlecht genährte Tiere erliegen der Krankheit schneller, als ältere, in gutem Ernährungszustand stehende Kaninchen.

Pathologische Anatomie. Bei Hasen und Kaninchen, die einer fortgeschrittenen Strongylideninvasion erlegen sind, findet man stets auffallende Veränderungen an den Brustorganen. Beide Lungen sind in Regel mangelhaft zurückgesunken und häufig ist die Pleura pulmonalis mit einem mehr oder weniger stark ausgeprägten Fibrinbelag versehen, der sich in hochgradigen Fällen mitunter in Fetzen abheben lässt und stellenweise zu leichten Verklebungen mit der Pleura costalis Veranlassung gibt. Die Farbe der Lungen ist dunkelbraunrot. Ihre Konsistenz ist zum grössten Teil fest und derb (hepatisiert), auf der Schnittfläche ebenfalls von dunkelroter Farbe. In anderen Fällen ist die Lunge von multiplen, rundlichen Herdchen und Knötchen durchsetzt, die ebenfalls derbe Beschaffenheit und ein glasiges Aussehen zeigen. Beim Einschneiden in solche Herde tritt oft eine gelb-käsige Masse hervor. Auch eiterige und nekrotisierende Veränderungen des Lungengewebes sollen vorkommen (Olt, Sustmann). Bronchien, Trachea und Kehlkopf sind in der Regel der Sitz ausserordentlich zahlreicher Würmer, die oft geradezu damit vollgestopft sind. Die Schleimhaut dieser Organe befindet sich im Zustande starker Rötung und Schwellung. Sie ist ausserdem häufig mit zahlreichen, feinsten Blutungen versehen. Die übrigen Körperorgane lassen auffallende Veränderungen nicht erkennen.

Histologischer Befund. In histologischen Schnitten werden die Embryonen sowohl frei im Alveolarlumen als auch in weiter oben gelegenen Abschnitten des Bronchialbaumes angetroffen. Zum Teil befinden sie sich in verschiedenen Stadien der Furchung, zum Teil können sich daraus bereits kleine, eingeringelte Würmer entwickelt haben. Bei geringgradigem Befall der Lungen sind die Veränderungen des Lungen-

parenchyms meist unwesentlich und häufig findet man die die Wurmbrut einschliessenden Alveolen völlig unverändert. In anderen Fällen
sind aber die Alveolen mit Leukozyten und desquamierten Epithelien
mehr oder weniger stark angefüllt und es treten an den betreffenden
Stellen die Erscheinungen der Wurmpneumonie (Pneumonia verminosa)
bald in einzelnen Läppchen, bald in ganzen Lappen in den verschiedenen
Stadien hervor. Bei frischen Invasionen ist nach Olt die Lunge beim
Hasen (demnach wohl auch beim Kaninchen) Sitz feinster Blutungen,
die histologisch Ansammlungen von Erythrozyten oder deren Zerfallsprodukte in einer Alveolengruppe darstellen. Die durch den Zerfall
entstehenden braunen Pigmente werden von Zellen mit grossem Plasma-
leib aufgenommen. Olt ist geneigt, diese Blutungen mit der hämatogenen
Zufuhr der Embryonen in Zusammenhang zu bringen und in ihnen die
Folgen der Wanderung der Parasiten nach den Alveolarlumina zu erblicken.
Bisweilen kommen auch Bilder einer mehr chronischen Pneumonie zur
Beobachtung. Die in der Regel bestehende mehr oder weniger hochgradige Bronchitis kann gelegentlich mit Schleimhautwucherungen vergesellschaftet sein, die ihrerseits wieder zur Entstehung von Stenosen
und damit von abgekapselten, zum Teil verkalkenden Wurmherden
führen.

Sekundär hinzutretende bakterielle Infektionen können eiterige und
auch nekrotisierende Prozesse hervorrufen, die, mit Pleuritis vergesellschaftet, den tödlichen Ausgang beschleunigen helfen.

Die **Diagnose** muss entweder durch den Nachweis der Eier und
Embryonen im Lungenauswurf und im Kot, am besten aber durch die
Obduktion eines Tieres erhärtet werden.

Schrifttum.

Braun, Inaug.-Diss. Giessen 1910. — *Csokor*, Gerichtl. Tierheilk. 1889. S. 489.
— *Docter*, Inaug.-Diss. Leipzig 1907 (Lit.). — *Fiebiger*, Die tierischen Parasiten der
Haus- und Nutztiere usw. Wien-Leipzig 1923. — *Fröhner-Zwick*, Lehrb. der spez.
Pathol. u. Therap. d. Haust. Bd. 1. 1922. — *Hutyra* und *Marek*, Spez. Pathol. u. Therap.
d. Haust. Bd. 2. 1922. — *Jeanmaire*, Inaug.-Diss. Giessen 1900. — *Joest*, Zeitschr.
f. Infektionskrankh., parasitäre Krankh. u. Hyg. d. Haustiere Bd. 4. S. 201. 1908. —
Krieger, Inaug-.Diss. Giessen 1913. — *Leuckart*, Parasiten des Menschen. 2. Aufl.
Bd. 1. — *v. Linden* und *Zenneck*, Dtsch. tierärztl. Wochenschr. 1913. Zentralbl. f.
Bakteriol. Parasitenkh. u. Infektionskh. Abt. I, Orig. Bd. 76. S. 147. 1915. — *Neveu-
Lemaire*, Parasitologie des animaux dom. Paris 1912. — *Nieberle* und *Martin*,
In Joests Handb. der Spez. Pathol. Anat. d. Haust. Bd. 3. 1924. — *Olt*, Dtsch.
tierärztl. Wochenschr. 1911. S. 73. — *Olt* und *Ströse*, Die Wildkrankheiten und
ihre Bekämpfung. Neudamm 1914. — *Richters*, Zeitschr. f. Infektionskrankh., parasitäre Krankh. u. Hyg. d. Haustiere. Bd. 13. S. 251. 1913. Berlin. tierärztl. Wochenschr. 1920. S. 456. — *Sustmann*, Berlin. tierärztl. Wochenschr. 1918. S. 283. Kaninchenseuchen. Leipzig: A. Michaelis. — *Schlegel*, Arch. f. wiss. u. praktische Tierheilk.
Bd. 25. 1899. Zeitschr. f. Infektionskrankh., parasitäre Krankh. u. Hyg. d. Haustiere.
Bd. 19. 1918. Bd. 20. 1920. Bd. 22. 1921. — *Schöttler*, Dtsch. tierärztl. Wochenschr.
1911. S. 577 (Lit.). — *Ströse*, Dtsch. tierärztl. Wochenschr. 1891. S. 316. Berlin. tierärztl. Wochenschr. 1892. S. 614. Dtsch. Zeitschr. f. Tierm. 1892. — *Spinola*, Spez. Pathol.
1863. — *Zürn*, Tierische Parasiten 1882, S. 264.

Ascaridae (Spulwürmer).

Oxyuren (Pfriemenschwänze).

Von der Gattung Oxyuris wird Oxyuris ambigua im Blinddarm
und im Dickdarm beim Kaninchen angetroffen.

♂ 3,5 mm; ♀ 8—12 mm lang. Weiss, mit einer Seitenmembran. Spikulum mit etwas gebogener Spitze. Ablage der Eier vor Beginn der Embryonalentwicklung.

Entwicklung und Ansteckung. Aus den in den hinteren Darmabschnitten oder im Freien frei werdenden Eiern entwickeln sich Larven, die mit dem Futter oder dem Trinkwasser aufgenommen werden, in den Blinddarm und Dickdarm gelangen, wo sie zu geschlechtsreifen Würmern heranwachsen.

Embryonierte Eier können in der Aussenwelt mehrere Monate lebensfähig bleiben.

Die beim Kaninchen hauptsächlich im Blinddarm parasitierenden Oxyuren können unter Umständen Ursache einer heftigen Blinddarmentzündung werden.

(Perroncito fand in einem solchen Falle neben geschlechtsreifen Würmern auch zahlreiche Larven. Er schliesst daraus, dass die Parasiten sich innerhalb des Wirtstieres vermehren und entwickeln können, ohne ins Freie zu gelangen.)

Schrifttum.

Fiebiger, Die tierischen Parasiten usw. Wien u. Leipzig. 1923. — *Fröhner-Zwick,* Lehrb. d. spez. Pathol. u. Therap. d. Haust. 1922. — *Fülleborn,* Klin. Wochenschr. Jg. 1. S. 270 u. 984. 1922. — *Hobmaier,* Arch. f. wiss. u. prakt. Tierheilk. Bd. 52. 1925. — *Hutyra* und *Marek,* Spez. Pathol. u. Therap. d. Haust. 1922. — *Kitt,* Spez. patnol. Anat. d. Haust. Enke 1923. — *Schimmelpfennig,* Arch. f. wiss. u. prakt. Tierheilk. Bd. 29. 1903.

Acanthocephali. Kratzer.

Echinorynchus cuniculi. Das Vorkommen von Kratzern im Dünndarm von Kaninchen wurde von Bellingham festgestellt. Sie bilden aber einen äusserst seltenen Befund. Dadurch, dass sie sich tief in die Schleimhaut des Darmes einbohren, können sie zu Darmkatarrhen und Darmentzündungen Veranlassung geben.

Schrifttum.

Zürn, Kaninchenkrankheiten 1894.

B. Ektozoen und die durch sie hervorgerufenen Krankheiten.

Ixodinae und Argasinae (Zecken).

Die Zecken sind obligate Hautparasiten, die mit ihrem Rüssel die Haut ihrer Wirtstiere durchbohren und dort Blut saugen. Nach der auf dem Wirtstiere erfolgenden Befruchtung lässt sich das trächtige Zeckenweibchen zu Boden fallen, um seine Eier (1500—3000) abzulegen. Aus diesen schlüpfen nach etwa 15—20 Tagen die mit 3 Beinpaaren versehenen Larven aus, die sich nach der ersten Häutung zu achtbeinigen Nymphen entwickeln. In diesem Stadium gelangen sie auf den Körper ihrer Wirtstiere, wo sie zu geschlechtsreifen, voll entwickelten Zecken heranreifen.

Die meisten Zeckenarten beschränken sich auf tropische Klimata. Beim Kaninchen in unseren Breiten kommt ihnen eine untergeordnete Bedeutung zu.

Aus der Gruppe der Ixodinae sind zu nennen:

1. **Ixodes ricinus** (Holzbock, Hundszecke). ♂ 1,2—2 mm, ♀ 4,0 mm, vollgesogen bis 12 mm lang und 6—7 mm breit. Nach Zürn werden beim Kaninchen häufiger die

sechsbeinigen Larven als die reife Zeckenform angetroffen. Aber auch die Larven sitzen
auf der Haut der Kaninchen vermöge ihres mit Haken und Zähnen besetzten Rüssels
fest, so dass sie gewaltsam nicht entfernt werden können, ohne dass der Rüssel in der
Wunde zurückbleibt.

  2. **Rhipicephalus Evertsi** (in Süd- und Ostafrika verbreitet, wo hauptsächlich
Rinder, aber auch alle anderen vierfüssigen Haustiere befallen werden.)

  Aus der Gruppe der **Argasinae** kommt nach Kraus den bei Tauben
parasitierenden Argasarten (Argas reflexus, Argas persicus) für die Übertragung der Toxoplasmose auf Kaninchen möglicherweise eine Rolle zu.

  Eindeutige Beobachtungen über das Vorkommen von Argasarten
beim Kaninchen liegen aber nicht vor.

  Dermacentor-Arten beim Kaninchen sollen nach Francis in Kalifornien vorkommen und für die Übertragung der Tularämie eine Rolle
spielen (s. S. 14).

  Die Zecken werden in Kaninchenstallungen mit Laub, Gras und
dergleichen eingeschleppt. Wenn Kaninchen nur von vereinzelten Zecken
befallen werden, so werden wesentliche Störungen durch sie nicht ver-
anlasst. Bei Massenbefall kann es aber nicht nur zu Hautentzündungen,
sondern infolge des grossen Blutverlustes zu allgemeinen Schwäche-
zuständen kommen.

Schrifttum.

Fiebiger, Die tierischen Parasiten der Haus- und Nutztiere 1923. — *Knuth* und
du Toit, Tropenkrankheiten der Haustiere 1921 (in Mense, Handb. d. Tropenkrankh.).
— *Olt-Ströse,* Die Wildkrankheiten und ihre Bekämpfung. 1914. — *Schindelka,*
Hautkrankheiten bei Haustieren. 1908. — *Zürn,* Die Krankheiten der Kaninchen 1894.

Trombidiidae (Laufmilben).

  Die bekannteste in unseren Gegenden (aber auch in Tirol, in der
Schweiz und in Italien) vorkommenden Laufmilbenart ist das **Trombidium
holosericeum,** eine lebhaft rot gefärbte, trapezförmige, weichhäutige und
vollständig behaarte Milbe, die mit Stielaugen versehen ist und acht Bein-
paare besitzt. Ihr Körper ist vorne breiter als hinten. Während diese
Milbe im Frühjahr und im Sommer auf Wiesen freilebend anzutreffen
ist, stellt ihre Larvenform, die sogenannte **Herbstgrasmilbe** (Leptus
autumnalis) einen bisweilen auf der Haut von Kaninchen und anderen
Säugetieren lebenden Schmarotzer dar.

  Diese im Gegensatz zu der geschlechtsreifen Form sechsbeinige Larve ist durch eine
gelbrote Farbe und einen rundlichen bis länglichen, etwa 0,5 mm langen Körper gekennzeichnet, der vorn auf der Oberseite mit einem leicht behaarten Schild und hinten mit
Querstreifen und vereinzelten Haaren ausgestattet ist. Die beiden Augen sind sitzend,
nicht gestielt.

  Das **Auftreten** von Leptus autumnalis wird besonders gegen Ende
des Sommers und im Herbst beobachtet. Die Larve lebt während dieser
Zeit auf Gräsern, Getreide, Holunder-, Stachelbeer -und Johannisbeer-
sträuchern sowie an Stellen niederen Pflanzenwuchses. White fand
sie häufig auf Kaninchen in den Dünen von Hampshire. Da Kaninchen
in der Regel freien Auslauf nicht geniessen, so werden sie in den seltensten
Fällen im Freien von den Milben befallen. Die Parasiten gelangen vielmehr im Stalle von dem vorgelegten Futter aus auf den Körper der
Kaninchen, wo sie bei stärkerem Befall durch ihren Stich und einen
ihnen innewohnenden Giftstoff nicht nur zu heftigem Juckreiz, sondern

auch zur Entstehung von pustulösen Hautausschlägen Veranlassung geben können. Diese treten besonders am Kopfe, im Bereiche der Lippen, an den Augenlidern, an den Ohren, an Unterbrust, Unterbauch, an der Innenfläche der Extremitäten sowie an den Genitalien auf. Sie bestehen zunächst in hanfkorngrossen Blutungen und Punkten, aus denen sich bald kleine Knötchen und Pusteln entwickeln, an und in denen die Parasiten in der Regel in mehreren Exemplaren zu finden sind. Später entstehen an der Stelle der Knötchen und Pusteln bis markstückgrosse, zum Teil hyperämische und empfindliche Stellen, an denen die Haare in grösserem oder kleinerem Umfange ausfallen. Auch geschwürige Veränderungen können an den genannten Stellen entstehen. (Früher sprach man in solchen Fällen auch von Acariasis autumnalis). Der Ausschlag kann mehrere Wochen andauern.

Er lässt sich künstlich auch durch einfaches Zerreiben der Parasiten auf der Haut hervorrufen.

Von Cobbold wurde Übertragung der Milben vom Kaninchen auf den Menschen beobachtet.

Cheyletiella parasitivorax Mégn. (Cheyletus paras.).

kommt als weiterer Vertreter der Familie Trombidiidae bisweilen beim Kaninchen als Pelzschmarotzer vor.

Das Männchen besitzt eine Länge von 260 μ, das Weibchen eine solche von 400 μ. Der Körper ist sechseckig und von graugelber Farbe. Von den vier Beinpaaren sind die beiden vorderen kürzer als die beiden hinteren. Die Tarsen enden in ein gekrümmtes Blatt ohne Krallen.

Dieser Schmarotzer erweist sich nach Mégnin seinem Wirtstier nützlich dadurch, dass er auf einen, ebenfalls im Pelz und auf der Haut des Kaninchens oft in grosser Zahl vorkommenden anderen Schmarotzer, den **Listrophorus gibbus Pag.,** Jagd macht.

Dessen Merkmale: ♂ 480, ♀ 500 μ lang. Das Hinterende des Männchens ist mit einem abgeplatteten und gespalteten Fortsatz ausgestattet.

Gamasidae (Käfermilben).

Aus der Familie Gamasidae (Käfermilben) wird als weiterer Pelzschmarotzer beim Kaninchen beobachtet:

Leiognathus suffuscus (Raill.). Bei beiden Geschlechtern sind die Kieferfühler zweifingerig und unbewaffnet.

Nach Zürn sollen gelegentlich auch Vogelmilben **Dermanyssus avium** auf Kaninchen sich ansiedeln, um dort Blut zu saugen. Ihr Vorkommen beim Kaninchen gehört aber zu den grössten Seltenheiten.

Cheyletiella parasit., Listrophorus gibbus und Leiognathus suff. rufen lediglich Juckgefühl und bisweilen Hautrötungen hervor, ohne eigentliche Räude zu veranlassen. Immerhin entstehen aber unter ihrer Einwirkung bisweilen Hautveränderungen und bei flüchtigen mikroskopischen Untersuchungen sind unter Umständen Verwechslungen mit Räudemilben möglich (Gmeiner).

Schrifttum.

Fiebiger, Die tierischen Parasiten der Haus- und Nutztiere. Wien u. Leipzig 1923. — *Fröhner-Zwick*, Lehrb. d. spez. Pathol. u. Therap. d. Haust. 1922. — *Galli-Valerio*, Zentralbl. f. Bakteriol., Parasitenk. u. Infektionskrankh., Ref. Bd. 56. S. 129.

1913 (Lit.) — *Dieselben*, Zentralbl. f. Bakteriol., Parasitenk. u. Infektionskrankh., Abt. I. Orig. Bd. 72. S. 488. 1914. — *Dieselben*, Zentralbl. f. Bakteriol., Parasitenk., u, Infektionskrankh., Abt. I. Orig. Bd. 79. S. 46. 1917. — *Giovanoli*, Schweiz. Arch. Bd. 58, 1916. — *Hutyra* und *Marek*, Spez. Pathol. u. Therap. d. Haustiere 1922. — *Koegel*, Das Ungeziefer. Enke Stuttgart 1925. — *Liebert*, Dtsch. tierärztl. Wochenschr. 1909. S. 501. — *Mégnin*, Ann. scienc. nat. 1876. — *Olt-Ströse*, Die Wildkrankheiten und ihre Bekämpfung 1914. — *Roth*, Arch. f. wiss. u. prakt. Tierheilk. Bd. 32. 1906.

Sarcoptidae und die durch sie hervorgerufenen Räudeformen.

Den durch Sarcoptidae beim Kaninchen hervorgerufenen Räudeformen kommt, da sie häufig seuchenhaft auftreten und einen tödlichen Verlauf nehmen, eine nicht geringe wirtschaftliche Bedeutung zu.

Allgemeine Morphologie und Biologie der Räudemilben. Die zur Gattung der Arachnoidea und Ordnung der Akarina gehörigen Räudemilben (Sarcoptidae) sind kleine, bisweilen mit dem blossen Auge, besser mit der Lupe oder dem Mikroskop sichtbare, 0,2—0,8 mm grosse, rundliche bis ovale Gliedertiere. Im Jugendstadium besitzen sie 3, im erwachsenen Zustande 4 Paare fünfgliederiger Beine, die mit Saug- und Haftscheiben sowie mit Borsten und Krallen versehen sind. Kopf, Thorax und Abdomen stellen ein ungeteiltes, zusammenhängendes Ganzes dar. Der Kopf ist mit Fresswerkzeugen in Form von säge-, scheren- und borstenartigen Kiefern ausgestattet. An der Aussenseite des Parasiten befinden sich Haare, Borsten, Dornen und Stacheln. Die Männchen sind kleiner als die Weibchen.

Die Entwicklungsdauer der von den Weibchen abgelegten Eier bis zu geschlechtsreifen Milben ist ganz von der Milbengattung, dann aber auch von dem Aufenthaltsort der Eier (Haut oder getrennt vom Körper) abhängig.

Nach neueren Untersuchungen von Nöller und Shilston sollen die Larven bereits nach 2—3 Tagen ausschlüpfen und nach weiteren 2 Tagen zu achtbeinigen Nymphen heranwachsen, die nach weiteren 3—4 Tagen Geschlechtsreife erlangen. Unter günstigen Bedingungen kann die ganze Entwicklung in 10 Tagen beendet sein. Ein einziges Milbenpaar ist imstande, in einem Zeitraum von 90 Tagen $1^1/_2$ Millionen Milben hervorzubringen. Die Weibchen sterben am Tierkörper 3—6 Wochen nach der Eiablage; die Männchen werden dagegen 5—6 Wochen alt.

Die Lebensdauer der Milben ausserhalb des Tierkörpers ist bei den einzelnen Milbengattungen verschieden. Ausserdem spielen Temperatur und Feuchtigkeitsgrad der Umgebung eine Rolle. Dermatokoptesmilben sind widerstandsfähiger als Sarkoptesmilben.

Von der Haut des Kaninchens abgefallene Sarkoptesmilben bleiben bei Zimmertemperatur höchstens 4 Tage, bei 0^0 C. ebensolange und bei —7^0 C. etwa 8 Stunden lebensfähig. In feuchter Umgebung dagegen können sie sich bei 16—25^0 C. bis zu einer Dauer von 6 Tagen am Leben erhalten. Ein Stall, in dem räudekranke Tiere sich befunden haben, bleibt demnach höchstens eine Woche ansteckungsfähig.

Ausserhalb des Kaninchenkörpers sich befindliche Dermatokoptesmilben bleiben bei 16—25^0 C. höchstens 9 Tage, bei 0^0 C. ebensolange, bei —5^0 C. nur 18 Stunden, bei —10^0 C. nur noch 5 Stunden lebens- und fortpflanzungsfähig. In feuchter Umgebung bzw. in Wasser vermögen sie sich unter günstigen Bedingungen und bei Temperaturen von 16—25^0 C. bis zu 11 Tagen am Leben zu erhalten. Auf diese Zeitdauer beläuft sich auch die Ansteckungsfähigkeit von Stallungen, die mit ohrräudekranken Kaninchen besetzt waren. Der den Dermatokoptesmilben zuträglichste Wärmegrad bewegt sich zwischen 18 und 35^0 C. Niedrigere und höhere Temperaturen sind geeignet, sie zu zerstören. Heisses Wasser übt allerdings nur dann einen sicher abtötenden Einfluss aus, wenn es eine Temperatur von 85—100^0 C. besitzt.

Die Züchtung der Räudemilben gelingt bis jetzt nur durch Anlegen der Milben an den lebenden Tierkörper. (Rasierte Rückenhaut von Meerschweinchen, Kaninchen, Schafen und anderen Tieren.)

Man unterscheidet beim Kaninchen ebenso wie bei den anderen Haustieren:

    a) Die Sarkoptesräude,

    b) Die Dermatokoptesräude,

    c) Die Dermatophagusräude.

a) Sarkoptesräude.

Diese in der Hauptsache durch Notoëdres cuniculi (Sarcoptes minor) hervorgerufene Räude kommt sehr häufig und bisweilen seuchen-

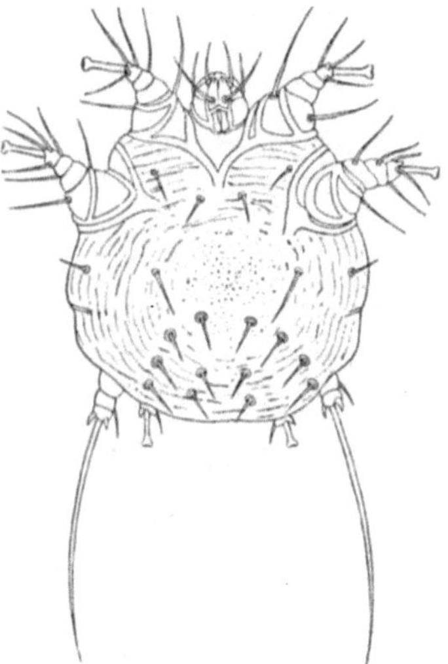

Abb. 43. Sarcoptes minor cuniculi.
Männchen. Rücken.

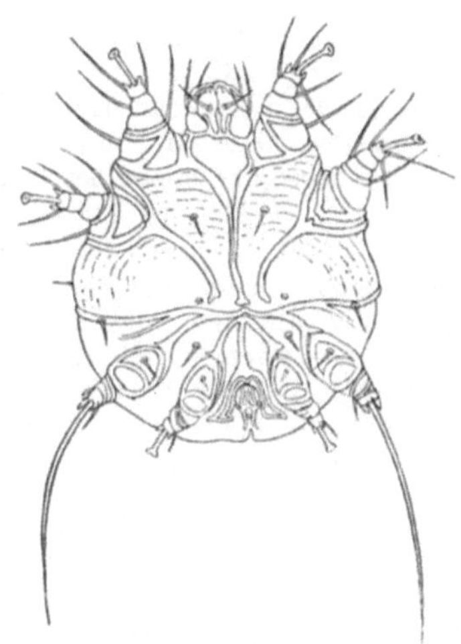

Abb. 44. Sarcoptes minor cuniculi.
Männchen. Bauchseite.

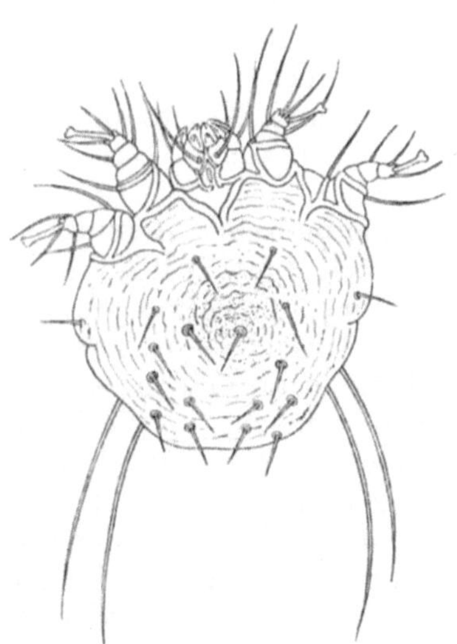

Abb. 45. Sarcoptes minor cuniculi.
Weibchen. Rücken.

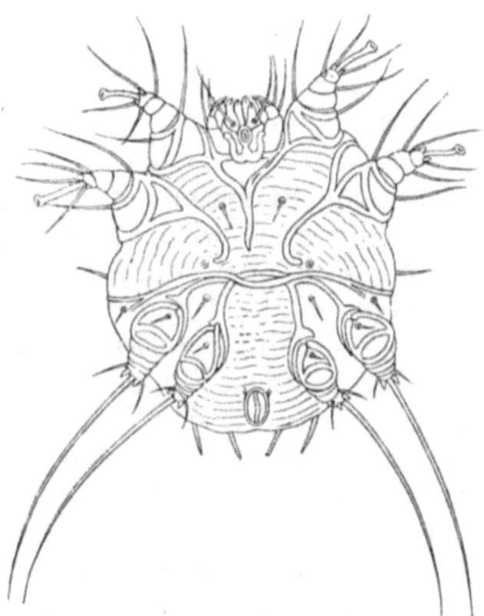

Abb. 46. Sarcoptes minor cuniculi.
Weibchen. Bauchseite.

(Aus Gmeiner, Arch. f. wiss. u. prakt. Tierheilk. Bd. 32. 1906.)

artig vor; sie wird — da in der Hauptsache der Kopf von ihr befallen wird — auch als Kopfräude bezeichnet.

Geschichtliches. Zum ersten Male wird über Sarkoptesmilben beim Kaninchen von Gohier berichtet. Seine Entdeckung dieser Räudemilben fällt bereits in das Jahr

1813. Eine nähere Beschreibung dieser Milben (die Gohier von den Räudemilben des Pferdes nicht unterschiedlich fand) sowie der durch sie hervorgerufenen Räudeform gibt Huzard im Jahre 1820. Erst mehrere Jahrzehnte später haben Gerlach und Fürstenberg weitere Beiträge zur Kenntnis der Sarkoptesräude beim Kaninchen geliefert. Letzterer hebt auch bereits die Unterschiede hervor, die zwischen der Sarkoptesräude der Katze und derjenigen des Kaninchens bestehen. Um die weitere Erforschung der Morphologie und Biologie der Sarkoptesmilben sowie der durch sie hervorgerufenen Räude haben sich in der Folgezeit besonders Neumann, Mégnin, Zürn, Galli-Valerio u. a. verdient gemacht.

Biologie des Krankheitserregers. Notoëdres cuniculi (Sarcoptes cuniculi, Sarcoptes minor, Sarcoptes minor var. cuniculi) wird in der tierärzlichen Literatur Deutschlands allgemein als Sarcoptes minor bezeichnet.

$\male$ 142—155 μ lang, 120—125 μ breit,
$\female$ 215—235 μ lang, 160—175 μ breit.

Körper im Umriss rundlich, von weissgelblicher Farbe, mit einem Stich ins bräunliche; mit unbewaffnetem Auge höchstens isoliert und auf schwarzer Unterlage zu erkennen. Schulterstacheln, Hüftdorne, 12 Rückendorne vorhanden; Rücken ohne oder nur mit stumpfen Schuppen versehen.

Analöffnung dorsal, dem Hinterrande des Abdomens genähert. Tracheen und Stigmen fehlen, ebenso Augen (s. Abb. 43—46).

Übertragung. Die Sarkoptesräude wird von kranken Tieren verhältnismässig leicht und schnell auf gesunde übertragen. Gesunde Tiere in einen Stall verbracht, in dem kurz vorher verräudete sich befanden, erkranken prompt. Im besonderen werden junge Tiere befallen, die fast ohne Ausnahme nach kurzer Zeit unter zunehmender Abmagerung verenden. Aber auch erwachsene Tiere erliegen häufig der Krankheit.

Die von Gmeiner angestellten Übertragungsversuche auf Pferde, Wiederkäuer, Hunde und Katzen haben sämtliche zu einem negativen Ergebnis geführt. Dagegen soll Sarcoptes minor cuniculi nach Gerlach und Gmeiner beim Menschen mit Juckgefühl verbundene Hautaffektionen in Form von punktförmigen Rötungen und Krustenbildungen hervorrufen können, die aber bereits in wenigen Tagen ohne therapeutischenEingriff abheilen.

Klinische Symptome und pathologisch-anatomischer Befund. Bei der Sarkoptesräude wird in der Hauptsache die Haut des Kopfes, im besonderen die Lippen, der Nasenrücken, die Stirn, der Grund der Ohren und namentlich die Umgebung der Augen in Mitleidenschaft gezogen. Im Anfangsstadium der Erkrankung bemerkt man an den jeweilig affizierten Stellen des Kopfes nach Gmeiner zunächst punktförmige Rötungen, Ausfallen der Haare und Schuppenbildung, alles Veränderungen, die unter der bohrenden und grabenden Einwirkung der Milben zur Entstehung kommen. Das hierbei sich bildende Exsudat, das durch den mechanischen Reiz sich ständig vermehrt, führt in der Folgezeit zu einer Verklebung der immer stärker werdenden Epidermisschuppen. Diese bilden anfänglich nur geringe Auflagerungen, nach und nach wachsen sie aber zu gelblichgrauen, fettig sich anfühlenden Krustenmassen heran, die die Dicke von 1 cm und darüber erreichen können, mit den umgebenden Haaren verkleben und über alle Teile des Kopfes allmählich sich ausbreiten. Am Grunde dieser Auflagerungen, die besonders am Nasenrücken sowie an Ober- und Unterlippe als starre Anhänge auftreten, ist die Haut oft rinnenförmig vertieft und hochgradig gerötet. Namentlich ist es aber die Umgebung der Augen, die fast in allen Fällen von bereits ausgebreiteter Räude von solchen Veränderungen betroffen wird. Man findet häufig beide Augenlider kranzartig, ring- oder brillenförmig von bis zu $^1/_2$ cm dicken, gelbgrauen Schuppen umrahmt, die sich scharf von der haarbesetzten Umgebung abheben. Solche Bilder sind überaus charakteristisch und müssen ohne weiteres den Verdacht auf Räude hinlenken.

Die Veränderungen können sich vom Kopfe aus auch auf den Nacken, auf die Haut der Vorder- und Hintergliedmassen, ja sogar auf den ganzen Körper ausdehnen. Dies gehört aber nach Gmeiner selbst in vorgeschrittenen Fällen zu den grössten Seltenheiten.

Der Juckreiz bei der Sarkoptesräude des Kaninchens ist ein verhältnismässig geringer. Die Tiere gehen aber im Verlaufe der Krankheit in der Ernährung zurück, werden unlustig und matt und gehen bei grösserer Ausbreitung in vielen Fällen zugrunde.

Die Milben werden in, auf und unter den schuppen- und borkenartigen Krusten in grosser Zahl angetroffen. Nach Gmeiner besitzt die Sarkoptesräude der Kaninchen, sowohl nach ihrem klinischen Verlauf als auch nach den Veränderungen auf der Haut, die grösste Ähnlichkeit mit der Dermatoryktesräude, der Fussräude des Geflügels.

*   *   *

Neben Sarcoptes minor wird beim Kaninchen auch noch **Sarcoptes squamiferus** (Sarcoptes praecox, Sarcoptes scabiei var. cuniculi) angetroffen, und zwar hauptsächlich in Frankreich und in Italien. Bei uns in Deutschland kommt er nach Gmeiner selten vor.

Sarcoptes squamiferus unterscheidet sich von Sarcoptes minor besonders durch seine Grösse. Er ist fast noch einmal so gross wie jener.

$\male$ 230—250 μ lang, 170—180 μ breit,
$\female$ 410—440 μ lang, 320—340 μ breit.

Weitere Unterschiede sind nach Gmeiner folgende:

Analöffnung terminal, Rückenschuppen zahlreich, spitz, ebenso lang wie breit. Hüftdornen am Grunde breit und mässig zugespitzt.

Diese Räudeform soll wesentlich gefährlicher und ansteckender sein als die durch Sarcoptes minor veranlasste. Während die letztere sich fast ausschliesslich am Kopfe lokalisiert, tritt diese auch an den Extremitäten und am ganzen Körper auf, wo sie mit mehr oder weniger schweren, borkenartigen Hautveränderungen einhergeht.

*   *   *

Bei jungen Kaninchen, die gemeinsam mit an Fussräude behafteten Hühnern gehalten wurden, hat Bardelli neuerdings auch eine durch **Dermatoryktes-Milben** verursachte Räude beobachtet.

Dermatoryctes mutans (Sarcoptes mutans, Cnemidocoptes mutans) ist folgendermassen gekennzeichnet:

$\male$ 190—200 μ, $\female$ 410—440 μ Länge.

Plumper, schildkrötenähnlicher Körper mit 8 stummelförmigen Beinen und stumpfem, kegelförmigem Kopf. Das Weibchen besitzt an der Rückenseite in der Mitte geränderte Vertiefungen. An seinen stummelförmigen Beinen befinden sich je zwei Krallen, im Gegensatz zum Männchen, bei dem die Beine mit gestielten Haftscheiben versehen sind.

Bei den von Bardelli beschriebenen Fällen von Dermatoryktesräude bei Kaninchen traten Abschilferungsherde auf, die sich innerhalb von 8 Tagen auf den ganzen Körper mit Ausnahme der Extremitäten und des Kopfes ausbreiteten. Daneben fanden sich dicht nebeneinanderliegende weisse Flecke, in denen zahlreiche Milben enthalten waren.

9*

Die Haare waren glanzlos und struppig, ausserdem bestand ausgesprochener Juckreiz. Das Allgemeinbefinden der Tiere war wenig beeinflusst; sie konnten im Gegenteil schnell geheilt werden.

b) Dermatokoptesräude.

Die Dermatokoptesräude tritt beim Kaninchen in der Hauptsache in Form der Ohrräude auf, die ebenso wie die Sarkoptesräude in Kaninchenbeständen seuchenhafte Verbreitung gewinnt und nicht selten das Bestehen ganzer Zuchten in Frage stellen kann.

Geschichtliches. Die Entdeckung der Ohrräude beim Kaninchen ist ein Verdienst des Franzosen Delafond. Sie fällt in das Jahr 1858. Von ihm sind bereits Übertragungsversuche auf andere Kaninchen angestellt worden. In der Folgezeit haben sich in Frankreich Mégnin, deutscherseits besonders Gerlach, Zürn, Möller, Hosäus, Kaeppel, Laveran u. a. um die Erforschung der Ohrräude der Kaninchen, besonders nach der Seite der Ätiologie und pathologischen Anatomie verdient gemacht. Die Ergebnisse ihrer Untersuchungen stimmen alle darin überein, dass sie Dermatocoptes (Psoroptes) für den Erreger der Ohrräude halten. Auch über die Gefährlichkeit der Ohrräude durch Fortschreiten des Prozesses auf den Gehörgang und die Felsenbeine sind sich diese Forscher einig. Im Gegensatz zu der Ansicht von Neumann, Möller und Mégnin steht die Feststellung von Zürn, dass bei Kaninchen in der Tiefe der Ohrmuschel und im äusseren Gehörgange ausser Dermatokoptes auch noch Dermatophagusmilben sich vorfinden. Ausser Zürn hat nur Schlampp (zit. nach Gmeiner) Dermatophagusmilben bei der Ohrräude angetroffen. Gmeiner, der sich besonders eingehend mit der Räude des Kaninchens befasst hat, steht auf dem Standpunkt, dass das Vorkommen von Dermatophagus bei der Ohrräude zu den grössten Seltenheiten gehöre.

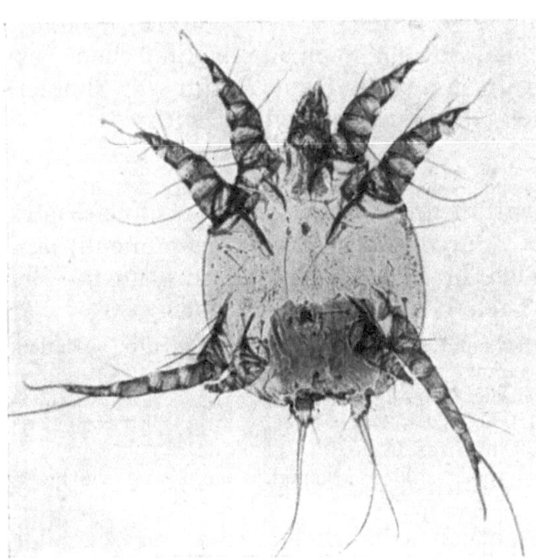

Abb. 47. Dermatokoptes-Milbe. Männchen-Bauchseite. (Aus der Sammlung d. Med. Vet.-Klinik, Giessen.)

Biologie von Dermatocoptes cuniculi (syn. Psoroptes cuniculi, Dermatodectes cuniculi, Psoroptes communis var. cuniculi, Psoroptes longirostris var. cuniculi).

$\male$ 580—680 μ lang, 370—450 μ breit,
$\female$ 760—860 μ lang, 450—580 μ breit.

Der Körper besitzt eine eiförmige, gewölbte, beim Männchen mehr rundliche Form. Die Farbe ist ausgesprochen gelbbraun. Die Milben sind schon mit unbewaffnetem Auge sehr leicht zu erkennen.

Rücken schwach gepanzert, mit zwei grossen Schulterborsten besetzt. Beim Weibchen befinden sich am Hinterleib beiderseits von der Analöffnung noch je drei Hinterrandborsten, ausserdem am Hinterrande des Abdomen die Kopulationsöffnung. Beim Männchen sind neben der terminal gelegenen Analöffnung Haftnäpfe (sog. Analnäpfe) gelegen, die bei der Begattung eine Rolle spielen (Abb. 47 u. 48).

Übertragbarkeit (natürliche Ansteckung). Die Dermatokoptesräude ist auf Kaninchen leicht übertragbar. Stallungen, die von ohrräudekranken Kaninchen besetzt waren, können nach den Untersuchungen von Gmeiner ihre Ansteckungsfähigkeit bis zu 11 Tagen behalten.

Was die Übertragbarkeit auf andere Tierarten anbetrifft, so haben Mathieu u. a. durch Aufsetzen der Milben auf die Haut des Pferdes Knötchen entstehen sehen, die Ähnlichkeit mit der Dermatokoptesräude des Pferdes besassen. Zu einer Weiterentwicklung dieser Veränderungen kam es aber nicht. Cagny will auch Spontanerkrankungen bei Pferden beobachtet haben in Stallungen, in denen ohrräudekranke Kaninchen untergebracht, oder in denen Geschirrteile mit diesen in Berührung gekommen waren. Diese Beobachtungen entbehren aber der Beweiskraft. Die Mehrzahl aller Untersucher, von denen Übertragungsversuche vorgenommen wurden, hat vielmehr feststellen können, dass Dermatocoptes cuniculi eine Ansteckungsfähigkeit für andere Tierarten nicht besitzt. Sie vermag höchstens geringgradige, mit Juckreiz verbundene Reizerscheinungen auf der Haut hervorzurufen, ohne zur Entstehung eines ausgesprochenen Räudeausschlages Veranlassung zu geben.

Nach Jakob scheint eine Übertragung der Dermatokoptesräude des Kaninchens auf den Menschen hin und wieder vorgekommen zu sein. **Klinischer und pathologisch - anatomischer Befund.** Als Lieblingssitz der Dermato-

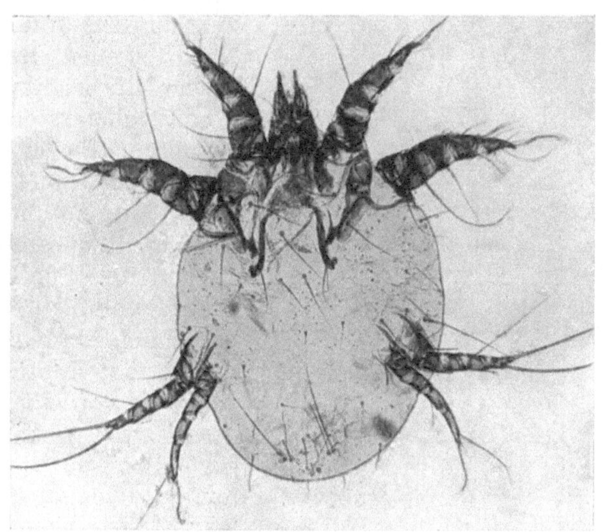

Abb. 48. Dermatokoptes - Milbe. Weibchen - Bauchseite. (Aus der Sammlung der Med. Vet.-Klinik, Giessen.)

koptesmilben ist der Grund der Ohren anzusehen, besonders die Vertiefung der Ohrmuschel über dem äusseren Gehörgange und zwischen den Kammfalten an der inneren Ohrmuschelfläche (Möller). Die ersten Veränderungen, die durch den Stich der Parasiten verursacht werden, bestehen in kleineren Knötchen, die auf der Ohrhaut blassrötlich aussehen und sich allmählich zu Bläschen mit seröser, serös-eiteriger oder eiteriger Flüssigkeit umwandeln. Gmeiner bezeichnet daher das Anfangsstadium der Ohrräude als ein papulo-vesikuläres. Bereits in den allerersten Stadien besteht heftiger Juckreiz; die Tiere schütteln häufig mit dem Kopfe, werfen die Ohren von hinten nach vorn und kratzen sich zum Teil mit den Hinterextremitäten an den Ohrmuscheln.

In der Folgezeit kommt es zum Zusammenfliessen einzelner Bläschen und so zur Bildung grosser Blasen, die durch einen roten Saum von der Umgebung abgegrenzt sind und durch Eintrocknen ein höckeriges und warziges Aussehen gewinnen. Die so entstehenden Krustenmassen, die durch den fortwährenden Reiz der Haut von seiten der Milben eine ständige Vermehrung erfahren, wachsen zu dickeren und grösseren Borken heran und füllen schliesslich in Gestalt von geschichteten, blätterteigähnlichen, pulverigen, gelbbraunen bis braunen zerklüfteten Massen die ganze Ohrmuschel aus, so dass sie völlig starr und steif ist (s. Abb. 49). Die Haut des ganzen Ohres ist ausserdem bedeutend verdickt, im Zustande hochgradiger Schwellung und Rötung. Nach Entfernung der Krusten zeigt sich die Haut ihrer Epidermis beraubt und mehr oder weniger stark ulzeriert. In der Regel bleibt der Krankheitsprozess nicht auf die Ohrmuschel beschränkt, sondern setzt sich auf den äusseren Gehörgang fort, der dann meist von einer gelben, fötiden, schmierigen, bisweilen auch mehr trockenen Masse angefüllt ist.

In einer grossen Zahl der Fälle schreitet der Prozess weiter in das Innere des Ohres fort auf das Mittelohr, die Felsenbeine, ja sogar auf die Meningen und das Gehirn, schwere Entzündungszustände dieser Teile veranlassend. Nach eigenen Beobachtungen kann eine solche Miterkrankung des Mittelohres bereits in den allerersten Stadien der Krankheit eintreten. Sie äussert sich in einer ausgesprochenen Schiefhaltung des Kopfes, beim Gehen in Taumeln, Roll- und Wälzbewegungen, Krampfanfällen, Zwangsbewegungen und Schlafsucht.

Gewöhnlich sind die Ohrmuscheln und deren tiefere Teile der ausschliessliche Sitz der Dermatokoptesmilben. Dieser Beobachtung, die von einer Reihe von Untersuchern besonders betont wird, stehen aber solche gegenüber, nach denen die Dermatokoptesmilben auch an anderen Körperstellen sich lokalisieren können. So berichten Zürn und Schindelka über eine durch zur Gattung Dermatokoptes gehörige Milbe hervorgerufene Räude, die besonders an der Haut des Nasenrückens hervortritt und

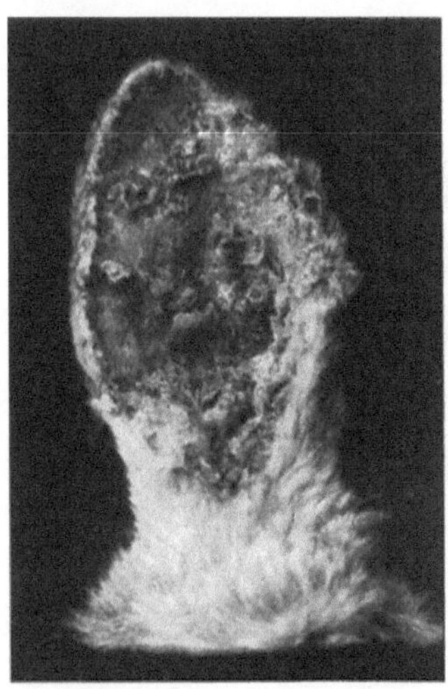

Abb. 49. Ohrräude beim Kaninchen. Gehörgang u. Ohrmuschel mit bröckeligen, blätterteigähnlichen Massen angefüllt.

an diesen Teilen zur Entstehung schwerer Nekrosen führt (s. Abb. 50). Jowett sah Dermatokoptesräude auch an den Backen, in der Schultergegend und an der Brustwand; Jakob in seltenen Fällen auch in der Umgebung der Ohren. Auch Gmeiner sah bei einem ohrräudekranken Kaninchenbock nicht nur den Nacken, einen Teil des Halses und Rückens von der Dermatokoptesräude befallen, sondern auch die Haut zwischen den Zehen. Galli-Valerio konnte bei einem Kaninchen mit Ohrräude auch Läsionen an der Nase und an den Lippen feststellen; er betrachtet deshalb die Dermatokoptesmilben nicht nur als „Agens der Ohrräude, sondern auch der Hauträude". Ausserdem beobachtete Galli-Valerio Ohrräude in Verbindung mit einer Räude der Lippen und Zehen, bei der sich neben Sarcoptes minor auch noch Dermatokoptes vorfand. Eine ähnliche Beobachtung liegt von Raitsits vor. Dabei muss allerdings in Betracht gezogen werden, dass die Dermatokoptesmilben entweder aus der Ohrmuschel ausgewandert oder durch Kratzen mit den Pfoten auf diese übertragen worden sind (Railliet). Jedenfalls dürfte ein solcher Übergang der Dermatokoptesräude auf die übrigen Körperteile zu den Seltenheiten gehören.

Schindelka hat bei Feldhasen auf dem Rücken ebsnfalls eine Psoroptesräude beobachtet.

c) Dermatophagusräude.

Zürn hat in der Tiefe der Ohrmuschel und im äusseren Gehörgange bei Kaninchen auch Dermatophagusmilben angetroffen, die genau dieselben Erscheinungen hervorriefen, wie sie gewöhnlich bei der durch Dermatokoptes hervorgerufenen Ohrräude beobachtet werden. Der von

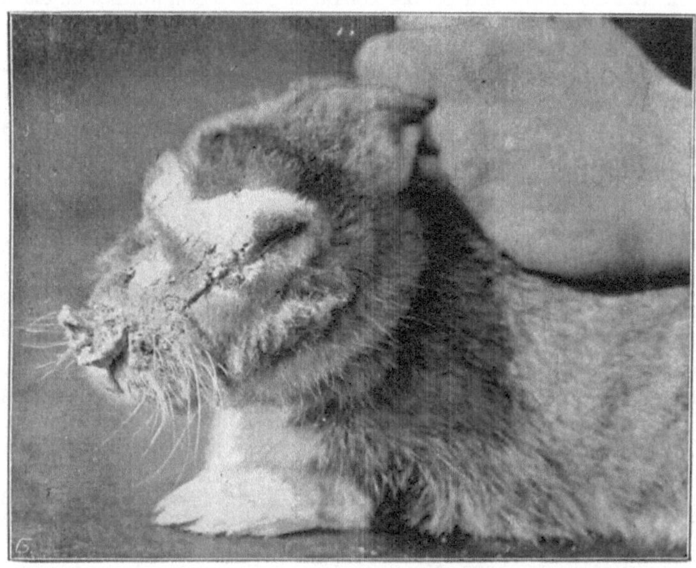

Abb. 50. Dermatokoptesräude beim Kaninchen am Kopfe. (Aus Schindelka, Hautkrankheiten bei Haustieren in Bayer-Fröhner, Handbuch d. tierärztl. Chirurg. u. Geburtshilfe. Wien u. Leipzig. 1908.)

ihm beschriebene Dermatophagus cuniculi soll nicht so gross sein wie Dermatophagus communis, aber grösser als Dermatophagus canis.

Grössenverhältnisse von Dermatophagus cuniculi:

$\male$ 0,31—0,34 mm lang, 0,26—0,28 mm breit,
$\female$ 0,4—0,43 mm lang, 0,27—0,30 mm breit.

Ausser Zürn ist auch noch von Schlampp (zit. nach Gmeiner) Dermatophagus bei Ohrräude nachgewiesen worden. Die Mehrzahl der Autoren spricht sich gegen sein Vorkommen aus. Aus den spärlichen Beobachtungen geht jedenfalls hervor, dass Dermatophagus im Ohre des Kaninchens zu den grössten Seltenheiten gehört (Gmeiner).

Allgemeine Diagnose der Räude. Obwohl das seuchenhafte Aufteten, die herdförmige Entstehung, die rasche Ausbreitung der Hautaffektion, der häufig vorhandene Juckreiz sowie endlich die besondere Art der Lokalisation (Kopfräude, Ohrräude) bereits hinreichende Anhaltspunkte für das Vorliegen der Räudekrankheit abgeben, so muss doch als das einzig sichere diagnostische Mittel der makroskopische und mikroskopische Nachweis der Milben und damit der jeweilig vorliegenden Räudeform bezeichnet werden. Bei der Ohrräude kann dieser in der Regel bereits mit unbewaffnetem Auge erbracht werden. Am besten wird in der Weise vorgegangen, dass das möglichst tiefgehende, blutige Abgeschabsel der Entzündungsprodukte auf einer Glasplatte, Uhrschale oder schwarzem Papier vorsichtig erwärmt wird. Auf diese Weise werden die Milben am besten als lebhaft bewegliche Pünktchen sichtbar. Zur mikroskopischen Untersuchung abgeschabter Borken empfiehlt sich die Erweichung und Aufhellung in $10^0/_0$iger Kalilauge.

Therapie. Unter den Antiparasitika nimmt die Gruppe der ätherischen Öle die erste Stelle ein. Bei der Kopf- und bei der Ohrräude eignet sich am besten das ätherische Oleum Carvi, dem in Salbenform ($5^0/_0$ig, Gmeiner) angewendet, als billiges, reizloses, völlig sicher und rasch wirkendes Räudemittel vor vielen anderen der Vorzug zu geben ist. Auch die Einreibung von Schwefelsalbe oder Perubalsam ist geeignet. Bei der Ohrräude empfiehlt sich seine Anwendung $10^0/_0$ig, vermischt mit Oleum amygdalarum zur Behandlung der tieferen Teile des Ohres. Auch Kreolin- oder Kresolsalbe sowie Kreolin- oder Karbolglyzerin werden empfohlen.

Schrifttum.

Bardelli, Clin. vet. 1921. p. 19. — *Berdel*, Inaug.-Diss. Berlin 1920. — *Cagny*, Recueil de méd. vét. 1878. p. 685. — *Catala*, Journ. of Americ. vet. med. assoc. Vol. 50. p. 230. — *Cranston Low*, Journ. of pathol. a. bacteriol. Vol. 15. p. 333. 1911. — *Delafond*, Recueil de méd. vét. 1859. p. 74. — *Duckelt*, Journ. of Americ. vet. med. assoc. Vol. 48. p. 726. — *Ernst*, Münch. tierärztl. Wochenschr. 1919. S. 113. — *Fiebiger*, Die tierischen Parasiten der Haus- und Nutztiere. Wien u. Leipzig 1923. — *Derselbe*, Zeitschr. f. Infektionskrankh., parasitäre Krankh. u. Hyg. d. Haustiere. Bd. 14. S. 341. 1914. Wien. tierärztl. Monatsschr. 1917. S. 433. — *Fröhner* und *Zwick*, Lehrb. d. spez. Pathol. u. Therap. der Haust. 1922. 9. Aufl. — *Fürstenberg*, Die Krätzmilben der Menschen und Tiere 1861. — *Galli-Valerio*, Zentralbl. f. Bakteriol., Parasitenk. u. Infektionskrankh., Abt. I, Orig. Bd. 76. S. 517. 1915. — *Dieselben*, Zentralbl. f. Bakteriol., Parasitenk. u. Infektionskrankh., Abt. I, Orig. Bd. 79. S. 46. 1917. — *Gerlach*, Krätze und Räude. Berlin 1857. Lehrb. d. allg. Therap. der Haust. 1868. S. 577. — *Gmeiner*, Dtsch. tierärztl. Wochenschr. 1903. Nr, 8. S. 69. — *Derselbe*, Arch. f. wiss. u. prakt. Tierheilk. Bd. 32. S. 170. 1906 (Lit.). — *Gohier*, Mémoires et observations sur la chirurgie et la méd. vét. Tome 2. Lyon 1816. — *Gregoire*, Journ. de méd. vét. Tom. 67. p. 398. — *Hosäus*, Bericht über das Veterinärwesen im Königreich Sachsen. 1875. S. 38. — *Hutyra* und *Marek*, Spez. Pathol. u. Therapie d. Haust. 1922. 6. Aufl. — *Huzard*, Nosographie vet. 1820. S. 110. — *Jakob*, Berlin. tierärztl. Wochenschr. 1915. S. 483. — *Joest*, Handb. der Spez. Pathol. Anat. d. Haust. 1925. — *Jowett*, Journ. of comp. path. and therap. 1911. p. 134. — *Kaeppel*, Bericht über das Veterinärwesen im Königreich Sachsen. 1892. S. 24. — *Kitt*, Pathol. Anatomie d. Haust. Bd. 1. 5. Aufl. 1921. — *Laveran*, Cpt. rend. hebdom. des séances et mém. de la soc. de biol. Tom. 4. 1892. — *Lipschütz*, Wien. klin. Wochenschr. 1920. S. 426. — *Löhlein*, Arch. f. vergl. Ophtalmol. 1910. S. 189. — *Mathieu*, Recueil de méd. vét. 1876. p. 979. — *Megnin*, Les parasites et les maladies parasitaires chez l'homme, les animaux domest. 1880. — *Miller*, Arch. f. wiss. u. prakt. Tierheilk. Bd. 39. S. 475. 1913. — *Möller*, Wochenschr. f. Tierheilk. u. Viehzucht. 1874. S. 337. — *Neumann*, Revue vét. 1892. p. 141. Traité de malad. parasit. non microbiennes des animaux domest. 1892. — *Nöller*, Zeitschr. f. Veterinärkunde. 1917. S. 481. Dtsch. tierärztl. Wochenschr. 1920. S. 25. — *Olt-Ströse*, Die Wildkrankheiten und ihre Bekämpfung. Neudamm 1914. — *Railliet*, Bull. de la soc. centr. de méd. vét. 1917. p. 436. — *Raitsits*, Allatorvosi Lapok. Budapest 1917. S. 335. — *Schindelka*, Hautkrankheiten bei Haust. 1908. — *Schlampp*, Zit. nach *Gmeiner*, Dtsch. tierärztl. Wochenschr. 1903. S. 69. — *Shilston*, Journ. of comp. pathol. and therap. Vol. 29. p. 290. 1916. — *Sustmann*, Kaninchenseuchen. Leipzig: Michaelis. — *Zürn*, Dtsch. Zeitschr. f. Tiermediz. 1875. S. 278. — *Derselbe*, Die tierischen Parasiten auf und in dem Körper unserer Haussäugetiere 1882. — *Derselbe*, Tierische Parasiten. 1882. S. 3. — *Derselbe*, Wochenschr. f. Tierheilk. u. Viehzucht. 1874. S. 277.

Demodicidae.

Akarusräude. Acariasis.

Syn. Akarusausschlag, Demodexräude, Demodicosis, Haarsackmilbenausschlag.

Nach den in der Literatur überaus spärlich vorliegenden Mitteilungen über das Vorkommen der Akarusräude beim Kaninchen, scheint dieser Räudeform in Kaninchenbeständen eine grössere Bedeutung nicht zuzukommen. Pfeiffer berichtet über ihr Auftreten bei Kaninchen in China.

Ätiologie. Demodex folliculorum cuniculi (Pfeiffer) soll wesentlich kleiner sein als Demodex folliculorum canis. (Genaue Angaben über die Grössenverhältnisse fehlen.) Die Haarsackmilbe gehört zur Ordnung Akarina der Klasse Arachnoidea, Familie Demodicidae. Sie besitzt einen wurmförmigen, lanzettförmigen, lorbeerähnlichen Körper, am Thorax dicht hintereinander sitzende, dreigliederige, stummelförmige Beine und ein länglich-kegelförmiges, quergestreiftes Abdomen. Der Kopf besteht aus einem häutigen Lappen (Epistom), griffelförmigen Mandibeln, einander genäherten Maxillen und dreigliederigen, vorstreckbaren Maxillarpalpen. Das Männchen ist kleiner als das Weibchen; die Eier sind spindelförmig und dünnschalig.

Die aus den Eiern ausschlüpfenden Larven ähneln den Milben; sie besitzen indessen noch unentwickelte Mundteile und sechs höckerförmige Fusspaare. Nach zweimaliger Häutung erlangen die bereits mit acht gegliederten Füssen und entwickelten Mundwerkzeugen versehenen Nymphen allmählich die Geschlechtsreife.

Die Widerstandsfähigkeit der Milben ist bei feuchter und kühler Temperatur eine ziemlich hohe (12—25 Tage); in trockener Luft, bei Hitze über 41° C. und bei Winterkälte gehen sie schon nach wenigen Tagen zugrunde. Durch chemische Mittel werden sie schnell und ziemlich sicher abgetötet.

Die **natürliche Ansteckung** geschieht wohl auch beim Kaninchen meist durch unmittelbare Berührung. Mit grosser Wahrscheinlichkeit wird sie aber auch durch Gegenstände vermittelt, die mit kranken Tieren in Berührung gekommen waren. Über die Übertragbarkeit der Akarusräude der verschiedenen Haustiere auf das Kaninchen (und umgekehrt) liegen Beobachtungen nicht vor.

Befund. Bei den von Pfeiffer beobachteten Fällen handelt es sich ausschliesslich um die squamöse Form der Akarusräude. Die Veränderungen beginnen hauptsächlich in der Umgebung der Augen und sind gekennzeichnet durch kahle Stellen und starke Abschuppung. Der Prozess kann sich weiter auch auf die innere Fläche der Ohrmuschel und die übrigen Teile des Kopfes ausbreiten. Es entstehen Falten mit Verdickung der Haut und Borkenbildung, ähnlich wie bei der squamösen Form der Akarusräude des Hundes. Der ganze Prozess geht mit auffallend starker Eiterbildung einher und zeichnet sich im besonderen durch schliessliche völlige Zerstörung der Augenlider, sowie grösserer Teile der Ohrmuscheln und der Kopfhaut aus. Weiterhin werden wie bei der Ohrräude heftige Entzündungen des mittleren und inneren Ohres und im Anschluss daran tödliche Hirnhautentzündungen beobachtet. Die Bindehäute sind häufig durch Eitermassen verklebt; die Augen selbst bleiben aber bis auf eine leichte Keratitis verschont.

Die **Diagnose** und Unterscheidung der Akarusräude von anderen Hautkrankheiten und Eiterungsprozessen an der Haut stützt sich auf den mikroskopischen Nachweis der Haarsackmilben.

Schrifttum.

Fiebiger, Die tierischen Parasiten d. Haus- u. Nutztiere. 1923. 2. Aufl. — *Fröhner-Zwick*, Spez. Pathol. u. Therap. d. Haust. 1922. 9. Aufl. — *Gmeiner*, Zeitschr. f. Tiermed. Bd. 13. 1909. — *Hutyra-Marek*, Spez. Pathol. u. Therap. d. Haust. 1922. 6. Aufl. — *Pfeiffer*, Berlin. tierärztl. Wochenschr. 1903. S. 155.

Linguatulida (Zungenwürmer, Wurmspinnen).

Pentastomum denticulatum.

(Linguatula denticulata, Linguatula serrata).

Die Linguatuliden, die bekanntlich zur Gruppe der Arachnoideen gehören, besitzen ihrer Gestalt nach so grosse Ähnlichkeit mit Würmern, dass man sie lange Zeit für solche gehalten und diesen zugerechnet hat. In Anpassung an ihre rein entozoische Lebensweise haben sie die Form der Arthropoden fast völlig verloren und dafür einen wurmförmig gestreckten, geringelten Körper mit zwei Paaren Klammerhaken zu beiden Seiten des kieferlosen Mundes angenommen.

Beim Kaninchen wird bisweilen das Vorkommen von **Pentastomum denticulatum** — der Jugendform von Linguatula rhinaria, einer in der Nasenhöhle des Hundes parasitierenden Wurmspinne — beobachtet.

Pentastomum denticulatum besitzt etwa eine Länge von 4—6 und eine Breite von 1,5 mm. Der Körper ist lanzettförmig, weisslich durchscheinend; er besitzt 80 bis 90 Ringe mit Stigmen in der Mitte und am hinteren Rande zahlreiche nach rückwärts gerichtete Dornen. Der elliptische Mund ist mit den vier charakteristischen Klammerhaken versehen. Der Genitalapparat ist nur angedeutet.

Entwicklungsgang des Parasiten und natürliche Infektion. Etwa 6 Monate nach der Kopulation, die schon erfolgt, ehe das Weibchen seine volle Reife erlangt hat, beginnt die Ablage der 0,09 mm langen und 0,07 mm breiten Eier, in deren Innerem bereits die fertige Larve sichtbar ist. Nach Leuckart enthält ein einziges Weibchen bis zu 500 000 Eier. Diese gelangen mit dem Nasenschleim der Wirtstiere (Hund) in das Freie, wo sie wochenlang am Leben bleiben können.

Werden solche Eier mit dem Futter oder Trinkwasser von Kaninchen und anderen Pflanzenfressern, die die Rolle eines Zwischenwirtes spielen, aufgenommen, so werden in deren Magen die Embryonen durch Verdauung der Eischalen frei. Die freigewordenen Larven, die einen eiförmigen Körper mit einem schwanzartigen Ende besitzen, durchbohren die Magenwand und dringen auf diesem Wege in die Gekröslymphknoten, in die Leber und Lunge vor. Dort kapseln sie sich ein und wachsen dann nach oftmaliger Häutung zur Jugendform (Nymphe) heran, die den erwachsenen Parasiten in ihrem Aussehen ähnelt. Nach Durchbohrung des Darmes bis zur Erreichung dieses Entwicklungsstadiums vergehen etwa 7 Monate.

Diese Jugendformen bleiben nun nicht in den genannten Organen liegen, sondern suchen die Lungen und damit die Luftröhre zu erreichen, um auf diesem Wege in die Aussenwelt zu gelangen. Werden sie dort wieder von Hunden oder anderen Wirtstieren aufgeschnüffelt, so entwickeln sie sich in diesen zu geschlechtsreifen Tieren und der Kreislauf des Entwicklungsganges beginnt von neuem. Der ganze Entwicklungszyklus vom Ei bis zur Larve, Nymphe und zum geschlechtsreifen Parasiten erstreckt sich etwa auf die Zeitdauer von einem Jahr.

Die durch Pentastomum denticulatum in den Lymphknoten und der Leber des Kaninchens verursachten **örtlichen Schädigungen** bleiben im allgemeinen ohne grosse Bedeutung. Dagegen vermögen die in die Lungen, Bronchien und in die Luftröhre gelangten Exemplare ernstliche, bisweilen zum Tode führende Entzündungszustände hervorzurufen. (Nach mündlicher Mitteilung hat Olt bei einem Hasen eine durch Pentastomum denticulatum verursachte nekrotisierende Bronchopneumonie beobachtet.)

Ausserdem ist den in die Bronchien und die Luftröhre gelangten Jugendformen auch die Möglichkeit gegeben, die Nasenhöhle zu besiedeln und dort selbst in den Zwischenwirten zu geschlechtsreifen Parasiten heranzuwachsen.

Schrifttum.

Fiebiger, Die tierischen Parasiten der Haus- und Nutztiere 1923. — *Koegel*, Das Ungeziefer. Stuttgart: Enke 1925.

Aphaniptera. Flöhe.

Aus der Ordnung Aphaniptera (Flöhe) sind zu nennen:

1. **Pulex irritans.** ♂ 1,5—3 mm, ♀ 2—4 mm lang. Kastanienbraun.

2. **Ctenocephalus (Pulex serraticeps).** ♂ 2 mm, ♀ 3 mm lang, mit hellrotbraunem Körper, Kopf oben abgerundet, am unteren Rande beiderseits mit einem Kamm von 7—9 Stacheln; ebensolche Kämme dorsal am Hinterrande des Prothorax.

3. **Ctenocephalus goniocephalus (Pulex leporis).** ♂ 1,6 mm, ♀ 2,0 mm lang, gelbbraun. Kopf oben stumpfwinklig, unten und zu beiden Seiten mit einem Kamm von 5—6 Stacheln. Prothorax mit sehr langen Borsten.

4. **Sarcopsylla penetrans (Dermatophyllus penetrans), der Sandfloh.** 1mm lang; kleiner, seitlich zusammengedrückter Körper von rotbrauner Farbe. Stirnfläche spitz. Grosser platter Anhang an der Seite des Thorax. Grosse Dornen an den Endgliedern der Hinterbeine. Kommt in Amerika und Afrika sowohl beim Menschen als auch bei den Haustieren vor.

Die Flöhe, die sich sonst ausserhalb des tierischen Körpers, im Staub, in den Ritzen des Bodens und in der Einstreu aufhalten, besiedeln nicht gerade häufig auch Kaninchen und im besonderen junge, schlecht genährte Tiere. Wenn sie massenhaft vorhanden sind, verursachen sie infolge ihrer Stiche in die Haut und einer in diese abgesetzten reizenden Flüssigkeit lebhaften Juckreiz, und können unter Umständen durch das Kratzen, in Verbindung mit sekundären bakteriellen Infektionen zur Entstehung von Hautentzündungen und Ekzemen Veranlassung geben.

Schrifttum.

Fiebiger, Die tierischen Parasiten der Haus- und Nutztiere. 1923. 2. Aufl. — *Hutyra-Marek*, Spez. Pathol. u. Therap. d. Haustiere. 1922. 6. Aufl. — *Kitt*, Allgemeine Pathologie f. Tierärzte. 1921. — *Nöller*, Dtsch. tierärztl. Wochenschr. 1919. S. 559. — *Sustmann*, Tierärztl. Rundschau 1913. Nr. 19. S. 219. — *Wolffhügel*, Zeitschr. f. Infektionskrankh., parasitäre Krankh. u. Hyg. d. Haustiere. Bd. 8. S. 218 u. 354. 1910.

Anoplura (Läuse).

Läuse kommen beim Kaninchen selten vor. In der Hauptsache werden solche nur bei schlecht genährten, verwahrlosten Tieren, bei diesen mitunter in grösserer Zahl beobachtet.

Beim Kaninchen schmarotzt lediglich **Haematopinus ventricosus.** Länge 1,2—1,5 mm, Kopf breiter als lang.

Die Läuse bewohnen die Hautoberfläche. Dementsprechend werden die kleinen, birnförmigen, mit einem Deckel versehenen Eier (Nisse) vom Weibchen auf der Haut, und zwar am unteren Teil des Haarschafts abgelegt und dort festgeklebt. Die Läuse nähren sich vom Blute, indem sie die Haut anstechen und daran saugen. Bei mässigem Befallensein sind — abgesehen von dem Juckreiz und der ständigen Belästigung — erhebliche Nachteile für die Wirtstiere nicht verbunden. Bei gehäuftem Auftreten dagegen können durch den ständigen Juckreiz und das dadurch bedingte andauernde Kratzen und Scheuern knötchen- und pustelförmige Hautentzündungen und Ekzeme mit Borkenbildung hervorgerufen werden.

Schrifttum.

Fiebiger, Die tierischen Parasiten d. Haus- u. Nutztiere 1923. — *Schindelka*, Hautkrankheiten bei Haust. 1908. — *Sustmann*, Tierärztl. Rundschau 1913. S. 219. — *Zürn*, Die Krankheiten der Kaninchen 1894.

III. Tumoren. Geschwülste.

Die Beobachtungen über das spontane Auftreten von Geschwülsten beim Kaninchen sind verhältnismässig spärlich. Dies hängt damit zusammen, dass man den spontanen Geschwülsten dieses Versuchstieres überhaupt erst seit Beginn der Periode der experimentellen Geschwulstforschung grössere Beachtung schenkt und besonders damit, dass sowohl die zum Zwecke der Fell- und Fleischgewinnung gezüchteten als auch in wissenschaftlichen Laboratorien als Versuchstiere gehaltenen Kaninchen in der Regel ein hohes Alter — das auch beim Kaninchen für die Entstehung von Geschwülsten einen prädisponierenden Faktor darstellt — nicht erreichen. Immerhin ist aber in den letzten 25 Jahren eine ganze Anzahl von spontanen Kaninchengewächsen sowohl aus der Gruppe der Bindesubstanz- und Epithelgeschwülste als auch aus derjenigen der Mischgeschwülste bekannt geworden. Deren nähere Betrachtung lässt ohne weiteres den Schluss zu, dass man auch beim Kaninchen mit dem Vorkommen nicht nur derselben, sondern auch mit den nämlichen Eigenschaften ausgestatteten Gewächsen zu rechnen hat wie bei den übrigen Säugetieren und dem Menschen.

Von den bis jetzt beobachteten Tumoren sind aus der Gruppe der **Bindesubstanzgeschwülste** zunächst anzuführen: **Sarkome.**

Ein wahrscheinlich von den Mesenteriallymphknoten ausgegangenes Sarkom in der Bauchhöhle eines Kaninchens hat Marchand gesehen.

Über ein weiteres grosszelliges Sarkom am rechten Unterkiefer mit Metastasenbildung in Milz, Leber und Nieren berichtet Schultze.

Eine umfangreiche Sarkomgeschwulst am Ellenbogenhöcker eines belgischen Riesenrammlers hat Becker beobachtet und ein polymorphkerniges Sarkom mit Riesenzellbildungen, von dem fast alle inneren

Organe durchsetzt waren, ist von Wallner beschrieben. Der Primärtumor konnte nicht ermittelt werden. Der Fall Wallners verdient besonders deshalb Beachtung, weil es sich hier um eine transplantable Geschwulst handelte. Er konnte durch intravenöse Einverleibung einer Sarkomzellenaufschwemmung auf ein gesundes junges Tier übertragen werden. Auch Schultze gelang in seinem Falle die Transplantation auf 3 Kaninchen durch Verbringen von Tumorstückchen unter die Nackenhaut. Bei einem der drei Tiere entwickelte sich eine pflaumengrosse Geschwulst mit Metastasenbildung in den regionären Lymphknoten und in den Nieren. Auch mit den Lymphknotenmetastasen war die Weiterverimpfung erfolgreich, besonders wenn die Konjunktiva oder die vordere Augenkammer als Ort der Implantation gewählt wurde (in 80—100%). Während bei einem Teil der Tiere eine Art Heilung eintrat, entstanden bei einem anderen Teil der Geschwulstträger Metastasen, besonders in den Nieren. Die von Happe mit demselben Material fortgesetzten Übertragungsversuche führten zu ähnlichen Ergebnissen.

Weitere transplantable Kaninchensarkome haben in der mir zur Verfügung stehenden Literatur nicht ermittelt werden können.

Ausser Sarkomen sind beobachtet worden: **Myxomatöse Bildungen** von Sanarelli, Splendore u. a. (s. myxomatöse Krankheit, S. 65), **Lipome** von Lehmann im Rückenmark und von Reuter beim Feldhasen, weiterhin ein **Angiosarkom** des Netzes (peritheliales Sarkom) mit ausgedehnten Metastasenbildungen in Lungen, Zwerchfell, Milz, Leber, Nieren, Uterus und mesenterialen Lymphknoten von Baumgarten sowie ein **generalisiertes Lymphosarkom** von Aberatury und Dessy. Über multiple **melanoplastische Sarkome** (Lungen, Leber, Nieren, Hoden, Muskulatur, Lymphknoten) berichtet Sustmann und Myome im Uterus hat Stilling (s. Beitzke) nachgewiesen.

Verhältnismässig häufiger sind die Beobachtungen über das Vorkommen **epithelialer Gewächse.** Von diesen sind, als beim Kaninchen noch am häufigsten vorkommend, hauptsächlich die Drüsenepithelgeschwülste des Uterus hervorzuheben, deren nähere Kenntnis beim Kaninchen hauptsächlich den Untersuchungen Stillings zu verdanken ist. Schon früher ist von Pièrre Marie und Aubertin ein Fall von **Uteruskarzinom** [„Epithelioma cylindrique metatypique" (in den beiden Uterushörnern)], das in Form von knolligen Geschwulstknoten deren Lumen völlig verschloss, mitgeteilt worden und auch Katase demonstrierte in der japanischen pathologischen Gesellschaft zu Tokio ein **Adenokarzinom** des Uterus bei einem Kaninchen. Eine ebensolche Beobachtung (Adenom) liegt von Wagner vor. Die weitaus meisten Beobachtungen stammen aber von Stilling, der **Adenome** und **Adenokarzinome** im Uterus zahlenmässig 25mal festgestellt hat. Eine scharfe Grenze zwischen den beiden Gewächsarten lässt sich nach seinen Beobachtungen nicht ziehen, es finden sich vielmehr alle Übergänge von deutlich begrenzten Adenomen bis zu schrankenlos die Nachbarschaft durchwachsenden, destruierenden Karzinomen (darunter auch solide und skirrhöse Karzinome). Die wenigsten der beobachteten Tumoren verhalten sich histologisch wie Adenome; die Mehrzahl muss den Karzinomen zugerechnet werden. Als ihr Ausgangspunkt ist nach Stilling die dem Mesometrium entgegengesetzte Seite der Uteruswand, manchmal auch Teile der Vorder- und Hinterwand anzusehen. Die Geschwülste nehmen ihren Anfang von Drüsengruppen im Bereiche von Schleimhautfalten. Stilling spricht sich entschieden für eine familiäre Veranlagung aus, da die meisten der mit Gewächsen behafteten Tiere denselben Würfen entstammten. Er hat ferner die Erfahrung gemacht, dass die Neubildungen sich in verhältnismässig kurzer Zeit zu beträchtlicher Grösse entwickeln können (1 Jahr). Diese Kaninchenadenome sind auf andere Tiere nicht transplantierbar, dagegen können sie auf den Träger der Geschwulst selbst durch subkutane, intraperitoneale und intralienale Implantation mit Erfolg übertragen werden.

Mit grosser Wahrscheinlichkeit hat auch Lambert Lack, der glaubte, experimentell ein Uteruskarzinom mit Metastasen bei einem Kaninchen erzeugt zu haben, eine spontane Geschwulst vor sich gehabt.

Seltener als im Uterus ist das Vorkommen primärer Karzinome in anderen Organen. Von Niessen beschreibt einen (von Baumgarten sowie von Schütz) histologisch als **Adenokarzinom der Leber** bezeichnetes Gewächs, der möglicherweise von den Gallengängen seinen Ausgang genommen, auf die Lymphknoten übergegriffen und in den Nieren, auf der Darmserosa und besonders im Mesenterium Metastasen gesetzt hat. Nach einer Mitteilung von Lubarsch sowie Braun-Becker sollen beim Kaninchen auch **Mammakrebse** vorkommen.

Karzinome in der Nähe der Kardia und in der Lunge hat Schmorl beobachtet. Krebsartige Bildungen auf der Magenschleimhaut eines Kaninchens werden auch von Braun-Becker erwähnt, ohne dass aber die Tumoren näher differenziert wurden.

Von Brown, Pearce und van Allen liegt neuerdings eine ausführliche Mitteilung über eine bösartige, epitheliale, überpflanzbare Geschwulst nebst bemerkenswerten Beobachtungen und Versuchen vor.

Was schliesslich die Gruppe der **Mischgeschwülste** anbetrifft, so sind hier zu nennen: die zu den **embryonalen Adenosarkomen** zu zählenden Tumoren der Nieren, wie sie zuerst von Lubarsch und später von Nürnberger, Stilling, sowie von Bell und Henrici in zusammen 5 Fällen beschrieben wurden. Zum Schlusse ist noch ein von Shima im Kaninchenhirn beobachtetes **Teratom** zu erwähnen.

Um Fehlergebnisse nach Möglichkeit zu vermeiden, müssen die hier mitgeteilten Befunde von Spontantumoren bei der experimentellen Geschwulstforschung, soweit sie am Kaninchen getätigt wird, in Rücksicht gezogen werden.

Schrifttum.

Baumgarten, Zentralbl. f. allg. Pathol. u. pathol. Anat. Bd. 17. S. 769. 1906. — *Bell* und *Henrici*, Journ. of the Americ. med. assoc. 1915. — *Brown, Pearce* and *van Allen*, Journ. of exp. Med. Vol. 37, 1923; Vol. 38, 1923; Vol. 40, 1924. — *Fölger*, Lubarsch-Ostertags Ergebn. Jg. 18. Abt. II, 1917. — *Happe*, 39. Versamml. d. ophthalm. Ges. 1913. — *Lehmann*, Berlin. tierärztl. Wochenschr. 1890. S. 317. — *Lubarsch*, Zentralbl. f. allg. Pathol. und pathol. Anatom. Bd. 16. S. 342. 1905. — *Derselbe*, Lubarsch-Ostertags Ergebn. d. allg. Pathol. u. pathol. Anat. Bd. 6. S. 958. 1901. — *Marie* und *Aubertin*, Assoc. franc. p. l'étude du cancer 1911. p. 253. — *von Niessen*, Dtsch. tierärztl. Wochenschr. 1913. S. 637. Zeitschr. f. Krebsforsch. Bd. 24. 1926. — *Nürnberger*, Beitr. z. pathol. Anat. u. z. allg. Pathol. Bd. 52. 1912. — *Reuter*, Tierärztl. Rundsch. Bd. 28. S. 69. 1922. — *Schultze*, Verhandl. d. dtsch. pathol. Ges. Jg. 16. 1913. — *Shima*, Ellenberg-Schütz, Jahresber. Bd. 30. S. 162. 1910. — *Stilling (Beitzke)*

Virchows Arch. f. pathol. Anat. u. Physiol. Bd. 214. S. 358. 1913. — *Sustmann*, Dtsch. tierärztl. Wochenschr. 1922. S. 402. — *Wagner*, Zentralbl. f. allg. Pathol. u. pathol. Anat. Bd. 16. S. 131. 1905. — *Wallner*, Zeitschr. f. Krebsforsch. Bd. 18. S.215.1921.

IV. Vergiftungen.

Sie kommen sehr selten vor, weil den in Zuchten und Laboratorien gehaltenen Tieren im allgemeinen Gelegenheit zur Aufnahme von Giftstoffen nicht gegeben ist. Am ehesten noch können sich Vergiftungen beim Kaninchen durch **pflanzliche Giftstoffe** ereignen, die mit dem Futter verabreicht werden.

Unter diesen ist hauptsächlich die **Mutterkornvergiftung** zu nennen, über die von Sustmann verschiedene Beobachtungen vorliegen.

Das Mutterkorn (Secale cornutum) stellt die Dauerform eines Kornpilzes (Claviceps purpurea) dar, der auf Roggen, seltener auf anderen Getreidearten und auf Gräsern parasitiert. Er stellt walzenförmige, dreikantige, 2—4 cm lange und bis zu $^1/_2$ cm dicke, schwarzviolette, innen weisse Gebilde dar, der in gewissen Jahrgängen besonders gehäuft auftritt und in getrocknetem Zustande eine derbe Konsistenz besitzt. Auf die wirksamen Bestandteile des Mutterkorns soll hier nicht eingegangen werden.

Die Krankheitserscheinungen bestehen in schwerer Gangrän und Mumifikation der extremitalen Körperteile, namentlich der Zehenenden (mit Verlust der Krallen), aber auch der Ohrspitzen. Im weiteren Verlaufe wird Abfallen der Zehenstummel sowie Benagen dieser Teile (Juckreiz) beobachtet. Gleichzeitig sieht man die Tiere lahm gehen; auch Speichelfluss, Erbrechen, Durchfall, Taumeln, Zittern und Krämpfe können sich einstellen.

Die Krankheit verläuft im allgemeinen langsam und führt nach etwa 14 Tagen zum Tode. Bei der **Obduktion** können im Magen- und Darmkanal meistens entzündliche Veränderungen nachgewiesen werden.

In den von Sustmann beobachteten Fällen traten die Vergiftungen im Anschluss an die Verfütterung von Roggen, hauptsächlich bei Jungtieren auf. Secale cornutum wurde im Futter nachgewiesen. Nach Vornahme eines Futterwechsels wurden weitere Erkrankungsfälle nicht mehr beobachtet.

Von Vergiftungen mit **mineralischen Giften** sind beschrieben: die **Phosphorvergiftung** und die **Vergiftung durch Chilisalpeter**. Mit deren Vorkommen ist in solchen Beständen zu rechnen, in denen die Tiere freien Auslauf geniessen.

Bei der Phosphorvergiftung sind die klinischen Symptome (Traurigkeit, Mattigkeit, Schlafsucht, Schmerzhaftigkeit) wenig kennzeichnend. Bei der Sektion ist am Inhalt des Magens und des Darmkanals der charakteristische Phosphorgeruch, Entwicklung von Dämpfen mit Leuchten im Dunkeln festzustellen. Die Magen- und Darmschleimhaut ist geschwollen, ödematös gerötet und mit Blutungen besetzt. Auch Epitheldefekte infolge Verätzung werden beobachtet. Blutungen können auch in anderen Organen (am Herzen) nachweisbar sein.

Bei der Salpetervergiftung lässt sich am toten Tiere eine schwere Gastroenteritis und Nephritis feststellen.

<h2 style="text-align:center">Schrifttum.</h2>

Becker, Arch. f. wiss. u. prakt. Tierheilk. Bd. 25. S. 212. 1899. — *Braun-Becker,* Kaninchenkrankheiten. Leipzig: Poppe 1919. — *Fröhner,* Lehrb. d. Toxikologie f. Tierärzte. Stuttgart: Enke 1919. — *Raebiger,* Jäger-Zeitg. Bd. 61. Nr. 9. S. 129. — *Sustmann,* Dtsch. tierärztl. Wochenschr. 1923. S. 463.

V. Sporadische Krankheiten.

A. Erkrankungen der Haut und der Haare.

Gegenüber den durch tierische oder pflanzliche Parasiten verursachten Hauterkrankungen treten die nicht ansteckenden, auf äusseren oder inneren Ursachen beruhenden, in den Hintergrund.

Abb. 51. Folgezustand nach Bissverletzungen an den Ohren.

Am häufigsten werden Bisswunden beobachtet, die die Tiere sich gegenseitig beibringen. Sie werden an allen Stellen des Körpers, ganz besonders aber an den Extremitäten, an den Ohren und bei männlichen Tieren am Skrotum angetroffen. Die Verletzungen sind oft so tiefgehend, dass sie an den Extremitäten bis auf den Knochen reichen, und dass die Hoden bisweilen freigelegt werden (eigene Beobachtungen). Im Anschluss an solche Wunden, wie sie auch noch durch andere traumatische Einwirkungen entstehen können, entwickeln sich nicht selten langwierige **Eiterungen, Geschwüre, Abszesse** und **Pyämien.** Wenn Heilung erfolgt, so geschieht dies meist unter deutlicher Narbenbildung. An den Ohren ist dies von Nachteil, weil dadurch die Vornahme von intravenösen Einspritzungen behindert, wenn nicht gar unmöglich gemacht wird (s. Abb. 51).

Hautentzündungen verschiedenen Grades (Hyperämie, Ödem, eiterige, blutige, nekrotisierende Hautentzündung, Pustel- und Abszessbildung) und Ekzeme können zustande kommen durch mechanische Einwirkungen (Staub, Schmutz, Reiben, Kratzen, Scheuern) sowie durch chemische und thermische Einflüsse.

Zu erwähnen sind ferner die **wunden Läufe,** die ursächlich auf unsaubere, feuchte Stallungen, schlechte, rauhe und nasse Beschaffenheit des Streumaterials bei gleichzeitigem Mangel an Auslauf zurückzuführen sind.

Die Erscheinungen bestehen im Ausfallen der Haare an der Unterseite der Läufe, in mehr oder weniger hochgradigen Entzündungszuständen und Ulzerationen im Bereiche der Sohlen- und Ballenhaut, infolge deren die Tiere hochgradig lahm gehen. Die kranken Läufe werden in der Regel weit unter den Leib gezogen, sodass die Tiere nahezu eine hundesitzige Stellung einnehmen.

Haarwechselstörungen. Der in der Regel im Frühjahr und im Herbst erfolgende Haarwechsel ist ein physiologischer Vorgang, bei dem das alte Haarkleid abgeworfen und durch ein neues ersetzt wird. Es ist beachtenswert, dass in trockenen und warmen Sommermonaten der Haarwechsel bisweilen frühzeitiger und schneller erfolgt, besonders bei Tieren, die viel freien Auslauf geniessen. Da die Tiere während dieser Zeit gegen Erkältungen und andere Krankheiten weit anfälliger sind als sonst, so ist es ratsam, sie warm zu halten, vor Kälte und Nässe zu schützen, reichlich und gut zu ernähren und ihnen eine sorgfältige Wartung und Pflege angedeihen zu lassen.

Eine Verzögerung des Haarwechsels wird bisweilen bei alten, schlecht genährten Tieren beobachtet.

Haarausfall ausserhalb des Haarwechsels muss den Verdacht stets auf parasitäre Hauterkrankungen hinlenken (s. S. 68, 125). Es soll zwar beim Kaninchen umschriebene und allgemeine Alopezie auch infolge von Ernährungsstörungen (Trophoneurosen) und Blutarmut beobachtet werden. Sie ist aber verhältnismässig selten.

Schrifttum.

Braun-Becker, Kaninchenkrankheiten. Leipzig: Poppe 1919. — *Sustmann*, Tierärztl. Rundsch. 1912. Nr. 17. S. 179. — *Zürn*, Kaninchenkrankheiten. Leipzig 1894.

B. Krankheiten der Mundhöhle, der Zähne und der Kiefer.

Stomatitis vesiculosa (Speichelfluss).

Die unter der Bezeichnung „Speichelfluss" bekannte, als selbständiges Leiden sporadisch auftretende Krankheit, soll nach Sustmann teilweise seuchenähnlichen Charakter besitzen und in einzelnen Beständen nicht selten zu Massenerkrankungen Veranlassung geben. Sie befällt hauptsächlich Kaninchen hochgezüchteter Rassen und unter diesen besonders die jüngeren Tiere, bei denen die Sterblichkeitsziffer bis zu $50^0/_0$ betragen kann.

Ätiologie. Für die Entstehung dieser Krankheit werden verschiedene Umstände verantwortlich gemacht. In der Mehrzahl der Fälle soll ihr Auftreten mit Futterschädlichkeiten im Zusammenhange stehen. Im besonderen sollen nasse, verdorbene, faule, mit Schimmel- und Rostpilzen befallene Futtermittel, schlechte und unreine Einstreu (altes Kistenstroh) und gewisse Giftpflanzen in ursächlicher Hinsicht eine Rolle spielen. Auch mechanische, im Anschluss an die Aufnahme von harten, stechenden und ätzenden Futterstoffen (Getreidegrannen, Fichtennadeln, Disteln, hartem Heu usw.) entstandene Reize und Verletzungen sind imstande, das Krankheitsbild des „Speichelflusses" herbeizuführen. Im Hinblick auf das bisweilen seuchenhafte Auftreten der Krankheit erscheint es nicht ausgeschlossen, dass hierbei ein infektiöses Agens primär oder sekundär mit im Spiele ist. Es muss auch daran gedacht werden, dass hier ursächlich unter Umständen ein Pockenvirus in Frage kommt.

Die **Krankheitserscheinungen** beginnen mit Teilnahmslosigkeit, verminderter oder ganz aufgehobener Fresslust und mit allmählich immer mehr zunehmendem Speichelfluss. Das Fell wird nach und nach glanzlos und struppig. Der reichlich aus der Mundspalte fliessende, zum Teil übelriechende, meist klare und schaumige Speichel bedeckt die Lippenränder, die Schnauze sowie die Haare im Bereiche des Kehlgangs, der Unterbrust und der Vorderpfoten, sodass diese Partien dauernd feucht und die Haare in geringerem oder grösserem Umfange verklebt erscheinen (s. Abb. 52). (Die auf diese Weise entstehende „feuchte Nase" wird auch beim ansteckenden Schnupfen und bei der Kokzidien-Rhinitis beobachtet). Im späteren Verlaufe der Krankheit tritt Durchfall ein, der im Zusammenhange mit dem Aufhören der Futteraufnahme, allgemeiner Entkräftung und zum Teil hochgradiger Abmagerung den Tod der Tiere im Gefolge haben kann. Bei gutartigem Verlaufe tritt bereits nach wenigen Tagen Heilung ein.

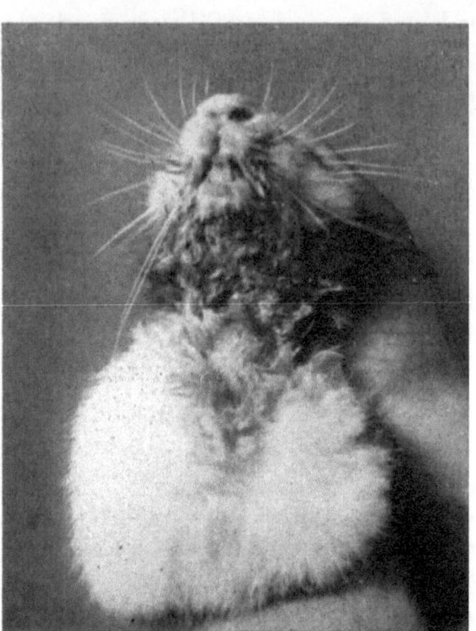

Abb. 52. Speichelfluss beim Kaninchen.

Pathologisch-anatomisch ist die Krankheit gekennzeichnet durch das Vorhandensein kleiner, weisslicher, meist runder, stecknadelkopfgrosser Knötchen und Bläschen an den Rändern der Lippen, der Spitze und den Seitenflächen der Zunge sowie im Bereiche der übrigen Mundschleimhaut. Daneben kommen Erosionen und Epitheldefekte von unregelmässiger Form und Grösse zu Gesicht, die zum Teil mit einem grauweissen Schorfe bedeckt, zum Teil mit weissem Grunde versehen sind. In anderen Fällen können die Veränderungen in der Mundhöhle lediglich auf eine leichte Rötung der Mund- und Rachenschleimhaut oder auf das Vorhandensein von in die Schleimhaut eingespiessten Grannen und Distelstacheln sich beschränken. An den Speicheldrüsen sind Veränderungen im allgemeinen nicht feststellbar.

Auch die übrige Sektion ergibt ausser einem bisweilen vorhandenen Katarrh der Schleimhaut des Darmes und einem nicht selten hochgradigen Aszites keine Besonderheiten.

Die **Behandlung** besteht in der Abstellung der Krankheitsursachen, d. h. in einem frühzeitigen Futterwechsel, einer Massnahme, durch die die Krankheit meist in günstigem Sinne zu beeinflussen ist.

Verlängerung der Schneidezähne.

Eine solche wird bei Kaninchen, besonders bei älteren nicht selten beobachtet. Owen (zit. nach Kitt) hat Fälle mitgeteilt, bei denen durch Abbrechen eines Inzisivus dessen Antagonist — weil er nicht in Reibung kam — so anwuchs, dass er im Bogen in den Gaumen eindrang. Es sind sogar Fälle bekannt, bei denen die Verlängerung eines Zahnes im Kreise erfolgte, so dass die umgebogene Spitze in die Alveole eindrang. Solche Bildungen kommen unter natürlichen Verhältnissen durch ungleichmässige Abnutzung der Zähne und durch infolgedessen eintretende Abweichungen in der Kieferstellung zustande. Goubeaux (zit. nach Kitt) bezieht sie auf eine Deviation des Oberkiefers und Claude Bernard beschuldigt dafür motorische Kaumuskellähmungen (wie sie nach Durchschneidung des fünften Nerven auftreten), die ebenfalls eine Abweichung des Kieferschlusses im Gefolge haben.

Solche verlängerte Schneidezähne können die Nahrungsaufnahme nicht nur erschweren, sondern sogar unmöglich machen.

Weiterhin sind zu nennen **Zahnkaries** und eiterige **Alveolarperiostitis.** Diese ist im besonderen noch dadurch ausgezeichnet, dass der Prozess die Neigung besitzt, auf den Tränenkanal, die Orbita und die Kieferknochen fortzuschreiten. Auf diese Weise kommen Veränderungen

Abb. 53. Folgezustand nach eiteriger Alveolarperiostitis. Großer Abszess im Bereiche des Unterkiefers mit teilweiser Zerstörung der Unterkieferäste.

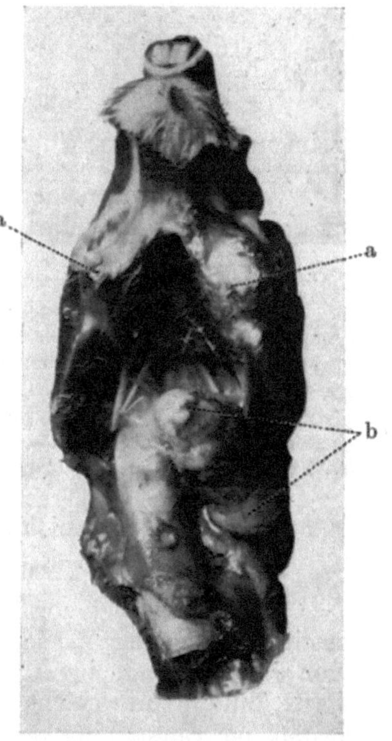

Abb. 54. Eiterige Alveolarperiostitis. Knotige Vorwölbungen an den Unterkieferästen mit Einschmelzung der Knochensubstanz (a). Vergrösserung und Vereiterung der regionären Lymphknoten (b).

zustande, wie sie von Sustmann unter der Bezeichnung

Eiteriger Kieferkatarrh

beschrieben worden sind. Verfasser hatte ebenfalls Gelegenheit, solche Fälle zu verfolgen und pathologisch-anatomisch zu untersuchen. Die Krankheit kommt mit grosser Wahrscheinlichkeit durch Verletzungen zustande, wie sie durch hartes Futter oder durch Einspiessen von Fremdkörpern zwischen Zahnfleisch und Zähnen nicht selten entstehen.

Die **Erscheinungen** treten zunächst wenig hervor; am ehesten wird noch Tränenfluss oder auch starker Speichelfluss beobachtet (eigene Beobachtung). Später lassen sich aber durch Betasten an den Kiefern zum Teil umfangreiche, harte, bisweilen auch fluktuierende Auftreibungen feststellen, die zunächst den Verdacht auf Aktinomykose hinlenken (s. Abb. 53).

Bei näherer **pathologisch-anatomischer Untersuchung** ergibt sich dann, dass diese Auftreibungen Eiteransammlungen mit Einschmelzung der Knochensubstanz darstellen und mit den Zahnalveolen in unmittelbarer Verbindung stehen. Beim Sitz der primären Veränderungen im Oberkiefer werden häufig Tränenkanal und Orbita in Mitleidenschaft gezogen; geht der Prozess dagegen vom Unterkiefer aus, so werden nicht nur grössere Teile der Unterkieferäste eiterig eingeschmolzen, sondern es können auch zum Teil umfangreiche Vorwölbungen an den Unterkieferknochen entstehen (s. Abb. 54), die entweder von dünnen Knochenlamellen oder nur vom Periost umgeben sind und zähe, gelblich-weisse, pastenähnliche Eitermassen enthalten. Gleichzeitig werden auch umfangreiche Abszessbildungen im Bereiche des Kehlganges (s. Abb. 54) und der Ohrspeicheldrüsengegend, sowie Schwellungen und Eiterbildungen in den benachbarten Lymphknoten beobachtet.

Hierher gehören auch die von Jakob beobachteten, mit dem Abzahnen im Zusammenhange stehenden Abszessbildungen im Bereiche des Auges und der Kiefer.

Endlich ist noch die **Kieferaktinomykose** zu nennen, die aber beim Kaninchen verhältnismässig selten vorkommt (s. S. 64).

Schrifttum.

Alezais, Cpt. rend. des séances de la soc. de biol. Paris 1907. Ellenberger-Schütz, Jahresber. Bd. 27. S. 228. 1908. — *Hutyra* und *Marek*, Spez. Pathol. u. Therap. d. Haust. Bd. 2. 6. Aufl. Jena 1922. — *Kitt*, Lehrb. d. pathol. Anat. d. Haust. Bd. 1. 1921. Stuttgart: Enke. — *Sandig*, Tierärztl. Rundsch. 1924. S. 65. — *Sustmann*, Tierärztl. Rundschau. 1913. S. 135. — *Derselbe*, Tierärztl. Rundsch. 1913. S. 81. — *Derselbe*, Tierärztl. Rundschau. 1915. S. 101. — *Derselbe*, Dtsch. tierärztl. Wochenschr. 1921. S. 249. — *Derselbe*, Erfahrungen über Kaninchenseuchen. Leipzig: Alfred Michaelis.

C. Krankheiten der Verdauungsorgane.

Tympanitis (Trommelsucht, Blähsucht, Aufblähung).

Sie ist die Folge von Diätfehlern und kommt häufig zur Entstehung nach zu reichlicher Verfütterung von frischem Klee, von nassem Gras, von erhitztem und in Gärung übergegangenem Futter. Schlecht ventilierte, dumpfe und feuchte Stalluft sowie zu frühes Absetzen der Jungen leisten der Entstehung der Krankheit Vorschub. Auch die Kokzidiose kann ursächlich eine Rolle spielen (s. dort).

Die Krankheit äussert sich in einer ausserordentlich starken Auftreibung des Leibes (Trommelschall), grosser Aufgeregtheit und Erstickungsanfällen infolge Gasentwicklung im Magen. Sie führt besonders bei jungen Tieren, die mit Vorliebe befallen werden, häufig innerhalb weniger Stunden zum Tode.

Bei der **Obduktion** ergeben sich als **Todesursache** Ruptur der äusserst erweichten Magenwand, abnormer Druck des gasgeblähten Magens auf die grossen Gefässe des Hinterleibes und dadurch bedingte Kreislaufstörungen, Druck auf das Zwerchfell, Raumbeengung in der Brusthöhle und als unmittelbare Folge davon Atmungsstörungen und Erstickung.

Obstipation (Kotanschoppung, Verstopfung) entwickelt sich im Dickdarm nach fortgesetzter reichlicher oder ausschliesslicher Trockenfütterung, besonders mit trockener Kleie oder anderen schwer verdaulichen, wasserarmen und erschlaffenden Futterstoffen. Sie kann auch sekundär entstehen bei chronischem Darmkatarrh, beim Vorhandensein von Hindernissen in der Darmpassage (Darmsteine, Futterballen, Invagination, Volvulus) sowie bei Erkrankungen des Mastdarms und des Afters.

Die **Krankheitserscheinungen** bestehen im Anfang in verzögertem Kotabsatz, starkem und wiederholtem Drängen auf den Kot und später in vollkommenem Aufhören des Kotabsatzes. Das Allgemeinbefinden ist wesentlich gestört, Fresslust und Munterkeit lassen nach. Der Dickdarm, der beim Kaninchen der Palpation durch die dünnen Bauchdecken hindurch leicht zugänglich ist, ist mit festen, trockenen Kotmassen meist in seiner ganzen Ausdehnung angefüllt. Die Palpation ist schmerzhaft. Wenn nicht rechtzeitige Hilfe eintritt (Verabreichung von Abführmitteln, Klistieren, Diätwechsel, Grünfütterung) gehen die Tiere häufig zugrunde.

Bei der **Obduktion** findet man nicht selten eine Erweiterung und Entzündung der betroffenen Darmabschnitte und unter Umständen geschwürige Veränderungen infolge Drucknekrose (eigene Beobachtung) der bisweilen geschwollenen Schleimhaut.

Magen- und Darmkatarrhe und Magen- und Darmentzündungen als Folge von Erkältungen und Fütterungsfehlern spielen beim Kaninchen eine weit geringere Rolle als die durch Parasiten verursachten. Besonders veranlagt dazu sind Jungtiere.

Beim Vorhandensein solcher Gastroenteritiden ist stets das Allgemeinbefinden der Tiere gestört. Die Futteraufnahme ist vermindert und die Tiere zeigen ein mattes und träges Benehmen. Es besteht Durchfall. Der Kot wird häufig und reichlich abgesetzt, er ist dünnbreiig, stinkend. After und Blume sind damit beschmutzt. Später wechseln Durchfall und Verstopfung miteinander ab. Bei längerer Dauer magern die Tiere ab und gehen an Entkräftung zugrunde.

Pathologisch-anatomisch lassen sich alle Stadien der Gastroenteritis vom einfachen Katarrh bis zur hämorrhagischen und kruppösen Entzündung feststellen (eigene Beobachtung). Der Darminhalt ist dünnflüssig, grünlich-gelb, braunrot oder ausgesprochen blutig. Es kann sogar Peritonitis (Verklebung der Darmschlingen mit Netz, Gekröse und Bauchfell) beobachtet werden.

Fremdkörper, besonders Haarballen im Magen können nicht selten festgestellt werden.

Weiterhin ist noch zu erwähnen das Vorkommen von **Bauchhöhlenwassersucht** (Aszites) als Folge von Kreislaufstörungen, von Herz-, Lungen-, Leber- und Nierenerkrankungen sowie als Teilerscheinung allgemeiner Wassersucht.

Mastdarmvorfälle sind nicht seltene Vorkommnisse.

Leberzirrhose, zum Teil grobhöckeriger Natur, ist in einigen Fällen von Beitzke sowie von Bartel festgestellt worden. Anhaltspunkte für deren Entstehung konnten nicht gewonnen werden.

Chronische interstitielle Leberentzündungen werden hauptsächlich bei parasitären Erkrankungen, so bei Kokzidiose, Distomatose u. a. beobachtet (s. dort).

Über die in der Leber vorkommenden **Parasiten** (Kokzidien, Toxoplasmen, Cysticercus pisiformis, Distomum hepaticum, Opisthorchis felineus u. a.) siehe unter diesen Krankheiten. Von **Geschwülsten** ist ein primäres Leberkarzinom mit Metastasenbildung in anderen Organen von von Nissen beschrieben worden (s. unter Tumoren).

Schrifttum.

Beitzke, Zentralbl. f. Bakteriol., Parasitenk. u. Infektionskrankh., Abt. I, Orig. Bd. 65. S. 432. 1917. — *Braun-Becker,* Kaninchenkrankheiten. Leipzig: Poppe 1919. — *Faverolles,* Progrès vét. 1910. S. 77. — *Hutyra* und *Marek,* Lehrb. d. spez. Pathol.

u. Therap. d. Haust. Bd. 2. S. 223. 1922. — *Kessler*, Tierwelt 1918. — *Panicki*, II nuovo Ercol. 1904. p. 293. — *Stähli*, Tierwelt 1918. — *Zürn*, Kaninchenkrankheiten. Leipzig 1894.

D. Krankheiten der Atmungsorgane.

Katarrh der oberen Luftwege.   Erkältungsschnupfen.

Ausser den auf bakterieller oder parasitärer Grundlage beruhenden ansteckenden Katarrhen (Rhinitis contagiosa im weiteren Sinne) werden beim Kaninchen auch noch einfache, nicht infektiöse Nasenkatarrhe beobachtet, bei denen nicht selten die Schleimhaut der Kopfhöhlen, diejenige der Mund- und Rachenhöhle, des Kehlkopfes, der Luftröhre und der Bronchien, in seltenen Fällen auch die Lungen in Mitleidenschaft gezogen werden. Auch die Lidbindehäute sind meist ergriffen. Für solche Katarrhe besonders empfänglich sind junge Tiere. Im Gegensatz zu den infektiösen Erkrankungen werden immer nur einzelne Tiere befallen.

Die häufigste Ursache bilden Erkältungen infolge zugiger und feuchter Stallungen. Auch die Einatmung reizender Stoffe (Staub, Rauch u. a.) kann die Entstehung von Katarrhen im Gefolge haben.

Die **Erscheinungen** bei den erkrankten Tieren sind dieselben wie beim ansteckenden bakteriellen Schnupfen. Neben Mattigkeit und Fressunlust beobachtet man starkes Nässen um die Nasenlöcher und häufiges Niesen. Anfangs ist der Nasenausfluss spärlich, so dass er nicht in die Augen fällt, von wässeriger Beschaffenheit, später wird er dickschleimig und kann er sogar eiterige Beschaffenheit annehmen. Im letzteren Falle sind die Nasenlöcher häufig mit eiterigen, zum Teil krustösen, fest angetrockneten Massen bedeckt. Das Allgemeinbefinden ist im Gegensatz zu den infektiösen Rhinitiden wenig gestört. Selten ist die innere Körpertemperatur erhöht. Die Heilung erfolgt in der Regel ohne Behandlung.

Beim Übergreifen der Entzündung auf den Kehlkopf und auf die Luftröhre wird Husten, beschleunigtes und erschwertes Atmen und bisweilen Atemnot beobachtet.

In verhältnismässig seltenen Fällen treten im Anschluss an die bronchitischen Erscheinungen auch solche einer **Bronchopneumonie** auf. In der Regel sind jedoch die beim Kaninchen auftretenden katarrhalischen Bronchopneumonien oder kruppösen, mit Pleuritis verbundenen Pneumonien bakteriellen oder parasitären Ursprungs. Man sieht sie im Verlauf der Rhinitis contagiosa, bei der Septikämie und bei einer Reihe anderer Erkrankungen auftreten.

Die **pathologisch-anatomischen Veränderungen** decken sich völlig mit denjenigen bei den infektiösen Rhinitiden und Lungenbrustfellentzündungen, so dass sie hier im einzelnen nicht wiederholt zu werden brauchen (s. S. 19, 26).

Im allgemeinen nehmen die auf Erkältungsursachen beruhenden Entzündungen der oberen Luftwege einen günstigen Verlauf, wenn nicht Kehlkopf, Luftröhre, Bronchien und Lungen mitergriffen werden. Häufig begünstigen sie aber die Entstehung bakterieller Erkrankungen dadurch, dass den in der Nasenschleimhaut und in den tieferen Luftwegen saprophytisch lebenden Mikroben, Schimmelpilzsporen u. a. der Eintritt in den Körper erleichtert wird. Wie experimentell nachgewiesen ist, spielen beispielsweise für die Entstehung der Rhinitis contagiosa Erkältungen eine wesentliche Rolle.

Fremdkörperpneumonien (Aspirationspneumonien, Schluck- und Eingusspneumonien) kommen beim Kaninchen eine untergeordnete Bedeutung zu.

Von **Parasiten,** die in den Luftwegen vorkommen und dort zu Veränderungen führen, sind hauptsächlich zu nennen: Distomen, Cysticercus pisiformis, Echinokokken, Strongyliden und Zungenwürmer.

Schrifttum.

Barrat, Rev. vét. 1908. S. 147. — *Braun-Becker,* Kaninchenkrankheiten. Leipzig: Poppe 1919. — *Kirstein,* Mitt. d. dtsch. Landwirtsch. Ges. 1911. S. 5. — *Nardos,* Allatorsi Lapok 1909. S. 105. — *Raebiger,* Tierärztl. Rundsch. 1912. S. 503. — *Sustmann,* Münch. tierärztl. Wochenschr. 1905. S. 41. — *Derselbe,* Tierärztl. Rundsch. 1912. Nr. 38. S. 432. — *Zürn,* Kaninchenkrankheiten. Leipzig 1894.

E. Erkrankungen der Schilddrüse.

Struma fibrosa. Kropf.

Eine umfangreiche Struma fibrosa von gleichmässig derber Konsistenz, glatter Oberfläche und der Grösse einer Mannsfaust wurde von Jakob bei einem zweijährigen Kaninchen beobachtet. Ihr Vorkommen wird auch von Braun-Becker erwähnt.

Behandlung mit 2%iger Jodsalbe.

Schrifttum.

Braun-Becker, Kaninchenkrankheiten. Leipzig: F. Poppe 1919. — *Jakob,* Berlin. tierärztl. Wochenschr. 1915. S. 484.

F. Krankheiten des Herzens.

Myokarditis.

Selbständige Herz- und Herzmuskelerkrankungen spielen beim Kaninchen eine untergeordnete Rolle. Dagegen werden im Anschluss an die verschiedensten Infektionskrankheiten sowie nach Miller auch bei anscheinend ganz gesunden erwachsenen Kaninchen nicht selten Myokardveränderungen beobachtet (von Miller bei 20 von 34 anscheinend normalen Tieren). Histologisch bestehen diese Veränderungen aus Zellanhäufungen im Myokard, die entweder in überwiegender Zahl aus Lymphozyten oder Endothelien, neben vereinzelten polymorphkernigen Eosinophilen, Plasmazellen und Fibroplasten zusammengesetzt sind. Die Herde liegen meist zwischen den Muskelfasern der Kammerwände und Papillarmuskeln, bisweilen auch unter dem Endokard und Epikard. Nach Miller sind in ihnen Mikroorganismen oder Zelleinschlüsse nicht nachzuweisen. Mit grosser Wahrscheinlichkeit sind aber diese Veränderungen auch bei äusserlich gesunden Tieren als Folgen von überstandenen Infektionen, möglicherweise mit noch unbekannten Krankheitserregern aufzufassen. Die Verschiedenheit der auftretenden histologischen Bilder spricht jedenfalls für eine Mehrheit von Ursachen.

Bei Verimpfung von Material von an akuter Polyarthritis leidenden Menschen auf Kaninchen und Meerschweinchen sah Miller ähnliche Veränderungen auftreten. Mit Rücksicht auf die obengenannten Befunde mahnen aber solche und ähnliche Versuchsergebnisse hinsichtlich ihrer Deutung zu grosser Vorsicht.

Schrifttum.

Braun-Becker, Kaninchenkrankheiten. Leipzig: Poppe 1919. — *Miller, Philip C.,* Journ. of exp. med. Vol. 40. p. 525. 1924. — *Derselbe,* Journ. of exp. med. Vol. 40. p. 543. 1924.

G. Erkrankungen der Harn- und Geschlechtsorgane.

Nieren- und Blasenerkrankungen.

Selbständige **Nierenentzündungen** sind beim Kaninchen schon wiederholt beobachtet worden. Sie stellen jedoch verhältnismässig seltene Vorkommnisse dar. Viel häufiger sieht man entzündliche Veränderungen in den Nieren auftreten als Begleiterscheinungen von akuten und chronischen Infektionskrankheiten sowie von Vergiftungen. Über den anatomischen Charakter solcher Nephritiden sind in der Literatur nähere Angaben nicht enthalten.

Weiterhin kommen vor: **Nierenzysten, Pyelonephritis,** als Folge von Verlegungen der Harnleiter durch Harnsteine (eigene Beobachtungen), **Steinbildungen im Nierenbecken** mit anschliessender Atrophie des Nierengewebes, metastatische **Geschwülste** (s. unter Tumoren), **Wandernieren.**

Blasenentzündungen treten ebenfalls nicht besonders häufig auf. Oftmals sind jedoch **Blasensteine** festgestellt worden.

Für die Untersuchung des **Harns** sind die Untersuchungen von Helmholz und Francis Millikin beachtenswert.

Diese Autoren untersuchten den Harn von 63 Kaninchen bakteriologisch unter allen Kautelen und fanden ihn in 43 Fällen steril. In 16 Fällen konnten Kolibakterien (12mal in Reinkultur und 4mal neben anderen Bakterien), in 4 Fällen Streptokokken oder Staphylokokken ermittelt werden; 11 der 43 sterilen Urine enthielten Eiweiss, Zylinder und Blutkörperchen. Diese Ergebnisse mahnen zur Vorsicht bei der diagnostischen Bewertung von Harnuntersuchungen.

Unter den Ursachen des beim Kaninchen bisweilen beobachteten **Blutharnens** wird von Braun-Becker massenhafter Kokzidienbefall der Harnblasen- und Harnleiterschleimhaut angegeben. Ausserdem können dafür auch auf anderer Grundlage beruhende entzündliche Veränderungen, auch Verletzungen der Nieren, der Harnleiter und der Blase in Betracht kommen.

Erkrankungen der Geschlechtsorgane.

Von den Erkrankungen am äusseren Genitale ist vor allem die

Scham- und Vorhautentzündung

zu nennen.

Das Vorkommen von entzündlichen Veränderungen am Penis, an der Vorhaut und an der Scham gehört beim Kaninchen nicht zu den Seltenheiten. Es handelt sich dabei um entzündliche Zustände im Gefolge von Epitheldefekten, die mit Bläschen-, Eiterpustel- und Schorfbildung einhergehen, ja sogar bei längerem Bestehen zu polypösen, brombeerähnlichen Wucherungen (an Scham, Vorhaut und After) führen können. Nach den von Mucha in mehreren Fällen einer balanitisartigen Erkrankung vorgenommenen histologischen Untersuchungen handelt es sich hierbei um entzündliche, zum Teil mit Epithelnekrose einhergehende Prozesse am inneren und äusseren Blatt des Präputiums.

Die **kulturelle Untersuchung** solcher Balanitiden ergibt nach Mucha das Vorhandensein eines nicht einheitlichen Gemenges aërober Staphylokokken, anaërober Kokken sowie anderer Keime. Die mit den isolierten Mikroorganismen angestellten Übertragungsversuche führten sämtlich zu einem negativen Ergebnis. Auch beim ansteckenden Schamkatarrh konnten von Sustmann spezifische Keime nicht ermittelt werden. Auf Grund dieser Versuchsergebnisse erscheint es gerechtfertigt, die gefundenen Mikroorganismen als apathogen und als Saprophyten anzusehen, die primär mit der Erkrankung nicht im Zusammenhange stehen, sondern höchstens sekundär das Krankheitsbild verwickeln. Beim Kaninchen ist es sehr naheliegend, die Ursachen für solche Entzündungszustände in äusseren mechanischen und traumatischen Einwirkungen, wie sie im Bereiche des Genitale beim Begattungsakt sowie durch Bisse und Kratzverletzungen, durch Scheuern in der Aftergeschlechtsgegend bei Wurmkrankheiten und anderes mehr zustandekommen, zu suchen.

An den inneren Geschlechtsorganen werden beobachtet beim weiblichen Kaninchen: **Kolpitiden** und **Metritiden,** hauptsächlich im Anschluss an Geburten (s. auch S. 42), **Prolapse** der **Vagina und des Uterus, Uterusgeschwülste** (s. unter Tumoren), **Zysten im Eierstock.**

Ein Fall von **Eklampsia puerperalis** ist von Lindner beschrieben.

An der **Milchdrüse,** besonders an der laktierenden kommen vor: **Entzündliche Zustände** mit Verhärtungen und Knotenbildungen im Drüsengewebe, **Abszesse** und **Geschwüre** sowie **Neubildungen** (Fibrome, Karzinome, s. unter Tumoren).

Schwere nekrotisierende Prozesse an den Hoden sind vom Verfasser im Anschluss an tiefgehende Bissverletzungen an dieser Stelle beobachtet worden.

Schrifttum.

Braun-Becker, Kaninchenkrankheiten. Leipzig 1919. — *Helmholz* und *Millikin*, Journ. of laborat. a. clin. med. Vol. 7. p. 589. 1922. Ref. Zentralbl. f. d. ges. Hyg. Bd. 2. S. 336. 1923. — *Klimmer*, Arch. f. wiss. u. prakt. Tierheilk. Bd. 25. S. 336. 1899. — *Lindner*, Wochenschr. f. Tierheilk. Bd. 47. S. 354. 1903. — *Mucha*, Österr. Wochenschr. f. Tierheilk. Jg. 36. Nr. 47. S. 477. 1911. — *Ranvier*, Rec. de méd. vét. 1911. S. 13. — *Sustmann*, Dtsch. tierärztl. Wochenschr. 1921. Nr. 20. — *Zürn*, Kaninchenkrankh. Leipzig 1894.

H. Erkrankungen des Zentralnervensystems.

Gehirnhyperämie (Blutüberfüllung des Gehirns, Gehirnkongestion).

Sie wird beobachtet bei gut ernährten Tieren in heissen und dunstigen Stallungen, bei heftigen geschlechtlichen Aufregungen und besonders in der heissen Jahreszeit bei längeren Bahntransporten in engen Käfigen (Hitzschlag). Verfasser hatte selbst Gelegenheit, die Gehirne von mehreren an Hitzschlag verendeten Kaninchen zu untersuchen.

Die Erscheinungen bestehen in Erregungszuständen, Bewusstseinsstörungen, Schwindel, Taumeln, Zuckungen und Krämpfen.

Pathologisch-anatomisch findet sich eine starke Blutfülle der Hirn- und Hirnhautgefässe, bisweilen kleine Blutungen und Ödeme der Hirnhaut und des Gehirns.

In manchen Fällen sind histologisch geringgradige meningitische Reizzustände festzustellen.

Entzündungen des Gehirns und seiner Häute. Subduralabszesse. Gehirnabszesse.

Ausser der enzootischen Enzephalomyelitis (s. S. 92) ist noch eine Reihe von auf anderer Ursache beruhenden entzündlichen Zuständen im Gehirn des Kaninchens bekannt. So hat Galli-Valerio bei mit Darmkokzidiose behafteten jungen Kaninchen eine Enzephalomyelitis festgestellt, die er auf eine „toxische" Wirkung der Kokzidien zurückführt (s. S. 87). Gehirnabszesse kommen vor im Verlaufe der Rhinitis contagiosa und der hämorrhagischen Septikämie. Besonders aber im Gefolge von Mittelohreiterungen, wie sie bei der Ohrräude, der infektiösen Rhinitis, der Kokzidienrhinitis u. a. aufzutreten pflegen, werden intrakranielle Folgeerkrankungen in Form von **Meningitiden, Enzephalitiden, Subdural-** und **Gehirnabszessen** verhältnismässig häufig angetroffen. Selten sind solche Fälle einer näheren histologischen Untersuchung unterworfen worden. Besondere Beachtung verdient deshalb ein von Grünberg auch in histologischer Hinsicht völlig geklärter Fall eines im Anschluss an eine Mittelohrentzündung (unbekannter Ätiologie) entstandenen Subduralabszesses, zumal da er hinsichtlich der Pathogenese otogener intrakranieller Entzündungen beim Kaninchen wertvolle, bisher nicht bekannte Tatsachen vermittelt.

Nach der histologischen Untersuchung handelt es sich um eine Otitis media chronica mit anschliessendem Labyrintheinbruch und Entstehung einer Labyrinthitis purulenta. Die weitere Untersuchung ergab einen Einbruch der Labyrintheiterung in den inneren Gehörgang. Wenn nun eine Labyrintheiterung durch den inneren Gehörgang sich zentralwärts weiter ausbreitet, so ist fast ausnahmslos eine diffuse Hirnhautentzündung die Folge, weil der Weg, den die Entzündung einschlägt, in der Regel entlang den Nervenverzweigungen in den weiten Subarachnoidalraum im Grunde des inneren Gehörgangs führt (labyrinthogene Gehörgangsgrundabszesse). Von hier aus sind die Bedingungen für die Entstehung einer diffusen Leptomeningitis am günstigsten. In dem Falle von Grünberg war es jedoch dazu nicht gekommen. An Stelle davon hatte sich ein subduraler Abszess ausgebildet, und zwar dadurch, dass sich die Eiterung nicht nur auf dem gewöhnlichen, anatomisch vorgebildeten Wege ausbreitete, sondern dass sie sich unter Einschmelzung des den inneren Gehörgang von der Basalwindung der Schnecke trennenden Knochenwand einen neuen, direkt in den Subduralraum führenden Weg bahnte. Ein solcher Überleitungsweg der Entzündung auf neugeschaffenen Bahnen gehört zu den grössten Seltenheiten. Ein ähnlicher Fall eines Subduralabszesses wurde von Biach und Bauer beschrieben, ohne dass aber eine genaue histologische Untersuchung vorgenommen wurde.

Aus dem Grünbergschen Fall ist für das Zustandekommen otogener intrakranieller Entzündungsprozesse weiterhin zu entnehmen, dass subdurale Eiterungen völlig abgekapselt werden können und dass, trotz Mitergriffenseins der Leptomeningen im Bereiche von Subduralabszessen es nicht zur Entstehung von diffusen Leptomeningitiden zu kommen braucht. Ausserdem stellt dieser Fall einen Beweis dafür dar, dass entzündliche Veränderungen der weichen Hirnhäute eine Enzephalitis der angrenzenden Hirnschichten im Gefolge haben (die perivaskuläre Infiltration liess sich ziemlich weit in die Hirnsubstanz hinein verfolgen) und endlich, dass Hirnabszesse durch Periphlebitis eines Piagefässes zustande kommen können.

Die in dem Grünbergschen Falle während des Lebens bestandenen Gleichgewichtsstörungen sind auf die Erkrankung des Labyrinths und nicht auf den Subduralabszess zurückzuführen.

Geschwülste des Zentralnervensystems s. unter Tumoren.

Schrifttum.

Biach und *Bauer*, Monatsschr. f. Ohrenheilk. Bd. 43. H. 6. — *Grünberg*, Beitr. z. Anat., Physiol., Pathol. u. Therapie d. Ohres, d. Nase u. d. Halses. Bd. 21. (Sonderabdruck).

J. Krankheiten der Augenlider und der Augen.

Ihnen kommt beim Kaninchen eine allzu grosse Bedeutung nicht zu.

Am häufigsten werden die **Entzündungen der Bindehaut** beobachtet, die in verschiedenen Formen (vorwiegend als katarrhalische und eiterige, seltener als kruppöse und diphtherische Entzündungen) in die Erscheinung treten. Ihre Entstehung ist auf chemische, thermische oder traumatische Ursachen zurückzuführen. Vor allem kommen in Betracht: Verletzungen durch gegenseitiges Kratzen, Beissen und Schlagen, Eindringen von Fremdkörpern (Staub, Futterteilen, Getreidegrannen, Insekten), ferner Erkältungen, Einwirkung von dumpfer, ammoniakalischer Stallluft, Rauch, ätzenden Stoffen und andere mehr. Namentlich sieht man aber auch im Verlaufe von Infektions- und Invasionskrankheiten Bindehautentzündungen auftreten. Es sei hier u. a. nur auf die Rhinitis contagiosa, die Septikämie, die Nekrobazillose, die eiterige Alveolarperiostitis, auf die Spirochätose (Augenliderränder) und auf die Kokzidiose hingewiesen. Auch selbständige Bindehautentzündungen bakterieller Natur sind bekannt (s. S. 43).

Die **Erscheinungen** bestehen hauptsächlich in Rötung und Schwellung der Augenlider und der Augenschleimhaut; ausserdem macht sich Lichtscheue und Schmerzhaftigkeit sowie je nach dem Grade der Entzündung wässeriger, serös-schleimiger oder eiteriger Augenausfluss bemerkbar. In letzterem Falle kommt es nicht nur zu Verklebungen der Augenlider, sondern bei reichlicher Absonderung wird auch die Umgebung des Auges beschmutzt und es können Ekzeme im Bereiche und in der Umgebung der äusseren Augenlider mit umschriebenem Haarausfall zur Entstehung kommen. In schwereren Fällen kann sogar Schorfbildung, Auftreten von pseudomembranösen Belägen, unter Umständen sogar Entstehung von Nekrosen beobachtet werden.

In diesem Zusammenhange darf erwähnt werden, dass bei neugeborenen Tieren die Augenlider häufig durch die Absonderung von Sekretmassen so fest verschlossen sind, dass die sonst von selbst erfolgende Öffnung nicht nur gehindert, sondern durch eintretende Verwachsungen sogar unmöglich gemacht wird.

Die Entzündung der Lidbindehaut greift bisweilen auch auf das **äussere Augenlid** über. Meistens sind aber die dort beobachteten entzündlichen Veränderungen auf äussere Verletzungen (Wunden) zurückzuführen. Geschwürige Veränderungen im Bereiche des äusseren Augenlides, besonders am inneren Augenwinkel und am Augenbogen treten im Verlaufe der Spirochätose (s. dort) häufig auf. Schwere Veränderungen an den äusseren Augenlidern in Form einer übermässigen Hyperkeratose werden bei der Sarkoptesräude, andere bei Favus und Herpes tonsurans beobachtet. Auch Abszessbildungen an den Augenlidern gehören nicht zu den Seltenheiten. Diese können auf Verletzungen beruhen oder im Gefolge von Infektionskrankheiten (ansteckende Keratokonjunktivitis, Rhinitis contagiosa) sich einstellen (eigene Beobachtung).

Neubildungen an den Augenlidern und an den Konjunktiven gehören beim Kaninchen zu den Seltenheiten.

Erkrankungen der Kornea kommen vor in Form von Verletzungen und von mehr oder weniger heftigen Hornhautentzündungen, die zum Teil lediglich durch umschriebene oder diffuse, rauchfarbene oder weissliche Korneatrübungen, zum Teil durch eiterige Entzündungszustände gekennzeichnet sind. Auch Hornhautgeschwüre und Hornhautabszesse sind in der Literatur beschrieben. Als Ursachen für die Hornhautentzündungen kommen im allgemeinen dieselben Einwirkungen in Betracht wie für die Entstehung der Bindehautentzündungen. Nicht selten entsteht eine Keratitis im ·Anschluss an eine Konjunktivitis durch unmittelbares Übergreifen des entzündlichen Prozesses und durch den ständigen Reiz des abfliessenden Sekretes. In vielen Fällen sind infektiöse, bakterielle Ursachen primär oder sekundär im Spiele. Solche scheinen auch für das Ulcus corneae eine Rolle zu spielen, denn in einem Falle sind von Meissner Bakterien aus der Gruppe der hämorrhagischen Septikämie darin ermittelt worden. Im Anschluss an Hornhautentzündungen kann Geschwürsbildung mit nekrotischem Zerfall, Durchbrechung der Hornhaut und Panophthalmitis zustande kommen (eigene Beobachtung).

Innere Augenentzündungen sind seltenere Vorkommnisse. Es sind jedoch Veränderungen der Regenbogenhaut sowie Trübungen der Linse (grauer Star) mehrmals beobachtet worden. Sowohl zentrale als auch Schichtstare kommen spontan vor. (Jess, mündl. Mitteilung.) Mayerhausen hat in einer Familie von 8 albinotischen Kaninchen sowohl in der vorderen als auch in der hinteren Linsenkapsel Trübungen von Stecknadelkopfgrösse bis zu einer das ganze Pupillargebiet durchziehenden Ausdehnung gesehen, die er auf eine Persistenz der embryonalen, gefässhaltigen Linsenkapsel zurückführt und ebenso wie den Pigmentmangel als eine embryonale Nutritionsstörung bei den Albinos zu erklären sucht.

von Hippel beschreibt einen Ringwulst in der Kaninchenlinse.

Weiterhin sind mehrere Fälle von Glaukom (Hydrophthalmus) beim Kaninchen mit Exkavation der Papille mitgeteilt worden. Im Anschluss an Ulcus corneae mit Perforation sowie im Verlaufe von bakteriellen Infektionen kann es zur vollständigen Zerstörung des Auges kommen (Veränderungen an den Augenmuskeln und am Nervus opticus durch den Nekrosebazillus).

Durch **Parasiten** verursachte Veränderungen im Bereiche der Augenhöhle sind seltener. Von Byerley wurde darin eine Zyste von Coenurus cerebralis festgestellt und entfernt.

Neubildungen im Bereiche der Orbita, die durch ihre Grösse und Lage eine schädliche Wirkung auf den Augapfel ausüben können, spielen keine Rolle.

Schrifttum.

Arisawa, Arch. f. vergl. Ophthalmol. Bd. 4. S. 305. 1914. — *Derselbe*, Arch. f. vergl. Ophthalmol. Bd. 4. S. 314. 1914. — *Braun-Becker*, Kaninchenkrankheiten. Leipzig: Michaelis 1919. — *Byerley*, The vet. rec. Vol. 15. p. 234. 1905. — *v. Hippel*, Anat. Anzeiger. Bd. 27. S. 334. 1905. — *Löhlein*, Arch. f. Ophthalmol. Bd. 1. S. 189. 1910. — *Mayerhausen*, Zeitschr. f. vergl. Augenheilk. Jg. 2. S. 80. 1884. — *Mayr*, In Stang-Wirth (Augenkrankh.) 1926. Liefg. 5. — *Meissner*, Arch. f. Ophthalmol. Bd. 3. S. 11. 1913. — *Möller*, Augenheilk. f. Tierärzte. 1910. 4. Aufl. (Stuttgart: Enke). — *Pichler*, Arch. f. Ophthalmol. Bd. 1. S. 175. 1910. — *Sustmann*, Dtsch. tierärztl. Wochenschr. 1921. S. 249. — *Zürn*, Kaninchenkrankheiten. Leipzig 1894.

Anhang.

Von den **Stoffwechselkrankheiten** ist das Vorkommen der **Rhachitis** zu erwähnen.

Eine **beriberiähnliche Erkrankung** lässt sich beim Kaninchen experimentell durch Reisfütterung erzeugen.

Sachverzeichnis.